Science
avec conscience

Edgar Morin

Science avec conscience

nouvelle édition

Fayard

Cette nouvelle édition a été entièrement revue et modifiée par l'Auteur.

EN COUVERTURE : Fr. del Cossa : Fresque du salon des mois. Ferrare. Palais Schifanoia. Archives Giraudon.

ISBN 2-02-012088-7.

Préface

Pour cette nouvelle édition, le plan de ce livre a été remanié et comporte désormais deux parties. La première, *Science avec conscience*, la seconde, *Pour la pensée complexe*. Quelques-uns des textes ont été supprimés pour être remplacés par d'autres, plus récents, sur les mêmes thèmes, et dans le même esprit. Les textes nouveaux sont, dans la première partie : *La connaissance de la connaissance scientifique* et *Thèses sur la science et l'éthique ;* dans la seconde partie : *Le défi de la complexité* et *L'inséparabilité de l'ordre et du désordre.*

J'ai supprimé l'avant-propos de la première édition, où je tenais absolument à montrer, citations à l'appui, que j'avais déjà énoncé dans les années 58-68 la plupart de mes idées sur la science et sur la complexité. Être contesté, incompris, marginal me causait un chagrin qui n'a pas été consolé, mais s'est endormi avec le temps.

Un certain nombre d'idées avancées dans ce livre, qui étaient considérées comme impertinentes, sont aujourd'hui admises par un grand nombre de scientifiques, comme l'idée de chaos organisateur. Si la réforme de la pensée scientifique n'est pas encore arrivée au noyau paradigmatique où Ordre, Désordre, Organisation constituent des notions maîtresses qui cessent de s'exclure et deviennent dialogiquement inséparables (tout en demeurant antagonistes), si la notion de chaos n'est pas encore conçue comme source indistincte d'ordre, de désordre et d'organisation, si l'identité complexe de chaos et cosmos, que j'ai indiquée dans le terme de

Chaosmos, n'est pas encore conçue, il n'en reste pas moins qu'on commence à s'engager, ici et là, sur le chemin qui conduit à la réforme de pensée.

De même, le terme de complexité n'est plus chassé de la conscience scientifique. La science classique dissolvait la complexité apparente des phénomènes pour révéler la simplicité cachée des Lois immuables de la Nature. Aujourd'hui, la complexité commence à apparaître non comme l'ennemi à éliminer mais comme le défi à relever. La complexité demeure certes encore une notion béante, floue, qui cache une incapacité de définir et de déterminer. C'est pourquoi il s'agit maintenant de reconnaître les traits constitutifs du complexe, lequel ne contient pas seulement diversité, désordre, aléa, mais comporte évidemment aussi ses lois, son ordre, son organisation. Il s'agit enfin et surtout de transformer la reconnaissance de la complexité en pensée de la complexité.

Je n'entrerai pas ici dans cette difficile reconnaissance et définition de la complexité, à laquelle est consacrée la seconde partie de ce livre. Je veux seulement indiquer que même quand elle avait pour but unique de révéler les lois simples qui gouvernent l'univers et la matière dont celui-ci était constitué, la science était de constitution complexe. Elle ne vivait déjà que dans et par une dialogique de complémentarité et d'antagonisme entre empirisme et rationalisme, imagination et vérification. Elle ne s'est développée que dans et par le conflit des idées et des théories au sein d'une communauté / société (communauté parce que unie dans ses idéaux communs et la règle du jeu vérificatoire acceptée par ses membres, société parce que divisé par des antagonismes de tous ordres, y compris de personnes et de vanités).

La science est également complexe parce que inséparable de son contexte historique et social. La science moderne n'a pu émerger que dans le bouillonnement culturel de la Renaissance, le bouillonnement économique, politique, et social de l'Occident européen des XVIe-XVIIe siècles. Depuis, elle s'est progressivement associée à la technique, devenant techno-science, et elle s'est progressivement introduite au cœur des universités, des sociétés, des entreprises, des États, les transformant et se faisant transformer en retour par ce qu'elle transformait. La science n'est pas que scientifique. Sa réalité est multidimensionnelle. Les effets de la science ne sont simples, ni pour le meilleur, ni pour le pire. Ils sont profondément ambivalents.

Ainsi la science est complexe intrinsèquement, historiquement, sociologiquement, éthiquement. C'est cette complexité spécifique qu'il s'agit de reconnaître. La science a besoin, non seulement d'une pensée apte à considérer la complexité du réel, elle a besoin de cette même pensée pour considérer sa propre complexité et la complexité des problèmes qu'elle pose à l'humanité. C'est de cette complexité dont se détournent les scientifiques non seulement bureaucratisés, mais formés selon les modes classiques de pensée. Enfermés dans et par leur discipline, ils se verrouillent dans leur savoir parcellaire, sans se douter qu'ils ne peuvent le justifier que par l'idée générale la plus abstraite, celle qu'il faut se méfier des idées générales ! Ils ne peuvent concevoir que des disciplines puissent se coordonner autour d'une conception organisatrice commune, comme c'est devenu le cas des sciences de la Terre, ou bien s'associer dans une discipline englobante d'un type nouveau, comme c'est le cas depuis longtemps de l'écologie, ou encore s'entre-féconder dans un problème à la fois crucial et global, comme le problème cosmologique, où les diverses sciences physiques, utilisées par l'astronomie, concourent à concevoir l'origine et la nature de notre univers.

Ces mêmes esprits ne veulent pas se rendre compte que, contrairement au dogme classique de disjonction entre science et philosophie, les sciences avancées de ce siècle ont toutes rencontré et ré-éclairé les problèmes philosophiques fondamentaux (qu'est-ce que le monde ? la nature ? la vie ? l'homme ? la réalité ?), et que les plus grands scientifiques, depuis Einstein, Bohr et Heisenberg, se sont mués en philosophes sauvages.

Il est à espérer que les transformations qui ont commencé à ruiner la conception classique de la science vont se continuer en une véritable métamorphose. Le concept de science hérité du siècle passé n'est, comme l'avait fait remarquer Bronowski, ni absolu ni éternel. Alors que les physiciens croyaient en 1900 que leur science reine était quasi achevée, cette physique même commençait une nouvelle aventure, ruinant leurs dogmes. La préhistoire des sciences ne s'est pas terminée au XVIIe siècle. L'âge préhistorique de la science n'est pas encore mort à la fin du XXe siècle. Mais partout, de plus en plus, on tend à dépasser, désenclaver, englober les disciplines, et celles-ci apparaîtront, au regard de la science future, comme un moment de sa préhistoire. Cela ne signifie pas que les distinctions, les spécialisations, les compétences doivent se dissoudre. Cela signifie qu'un principe fédérateur et organisateur du savoir doit s'imposer.

Il n'y aura pas de transformation sans réforme de pensée, c'est-à-dire révolution dans les structures mêmes de la pensée. La pensée doit devenir complexe.

Science avec conscience. Le mot conscience a ici deux sens. Le premier a été formulé par Rabelais dans son précepte : « Science sans conscience n'est que ruine de l'âme. » La conscience dont il parle est, bien sûr, la conscience morale. Le précepte rabelaisien est préscientifique, puisque la science moderne n'a pu se développer qu'en se délivrant de tout jugement de valeur, n'obéissant qu'à une seule éthique, celle de la connaissance. Mais il devient périscientifique, dans le sens où de multiples et prodigieux pouvoirs de manipulations et de destructions, nés des techno-sciences contemporaines, posent désormais au scientifique, au citoyen et à l'humanité entière le problème du contrôle éthique et politique de l'activité scientifique.

Le second sens du mot conscience est intellectuel. Il s'agit de l'aptitude auto-réflexive qui est la qualité clé de la conscience. La pensée scientifique est encore incapable de se penser elle-même, de penser sa propre ambivalence et sa propre aventure. La science doit renouer avec la réflexion philosophique, de même que la philosophie, dont les moulins tournent à vide faute de moudre les grains des connaissances empiriques, doit renouer avec les sciences. La science doit renouer avec la conscience politique et éthique. Qu'est-ce qu'une connaissance qui ne peut se partager, qui demeure ésotérique et fragmentaire, qui ne sait se vulgariser qu'en se dégradant, qui commande le devenir des sociétés sans se commander elle-même, qui condamne les citoyens à une ignorance croissante des problèmes de leur destin ? Comme je l'indiquais dans ma préface d'avril 1982 : « Une science empirique privée de réflexion comme une philosophie purement spéculative sont insuffisantes ; conscience sans science et science sans conscience sont radicalement mutilées et mutilantes... »

Aujourd'hui, dans les deux sens du terme conscience, science sans conscience n'est que ruine de l'homme. Les deux sens du mot conscience doivent s'entre-associer et s'associer à la science, qui, elle, devrait les englober : d'où le sens du titre *Science avec conscience*.

E. M., *janvier 1990.*

PREMIÈRE PARTIE

Science avec conscience

1

Pour la science

I. LA SCIENCE-PROBLÈME

Depuis trois siècles, la connaissance scientifique ne fait que prouver ses vertus de vérification et de découverte par rapport à tous autres modes de connaissance. C'est la connaissance vivante qui mène la grande aventure de la découverte de l'univers, de la vie, de l'homme. Elle a apporté, et singulièrement dans ce siècle, un fabuleux progrès dans notre savoir. Nous savons aujourd'hui mesurer, peser, analyser le soleil, évaluer le nombre de particules constituant notre univers, déchiffrer le langage génétique qui informe et programme toute organisation vivante. Cette connaissance permet une précision extrême dans tous les domaines de l'action, jusque dans le guidage des vaisseaux spatiaux hors de l'orbite terrestre.

Corrélativement, il est évident que la connaissance scientifique a déterminé des progrès techniques inouïs, dont la domestication de l'énergie nucléaire et les débuts de l'ingénierie génétique. La science est donc élucidante (elle résout des énigmes, dissipe des mystères), enrichissante (elle permet de satisfaire des besoins sociaux et par là d'épanouir la civilisation) et, de fait, elle est justement conquérante, triomphante.

Et pourtant, cette science élucidante, enrichissante, conquérante, triomphante, nous pose de plus en plus de graves problèmes qui ont trait à la connaissance qu'elle produit, à l'action qu'elle détermine, à la société qu'elle transforme. Cette science libératrice apporte en même temps des possibilités terrifiantes d'asservissement. Cette connaissance vivante est celle qui a produit la menace d'anéantissement de l'humanité. Pour concevoir et comprendre ce problème, il faut en finir avec l'alternative stupide entre une « bonne » science, qui n'apporte que des bienfaits, et une « mauvaise » science, qui n'apporte que des méfaits. Il nous faut, au contraire, dès le départ, disposer d'une pensée capable de concevoir et de comprendre l'ambivalence, c'est-à-dire la complexité intrinsèque qui se trouve au cœur même de la science.

Le mauvais côté

Le développement scientifique comporte un certain nombre de traits « négatifs » qui sont bien connus, mais qui, souvent, n'apparaissent que comme des inconvénients secondaires ou comme des sous-produits mineurs.

1) Le développement disciplinaire des sciences n'apporte pas seulement les avantages de la division du travail (c'est-à-dire la contribution des parties spécialisées à la cohérence d'un tout organisateur), mais aussi les inconvénients de la surspécialisation : cloisonnement et morcellement du savoir.

2) Il s'est constitué une grande disjonction entre les sciences de la nature et ce qu'on appelle prématurément sciences de l'homme. En effet, le point de vue des sciences de la nature exclut l'esprit et la culture qui produisent ces sciences mêmes, et nous n'arrivons pas à penser le statut social et historique des sciences naturelles. Du point de vue des sciences de l'homme, nous sommes incapables de nous penser, nous, êtres humains doués d'esprit et de conscience, en tant qu'êtres vivants biologiquement constitués.

3) Les sciences anthroposociales acquièrent tous les vices de la spécialisation sans aucun des avantages. Les concepts molaires d'homme, d'individu, de société, qui recouvrent plusieurs disciplines, sont en fait broyés ou lacérés entre ces disciplines, sans pouvoir être reconstitués par les tentatives interdisciplinaires. Aussi certains Diafoirus ont-ils même cru

que leur impuissance à donner un sens à ces concepts prouvait que les idées d'homme, d'individu et de société étaient naïves, illusoires ou mystificatrices.

4) La tendance au morcellement, à la disjonction, à l'ésotérisation du savoir scientifique entraîne la tendance à son anonymisation. Nous semblons approcher d'une révolution redoutable dans l'histoire du savoir, où celui-ci, cessant d'être pensé, médité, réfléchi, discuté par des êtres humains, intégré dans la recherche individuelle de connaissance et de sagesse, devient de plus en plus destiné à être accumulé dans les banques de données, puis computé par des instances manipulatrices, au premier chef, l'État.

Il ne faut pas éliminer l'hypothèse d'un néo-obscurantisme généralisé, produit par le mouvement même des spécialisations, où le spécialiste lui-même devient ignare de tout ce qui ne concerne pas sa discipline, où le non-spécialiste renonce d'avance à toute possibilité de réfléchir sur le monde, la vie, la société, laissant ce soin aux scientifiques, lesquels n'en ont ni le temps ni les moyens conceptuels. Situation paradoxale que celle où le développement de la connaissance instaure la résignation à l'ignorance et où le développement de la science est, en même temps, celui de l'inconscience.

5) Enfin, nous savons de plus en plus que le progrès scientifique produit autant de potentialités asservissantes ou mortelles que de potentialités bénéfiques. Depuis le déjà très lointain Hiroshima, nous savons que l'énergie atomique signifie potentialité suicidaire pour l'humanité ; nous savons que, même pacifique, elle comporte des dangers, non seulement biologiques, mais aussi ou surtout sociaux et politiques. Nous pressentons que l'ingénierie génétique peut autant industrialiser la vie que biologiser l'industrie. Nous devinons que l'élucidation des processus biochimiques du cerveau permettra des interventions sur notre affectivité, notre intelligence, notre esprit.

Plus encore : les pouvoirs créés par l'activité scientifique échappent totalement aux scientifiques eux-mêmes. Ce pouvoir, en miettes au niveau de la recherche, se trouve reconcentré au niveau des pouvoirs économiques et politiques. En quelque sorte, les scientifiques produisent un pouvoir sur lequel ils n'ont pas de pouvoir, mais qui relève des instances déjà toutes-puissantes, aptes à utiliser à fond les possibilités de manipulation et de destruction issues du développement même de la science.

Ainsi donc il y a :

— Progrès inouï des connaissances scientifiques, corrélatif à un progrès multiple de l'ignorance ;

— Progrès des aspects bénéfiques de la science, corrélatif au progrès de ses aspects nocifs ou mortifères ;

— Progrès accru des pouvoirs de la science, corrélatif à l'impotence accrue des scientifiques à l'égard de ces pouvoirs mêmes.

La conscience de cette situation arrive le plus souvent brisée à l'esprit du chercheur scientifique. Celui-ci à la fois reconnaît cette situation et s'en protège dans une vision triptyque où sont disjointes les trois notions : 1) science (pure, noble, désintéressée) ; 2) technique (langue d'Ésope qui sert au meilleur et au pire) ; 3) politique (mauvaise et nocive qui pervertit l'usage de la science). Or le « mauvais côté » de la science ne saurait être purement et simplement vidangé sur les politiques, la société, le capitalisme, la bourgeoisie, le totalitarisme. Disons même que la mise en accusation du politique par le scientifique devient, pour le chercheur, le moyen d'éluder la prise de conscience des interrétroactions entre science, société, technique, politique.

Une ère historique

Nous sommes dans une ère historique où les développements scientifiques, techniques, sociologiques sont de plus en plus en étroites et multiples interrétroactions.

L'expérimentation scientifique constitue de par elle-même une technique de manipulation (« une manip ») et le développement des sciences expérimentales développe les pouvoirs manipulateurs de la science sur les choses physiques et les êtres vivants. Il favorise le développement des techniques, lequel, en retour, apporte de nouveaux modes d'expérimentation et d'observation, comme les accélérateurs de particules et les radiotéléscopes qui permettent de nouveaux développements de la connaissance scientifique. Ainsi, la potentialité de manipulation n'est pas hors de la science : elle est dans le caractère, devenu inséparable, du processus scientifique → technique. La méthode expérimentale est une méthode de manipulation, laquelle nécessite de plus en plus de techniques, lesquelles permettent de plus en plus de manipulations.

En fonction de ce processus, la situation et le rôle de la science dans la société se sont profondément modifiés depuis le XVIIe siècle. A l'origine, les chercheurs étaient des amateurs au sens premier du terme ; ils étaient à la fois philosophes et scientifiques. L'activité scientifique était sociologiquement marginale, périphérique. Aujourd'hui, la science est devenue une puissante et massive institution au centre de la société, subventionnée, nourrie, contrôlée par les pouvoirs économiques et étatiques. Ainsi, nous sommes dans un processus interrétroactif

science → technique → société → État.

La technique produite par les sciences transforme la société, mais aussi rétroactivement la société technologisée transforme la science elle-même. Les intérêts économiques, capitalistes, l'intérêt de l'État jouent leur rôle actif dans ce circuit de par leurs finalités, leurs programmes, leurs subventions. L'institution scientifique subit les contraintes technobureaucratiques propres aux grands appareils économiques ou étatiques, mais ni l'État, ni l'industrie, ni le capital ne sont guidés par l'esprit scientifique : ils utilisent les pouvoirs que leur apporte la recherche scientifique.

Une double tâche aveugle

Ces trop rapides indications suffisent à mon propos : puisque la science est désormais au cœur de la société et, *bien que fort distinguable dans cette société, lui est inséparable,* cela signifie que *toutes les sciences, y compris physiques et biologiques, sont sociales. Mais il ne faut pas oublier que tout ce qui est anthroposocial a une origine, un enracinement et un composant biophysique.* Et c'est là où il y a une double tâche aveugle : la science naturelle n'a aucun moyen de se concevoir comme réalité sociale ; la science anthroposociale n'a aucun moyen de se concevoir dans son enracinement biophysique ; la science n'a pas les moyens de concevoir son rôle social et sa nature propre dans la société. Plus profondément : la science ne contrôle pas sa propre structure de pensée. La connaissance scientifique est une connaissance qui ne se connaît point. Cette science, qui a développé des méthodologies si étonnantes et habiles pour appréhender tous les objets qui lui sont extérieurs, ne dispose d'aucune méthode pour se connaître et se penser elle-même.

Husserl, il y a près de cinquante ans, avait diagnostiqué la tâche aveugle : l'élimination par principe du sujet observateur, expérimentateur et concepteur de l'observation, de l'expérimentation, de la conception, a éliminé l'acteur réel, le scientifique, homme, intellectuel, universitaire, esprit inclus dans une culture, une société, une histoire. On peut même dire que le retour réflexif du sujet scientifique sur lui-même est scientifiquement impossible, parce que la méthode scientifique s'est fondée sur la disjonction du sujet et de l'objet, et que le sujet a été renvoyé à la philosophie et à la morale. Il y a toujours certes pour un scientifique possibilité de réfléchir sur sa science, mais c'est une réflexion extra ou méta-scientifique qui ne dispose pas des vertus vérificatrices de la science.

Ainsi nul n'est plus désarmé que le scientifique pour penser sa science. La question : « Qu'est-ce que la science ? » est la seule qui n'ait encore aucune réponse scientifique. C'est pourquoi s'impose plus que jamais la nécessité d'une autoconnaissance de la connaissance scientifique. Celle-ci doit faire partie de toute politique de la science, comme de la discipline mentale du scientifique. La pensée d'Adorno et d'Habermas nous rappelle sans cesse que l'énorme masse du savoir quantifiable et techniquement utilisable n'est que du poison s'il est privé de la force libératrice de la réflexion.

II. LA VÉRITÉ DE LA SCIENCE

L'esprit scientifique est incapable de se penser lui-même tant qu'il croit que la connaissance scientifique est le reflet du réel. Cette connaissance ne porte-t-elle pas en elle la preuve empirique (données vérifiées par observations / expérimentations différentes) et la preuve logique (cohérence des théories) ? Dès lors, la vérité objective de la science échappe à tout regard scientifique puisqu'elle est ce regard lui-même. Ce qui est élucidant n'a pas besoin d'être élucidé.

Or les travaux divers, et en de nombreux points antagonistes, de Popper, Kuhn, Lakatos, Feyerabend entre autres, ont pour trait commun de montrer que les théories scientifiques, comme les icebergs, ont une part immergée énorme qui n'est pas scientifique, mais qui est indispensable au développement de la science. C'est là que se situe la zone aveugle de la science qui croit que la théorie reflète le réel. Le propre de la scientificité n'est pas de refléter le réel, mais de le traduire en des théories changeantes et réfutables.

En effet, les théories scientifiques mettent en forme, en ordre et en organisation les données vérifiées sur lesquelles elles se fondent et sont par là même des systèmes d'idées, des constructions de l'esprit qui s'appliquent aux données pour leur être adéquates. Mais, sans cesse, des moyens d'observation ou d'expérimentation nouveaux, ou une nouvelle attention, font surgir des données inconnues, invisibles.

Dès lors, les théories cessent d'être adéquates, et il est nécessaire, si l'on ne peut les élargir, d'en inventer de nouvelles. De fait, « la science est plus changeante que la théologie », comme le remarquait Whitehead. En effet, la théologie a une très grande stabilité parce qu'elle se fonde sur un monde surnaturel invérifiable, alors que ce qui se fonde sur le monde naturel est toujours réfutable.

L'évolution de la connaissance scientifique n'est pas seulement d'accroissement et d'extension du savoir. Elle est aussi de transformations, de ruptures, de passages d'une théorie à l'autre. Les théories scientifiques sont mortelles, et *elles sont mortelles parce que scientifiques.* La vision que donne Popper de l'évolution de la science devient celle d'une sélection naturelle où les théories résistent un temps non parce qu'elles sont vraies, mais parce qu'elles sont le mieux adaptées à l'état contemporain des connaissances.

Kuhn apporte une autre idée non moins importante : c'est qu'il se produit des transformations révolutionnaires dans l'évolution scientifique, où un paradigme, principe majeur contrôlant les visions du monde, s'effondre pour laisser place à un nouveau paradigme. On croyait que le principe d'organisation des théories scientifiques était purement et simplement logique. On doit voir, avec Kuhn, qu'il y a, à l'intérieur et au-dessus des théories, inconscients et invisibles, quelques principes fondamentaux qui contrôlent et commandent, de façon occulte, l'organisation de la connaissance scientifique et l'usage même de la logique.

Dès lors, nous pouvons comprendre que la science soit « vraie » dans ses données (vérifiées, vérifiables), sans que ses théories soient pour autant « vraies ». Alors qu'est-ce qui fait qu'une théorie soit scientifique, si ce n'est pas sa « vérité »? Ici, Popper a apporté l'idée capitale qui permet de distinguer la théorie scientifique de la doctrine (non scientifique) : une théorie est scientifique lorsqu'elle accepte que sa fausseté puisse être éventuellement démontrée. Une doctrine, un dogme, eux, trouvent en eux-mêmes leur auto-vérification incessante (référence à la pensée sacralisée des fondateurs, certitude que la thèse est prouvée définitivement). Le dogme est inattaquable par l'expérience. La théorie scientifique est bio-dégradable. Ce que n'avait pas vu Popper, c'est que la même théorie peut être soit scientifique (acceptant le jeu de la contestation et de la réfutation, c'est-à-dire acceptant sa mort éventuelle), soit doctrine auto-suffisante : ainsi en est-il du marxisme comme du freudisme.

Dès lors, la connaissance progresse sur le plan empirique, par accroissement des « vérités », et sur le plan théorique, par élimination d'erreurs. Le jeu de la science n'est pas le jeu de la possession et de l'élargissement de la vérité, c'est le jeu où le combat pour la vérité se confond avec la lutte contre l'erreur.

L'incertitude / certitude

La connaissance scientifique est une connaissance certaine, dans le sens où elle se fonde sur des données vérifiées et qu'elle est apte à fournir des prédictions concrètes. Toutefois le progrès des certitudes scientifiques ne va nullement dans le sens d'une grande certitude.

Certes, on a longtemps cru que l'univers était une machine déterministe impeccable qui serait totalement connaissable, et certains croient encore qu'une équation maîtresse nous livrerait son secret. Or, en fait, l'enrichissement de notre connaissance de l'univers débouche sur le mystère de son origine, de son être, de son avenir. La nature du tissu profond de notre réalité physique se dérobe dans le mouvement même où on l'entr'aperçoit. Notre logique piétine ou s'affole devant l'infiniment petit et l'infiniment grand, le vide physique et les très hautes énergies. Les extraordinaires découvertes de l'organisation à la fois moléculaire et informationnelle de la machine vivante nous conduisent non à la connaissance finale de la vie mais aux portes du problème de l'auto-organisation.

On peut même dire que, de Galilée à Einstein, de Laplace à Hubble, de Newton à Bohr, nous avons perdu le trône d'assurance qui mettait notre esprit au centre de l'univers : nous avons appris que nous sommes, nous autres citoyens de la planète Terre, les banlieusards d'un Soleil de banlieue lui-même exilé à la périphérie d'une galaxie périphérique d'un univers mille fois plus mystérieux que nul ne l'aurait imaginé il y a encore un siècle. Le progrès des certitudes scientifiques produit donc un progrès de l'incertitude. Mais c'est une « bonne » incertitude qui nous délivre d'une illusion naïve et nous éveille d'un rêve légendaire : c'est une ignorance qui se connaît comme ignorance. Et ainsi, aussi bien les ignorances que les connaissances issues du progrès scientifique apportent un éclairage irremplaçable aux problèmes fondamentaux que l'on dit philosophiques.

La règle du jeu

Ainsi la science n'est pas seulement une accumulation de vérités vraies. Disons plus, à la suite de Popper : elle est un champ toujours ouvert où se combattent non seulement les théories mais les principes d'explication, c'est-à-dire aussi les visions du monde et les postulats métaphysiques. Mais ce combat a et maintient ses règles du jeu : le respect des données d'une part, l'obéissance à des critères de cohérence d'autre part. C'est l'obéissance à cette règle du jeu par des débattants-combattants acceptant sans équivoque cette règle, qui fait la supériorité de la science sur toute autre forme de connaissance.

C'est dire, du coup, que ce serait une grossière erreur que de rêver d'une science qui serait purgée de toute idéologie et où ne régnerait plus qu'une seule vision du monde ou théorie « vraie ». En fait, le conflit des idéologies, des présupposés métaphysiques (conscients ou non) est une condition *sine qua non* de la vitalité de la science. Ici s'opère du coup une nécessaire démythification : le scientifique n'est pas un homme supérieur, désintéressé, par rapport à ses concitoyens. Il a les mêmes petitesses, la même propension à l'erreur, mais c'est le jeu qu'il joue, le jeu scientifique de la vérité et de l'erreur, qui, lui, est supérieur dans un univers idéologique, religieux, politique, où ce jeu est bloqué ou faussé. Le physicien n'est pas plus intelligent que le sociologue, qui n'arrive pas encore à faire de la sociologie une science. C'est qu'en sociologie la règle du jeu est beaucoup plus difficile à s'établir : la vérification expérimentale y est quasi impossible, la subjectivité y est toujours engagée. L'idée que la vertu capitale de la science réside dans les règles propres à son jeu de la vérité et de l'erreur nous montre que *ce qui doit être absolument sauvegardé comme condition fondamentale de la vie même de la science, c'est la pluralité conflictuelle au sein d'un jeu qui obéit à des règles empiriques-logiques.*

Ainsi, nous voyons que, tout en correspondant à des données de caractère objectif, la connaissance scientifique n'est pas le reflet des lois de la nature. Elle porte en elle un univers de théories, d'idées, de paradigmes, ce qui nous renvoie d'une part aux conditions bio-anthropologiques de la connaissance (car il n'y a pas d'esprit sans cerveau), d'autre part à l'enracinement culturel, social, historique, des théories. Les théories scientifiques surgissent des esprits humains au sein d'une culture *hic et nunc.*

La connaissance scientifique ne saurait s'isoler de ses conditions d'élaboration. Mais elle ne saurait être *réduite* à ces conditions. La science ne saurait être considérée comme une pure et simple « idéologie » sociale, car elle mène un dialogue incessant sur le champ de la vérification empirique avec le monde des phénomènes.

Il est donc nécessaire que toute science s'interroge sur ses structures idéologiques et son enracinement socio-culturel. Ici, nous nous rendons compte qu'il nous manque une science capitale, la science des choses de l'esprit ou noologie, apte à concevoir comment et dans quelles conditions culturelles les idées s'assemblent, s'enchaînent, s'agencent les unes les autres, constituent des systèmes qui s'auto-régulent, s'auto-défendent, s'auto-multiplient, s'auto-propagent. Il nous manque une sociologie de la connaissance scientifique qui soit non seulement aussi puissante mais plus complexe encore que la science qu'elle examine.

C'est dire que *nous sommes à l'aube d'un effort de longue haleine et en profondeur, lequel nécessite de multiples développements nouveaux, afin de permettre à l'activité scientifique de disposer des moyens de la réflexivité, c'est-à-dire de l'auto-interrogation.*

La nécessité d'une science de la science a déjà été maintes fois formulée. Mais il faut dire que, conformément aux démonstrations de Tarski et Gödel, une telle science serait, par rapport à la science actuelle, une « méta-science », dotée d'un méta-point de vue, plus riche, plus ample, pour considérer scientifiquement la science elle-même.

Cette méta-science ne saurait être la science définitive. Elle s'ouvrirait vers de nouveaux méta-horizons. Et c'est cela qui nous fait apparaître un autre visage de la « vérité » de la science : *La science est et demeure une aventure.* La vérité de la science n'est pas seulement dans la capitalisation des vérités acquises, la vérification des théories connues. Elle est dans le caractère ouvert de l'aventure qui permet, que dis-je, qui aujourd'hui exige la remise en question de ses propres structures de pensée. Bronowski disait que le concept de la science n'est ni absolu ni éternel. Peut-être sommes-nous à un moment critique où le concept même de science est en train de se modifier.

III. VIVONS-NOUS UNE RÉVOLUTION SCIENTIFIQUE ?

La connaissance scientifique est en état de renouvellement depuis le début de ce siècle. On peut même se demander si les grandes transformations qui ont affecté les sciences physiques — de la microphysique à l'astrophysique —, les sciences biologiques — de la génétique et de la biologie moléculaire à l'éthologie —, l'anthropologie (la perte du privilège héliocentrique où la rationalité occidentale se voyait juge et mesure de toute culture et civilisation), ne préparent pas une transformation dans le mode même de penser le réel. On peut se demander si, en somme, de tous les horizons scientifiques, ne s'élabore pas, de façon encore dispersée, confuse, incohérente, embryonnaire, ce que Kuhn appelle une révolution scientifique, laquelle, quand elle est exemplaire et fondamentale, entraîne un changement de paradigmes (c'est-à-dire des principes d'association/exclusion fondamentaux qui commandent toute pensée et toute théorie) et, par là, un changement dans la vision même du monde.

Essayons d'indiquer dans quel sens nous croyons entrevoir la révolution de pensée qui s'ébauche. Les principes d'explication « classiques » qui régnaient avant d'être perturbés par les transformations que j'ai évoquées plus haut postulaient que l'apparente complexité des phénomènes pouvait s'expliquer à partir de quelques principes simples, que l'étonnante diversité des êtres et des choses pouvait s'expliquer à partir de quelques éléments simples. La simplification s'appliquait sur ces phénomènes par disjonction et réduction. La disjonction isole les objets non seulement les uns des autres, mais aussi de leur environnement et de leur observateur. C'est du même mouvement que la pensée disjonctive isole les disciplines les unes des autres et insularise la science dans la société. La réduction, elle, unifie ce qui est divers ou multiple, soit à ce qui est élémentaire, soit à ce qui est quantifiable. Ainsi la pensée réductrice accorde la « vraie » réalité non aux totalités, mais aux éléments, non aux qualités, mais aux mesures, non aux êtres et aux existants, mais aux énoncés formalisables et mathématisables.

L'alternative mutilante

Ainsi commandée par disjonction et réduction, la pensée simplificatrice ne peut échapper à l'alternative mutilante quand elle considère la relation entre physique et biologie, biologie et anthropologie : ou bien elle disjoint, et ce fut le cas du « vitalisme » qui refusait de considérer l'organisation physico-chimique du vivant, comme c'est le cas de l'anthropologisme qui refuse de considérer la nature biologique de l'homme ; ou bien elle réduit, et c'est le cas du « réductionnisme » qui réduit la complexité vivante à la simplicité des interactions physico-chimiques, comme c'est le cas des visions qui font obéir tout ce qui est humain à la seule hérédité génétique ou assimilent les sociétés humaines à des organismes vivants.

Le principe de simplification, qui a animé les sciences naturelles, a conduit aux plus admirables découvertes, mais ce sont ces découvertes mêmes qui, finalement, ruinent aujourd'hui toute vision simplificatrice. En effet, c'est animée par l'obsession de l'élément de base de l'univers, que la recherche physique a découvert la molécule, puis l'atome, puis la particule. De même, c'est l'obsession moléculaire qui a suscité les magnifiques découvertes éclairant les fonctionnements et processus de la machinerie vivante. Mais les sciences physiques, en cherchant l'élément simple et la loi simple de l'univers ont découvert l'inouïe complexité du tissu microphysique et commencent à entrevoir la fabuleuse complexité du cosmos.

En élucidant la base moléculaire du code génétique, la biologie commence à découvrir le problème théorique complexe de l'auto-organisation vivante, dont les principes diffèrent de ceux de nos machines artificielles les plus perfectionnées.

La crise du principe classique d'explication

Le principe d'explication de la science classique excluait l'aléa (apparence due à notre ignorance), pour ne concevoir qu'un univers strictement et totalement déterministe. Mais, dès le XIXe siècle, la notion de chaleur introduit désordre et dispersion au cœur même de la physique, et la statistique permet d'associer hasard (au niveau des individus) et nécessité (au niveau des populations). Aujourd'hui, sur tous les fronts, les sciences travaillent de plus en plus avec l'aléa, notamment pour comprendre tout ce qui est évolutif et considèrent un univers où se combinent hasard et nécessité.

Le principe d'explication de la science classique ne concevait pas l'organisation en tant que telle. Des organisations étaient reconnues (système solaire, organismes vivants), mais non le problème de l'organisation. Aujourd'hui, le structuralisme, la cybernétique, la théorie des systèmes ont opéré, chacun à sa façon, des avancées vers une théorie de l'organisation et celle-ci commence à nous permettre d'entrevoir, au-delà, la théorie de l'auto-organisation, nécessaire pour concevoir les êtres vivants.

Le principe d'explication de la science classique voyait dans l'apparition d'une contradiction le signe d'une erreur de pensée et supposait que l'univers obéissait à la logique aristotélicienne. Les sciences modernes reconnaissent et affrontent les contradictions quand les données appellent de façon cohérente et logique l'association de deux idées contraires pour concevoir un même phénomène (la particule qui se manifeste tantôt comme onde, tantôt comme corpuscule, par exemple).

Le principe d'explication de la science classique éliminait l'observateur de l'observation. La microphysique, la théorie de l'information, la théorie des systèmes réintroduisent l'observateur dans l'observation. La sociologie et l'anthropologie appellent la nécessité de se situer *hic et nunc*, c'est-à-dire de prendre conscience de la détermination ethno-socio-centrique qui, au départ, hypothèque toute conception de la société, de la culture, de l'homme.

Le sociologue doit sans cesse se demander comment il peut

concevoir une société dont il fait partie. Déjà, l'anthropologue contemporain se dit : « *Comment, moi, porteur inconscient des valeurs de ma culture, puis-je juger une culture dite primitive ou archaïque ? Que valent nos critères de* rationalité ? » Dès lors commence la nécessaire autorelativisation de l'observateur, qui se demande « qui suis-je ? », « où suis-je ? ». Le je qui surgit ici est le je modeste qui découvre que son point de vue est nécessairement partiel et relatif. Ainsi, nous voyons que le progrès même de la connaissance scientifique nécessite que l'observateur s'inclue dans son observation, que le concepteur s'inclue dans sa conception, en somme que le sujet se réintroduise de façon autocritique et autoréflexive dans sa connaissance des objets.

Pour un principe de complexité

De toutes parts surgit le besoin d'un principe d'explication plus riche que le principe de simplification (disjonction/réduction) et que l'on peut appeler le principe de complexité. Celui-ci, certes, se fonde sur la nécessité de distinguer et d'analyser, comme le précédent. Mais il cherche de plus à établir la communication entre ce qui est distingué : l'objet et l'environnement, la chose observée et son observateur. Il s'efforce non pas de sacrifier le tout à la partie, la partie au tout, mais de concevoir la difficile problématique de l'organisation, où, comme disait Pascal, « il est impossible de connaître les parties sans connaître le tout, non plus que de connaître le tout sans connaître particulièrement les parties ».

Il s'efforce d'ouvrir et de développer partout le dialogue entre ordre, désordre et organisation pour concevoir, dans leur spécificité, à chacun de leurs niveaux, les phénomènes physiques, biologiques et humains. Il s'efforce à la vision poly-oculaire ou poly-scopique où, par exemple, les dimensions physiques, biologiques, spirituelles, culturelles, sociologiques, historiques de ce qui est humain cessent d'être incommunicables.

Le principe d'explication de la science classique tendait à réduire le connaissable au manipulable. Aujourd'hui, il faut insister avec force sur l'utilité d'une connaissance qui puisse servir à être réfléchie, méditée, discutée, incorporée par chacun dans son savoir, son expérience, sa vie...

Les principes occultes de la réduction/disjonction qui ont éclairé la recherche dans la science classique sont ceux-là mêmes qui nous rendent aveugles sur la nature technique, sociale et politique de la science, sur la nature à la fois physique, biologique, culturelle, sociale, historique de tout ce qui est humain. Ce sont eux qui ont établi et maintiennent la grande disjonction nature/culture, objet/sujet. Ce sont eux qui partout ne voient qu'apparences naïves dans la réalité complexe de nos êtres, de nos vies, de notre univers.

Il s'agit désormais de chercher la communication entre la sphère des objets et la sphère des sujets qui conçoivent ces objets. Il s'agit d'établir la relation entre sciences naturelles et sciences humaines, sans les réduire les unes aux autres (car ni l'humain ne se réduit au biophysique ni la science biophysique ne se réduit à ses conditions anthropo-sociales d'élaboration).

Dès lors, le problème d'une politique de la recherche ne peut se réduire à l'accroissement des moyens mis à la disposition des sciences. Il s'agit *aussi*, et je souligne l'aussi pour indiquer que je propose non une alternative mais un complément, que la politique de la recherche puisse aider les sciences à accomplir les transformations/métamorphoses dans la structure de pensée qu'appelle leur propre développement. Une pensée apte à affronter la complexité du réel, permettant en même temps à la science de réfléchir sur elle-même.

IV. PROPOSITIONS POUR LA RECHERCHE

Nous n'avons pas ici à revenir sur les grandes orientations qui sont fixées pour la recherche. Il est souhaitable que soient définies et reconnues ces orientations complémentaires :

1) Que les caractères institutionnels (techno-bureaucrati-

ques) de la science n'étouffent pas, mais étoffent, ses caractères aventureux ;

2) Que les scientifiques soient aptes à s'auto-interroger, c'est-à-dire que la science soit apte à s'auto-étudier ;

3) Que soient aidés ou stimulés les processus qui permettraient à la révolution scientifique en cours d'accomplir la transformation des structures de pensée.

La première orientation ci-dessus mentionnée s'impose d'évidence et a toujours été reconnue ; historiquement, en France, la politique de la recherche a procédé, lorsque l'institution préexistante s'avérait trop lourde et figée, par bonds institutionnels en avant, créant de nouvelles institutions plus souples et légères, lesquelles se figèrent à leur tour, etc. Ainsi le C.N.R.S. a été créé pour constituer une structure plus adaptée à la recherche que l'Université, puis la D.G.R.S.T. a été créée pour permettre innovations et créations que n'autorisaient plus les structures alourdies du C.N.R.S.

Sans doute pourra-t-on toujours innover en instituant de nouvelles structures, mais il faut se demander si un effort ne peut être tenté au niveau des grosses institutions, au premier chef le C.N.R.S.

Ici, il faut réfléchir au problème du chercheur. Dans le mot chercheur, il y a quelque chose de plus qu'un sens corporatiste ou professionnel : quelque chose qui concerne l'aventure de la connaissance et ses problèmes fondamentaux. Or le chercheur est représenté en fait, d'une part, par son syndicalisme, d'autre part, par son mandarinat. Le mandarinat défend l'autonomie corporative de la recherche par rapport aux pressions extérieures. Le syndicat défend les intérêts des chercheurs par rapport non seulement à l'administration et à l'État, mais aussi par rapport au mandarinat.

Le mandarinat constitue l' « élite » officiellement reconnue des scientifiques et occupe souvent les hauts postes directeurs de la recherche. Les syndicats défendent la « masse » des chercheurs et leur promotion collective. Le mandarinat tend à sélectionner des individus d' « élite » ; le syndicat tend à protéger tout ce qui ne relève pas de l'élitisme mandarinal. Ainsi les chercheurs ne disposent de nulle autre instance pour s'exprimer en tant que chercheurs, ce qui veut dire *qu'à la fois le mandarinat et le syndicat tendent à occulter et à refouler ce que le mot recherche signifie à la fois d'exploration, de questionnement, de risque, d'aventure.*

Si le corps des chercheurs est ainsi à la fois exprimé par et laminé entre mandarinat et syndicat, il devient capital qu'à l'occasion inespérée du grand colloque le chercheur s'exprime aussi en tant que chercheur pensant ses propres problèmes de scientifique. Il est bon aussi qu'on réfléchisse à ce que soit maintenue, à l'avenir, cette brèche entre mandarinat et syndicat.

Un système inoptimisable

Les commissions du C.N.R.S. sont des instances où les influences mandarinales et syndicales se disputent ou/et se conjuguent de façon très diversifiée selon les secteurs ou disciplines. Disons que, par principe, le maintien d'un dualisme de cet ordre, c'est-à-dire d'un antagonisme, est sain.

Dans le secteur de mon expérience, il y eut d'abord l'ère du féodalisme mandarinal, où les diversités et oppositions entre maîtres-sociologues permettaient une certaine pluralité népotique. Les jeunes chercheurs jugés « brillants », selon le choix d'un suzerain, étaient recrutés après négociations discrètes entre hauts mandarins. Un tel système favorisait tantôt le recrutement d'esprits originaux, tantôt celui de féaux. La prééminence des grands mandarins-sociologues s'est effacée au cours des années 60 au profit des élus syndicaux, c'est-à-dire au profit du recrutement sur consensus moyen et des promotions à l'ancienneté. Le consensus moyen sape certes l'arbitraire ancien, mais au profit d'un néo-fonctionnarisme qui évidemment défavorise toute déviance et, par là, l'originalité et la singularité.

Y a-t-il un système idéal ? Il faut savoir qu'en toute problématique organisationnelle complexe, *il n'y a pas*, a priori, *d'optimum* définissable ou programmable. Il faut savoir que la réunion en commission d'esprits prestigieux, chacun original et créatif en son domaine, mais chacun animé par une passion ou obsession différente de celle des autres, aboutit le plus souvent à un consensus sur un minimum commun dénué d'originalité et d'invention. L'opinion moyenne, sans expression des variétés et épanouissement des libertés, signifie moins démocratie que médiocratie.

Nous savons qu'un esprit créatif, ouvert, libéral peut, s'il est doté de pouvoirs, exercer un « despotisme éclairé » qui favorise la liberté et la création, mais nous savons aussi que nous ne pouvons institutionnaliser le principe du despotisme éclairé ; il nous faut, au contraire, pour parer aux dangers plus graves du pouvoir incontrôlé, instituer des commissions.

Protéger la déviance

Par ailleurs, la pesanteur/inertie institutionnelle n'a pas que des inconvénients. C'est dans les ratés de la très grosse machine techno-bureaucratique, dans les failles au sein des commissions, dans les négligences des patrons, qu'existent non seulement des recoins d'incurie et de fainéantise, mais aussi des espaces de liberté où peut se glisser et se développer la novation qui rejaillit finalement à la gloire de l'institution.

Evidemment, nous ne pouvons compter seulement sur les ratés et les exceptions dans l'énorme machine techno-bureaucratique pour favoriser l'innovation. Nous ne pouvons, non plus, avons-nous dit, penser qu'il existe une formule optimale pour favoriser l'invention.

De toute façon, s'il est vrai que le surgissement et le développement d'une idée neuve ont besoin d'un champ intellectuel ouvert, où débattent et se combattent théories et visions du monde antagonistes ; s'il est vrai que toute nouveauté se manifeste comme déviance et apparaît souvent soit comme menace, soit comme insanité aux tenants des doctrines et disciplines établies, alors le développement scientifique, dans le sens où ce terme comporte nécessairement invention et découverte, nécessite vitalement deux conditions : 1) maintien et développement du pluralisme théorique (idéologique, philosophique) dans toutes les institutions et commissions scientifiques ; 2) protection de la déviance. Nécessité de tolérer/favoriser les déviances au sein des programmes et institutions, au risque, certes, que l'original ne soit que farfelu, que l'étonnant ne soit que saugrenu.

Plus encore, l'innovation doit bénéficier, dans son stade initial, de mesures d'exception protégeant son autonomie. Etant bien entendu qu'on ne peut prouver *a priori* la justesse des initiatives qui comportent des chances, puisque par là même elles comportent des risques, il faut courir le risque/chance de confier la responsabilité à un très petit groupe de personnes, pouvant avoir des opinions différentes, mais ayant toutes la même passion dans l'intention nouvelle.

Les solutions aux problèmes que pose l'excessive lourdeur des déterminations techno-bureaucratiques au sein de l'institution scientifique peuvent être institutionnelles (comme la décentralisation), mais ne peuvent être qu'institutionnelles. Il faut des stimuli, non seulement d'au-dessus de l'institution (des instances supérieures ou centrales), mais aussi du cœur de l'institution, des chercheurs mêmes, et nous revenons à ce problème clé : il faut que les chercheurs se réveillent et s'expriment comme chercheurs.

La nécessité pour la science de s'auto-étudier suppose que les scientifiques veuillent s'auto-interroger, ce qui suppose qu'ils se mettent en crise, c'est-à-dire qu'ils découvrent les contradictions fondamentales sur lesquelles débouchent les activités scientifiques modernes et notamment les injonctions contradictoires auxquelles se trouve soumis tout scientifique qui confronte son éthique de la connaissance à son éthique civique et humaine.

La crise intellectuelle concernant les idées simplettes, abstraites, dogmatiques, la crise spirituelle et morale de chacun devant sa responsabilité, dans son travail même, sont les conditions *sine qua non* du progrès de la conscience. Les auto-glorifications, félicitations, exaltations, étouffent la prise de conscience de l'ambivalence fondamentale, c'est-à-dire de la complexité du problème de la science et sont aussi nocives que les dénigrements et les vitupérations.

Les deux dieux

On a justement dit qu'il ne s'agissait plus tant aujourd'hui de maîtriser la nature que de maîtriser la maîtrise. Effectivement, *c'est la maîtrise de la maîtrise de la nature qui fait aujourd'hui problème.* Simultanément, cette maîtrise est d'une part incontrôlée, folle, et risque de nous conduire à l'anéantissement ; d'autre part, elle est trop contrôlée par les pouvoirs-maîtres. Ces deux caractères contradictoires s'expliquent parce que aucune instance supérieure ne contrôle les pouvoirs-maîtres, c'est-à-dire les États-nations.

Le problème du contrôle de l'activité scientifique est devenu crucial. Il suppose un contrôle des citoyens sur l'État qui les contrôle et une reprise de contrôle par les scientifiques, ce qui nécessite la prise de conscience dont j'ai parlé au long de ces pages.

La reprise du contrôle intellectuel des sciences par les scientifiques nécessite la réforme du mode de pensée. Certes, la réforme du mode de pensée dépend d'autres réformes, et il y a interdépendance générale des problèmes. Mais cette interdépendance ne saurait faire oublier cette réforme clé.

Tout scientifique sert au minimum deux dieux qui, tout au long de l'histoire de la science et jusqu'aujourd'hui, lui ont semblé absolument complémentaires. Nous devons savoir aujourd'hui qu'ils ne sont pas seulement complémentaires, mais aussi antagonistes. Le premier dieu est celui de l'éthique de la connaissance, qui exige que tout soit sacrifié à la soif de connaître. Le second est le dieu de l'éthique civique et humaine.

La limite à l'éthique de la connaissance était invisible *a priori* et nous l'avons franchie sans le savoir, c'est la frontière au-delà de laquelle la connaissance apporte en elle la mort généralisée : aujourd'hui l'arbre de la connaissance scientifique risque de s'écrouler sous le poids de ses fruits, écrasant Adam, Ève et le malheureux serpent.

2

La connaissance de la connaissance scientifique

Je vais vous faire un exposé très incomplet et fragmentaire. D'abord, je ne répéterai pas, sur ce problème de la connaissance scientifique, des choses que j'ai déjà publiées. Je vais essayer de partir de ces problèmes en tentant de dresser une sorte de bilan d'une grande aventure épistémologique qui a été vécue dans le monde germanique et anglo-saxon (à l'écart de laquelle la France est restée).

Qu'est-ce que cette aventure ? Elle est partie du fameux Cercle de Vienne, de ce groupe de scientifiques, logiciens, mathématiciens qui avaient en commun d'être complètement écœurés par l'arbitraire de la philosophie et de la métaphysique. Ils voulaient, en somme, que la philosophie, la pensée, se fasse à l'image de la science, c'est-à-dire qu'il y ait des énoncés dotés de sens, qui soient fondés évidemment sur des observables et sur des vérifiables. Ils pensaient que, effectivement, on pourrait trouver des énoncés, qu'ils appelaient « atomiques », fondés sur une donnée empirique précisément définie, et qu'à partir de ces énoncés atomiques on pourrait construire propositions, théories et qu'ainsi on pourrait avoir un type de pensée vrai, certain, scientifique. Pour eux, la science était le modèle et ils se sont posé le problème : « Mais qu'est-ce que la science ? » Ils ont voulu étudier leur modèle et l'étude de ce modèle a conduit à une série de déconvenues et de déceptions : ils ont cru trouver un fondement et le fondement s'est effondré.

Un de ces effondrements s'est produit par exemple sur le plan de la logique (ou de la logique mathématique) avec le théorème d'indécidabilité de Gödel. Un autre effondrement a été le renoncement et le désabusement de Wittgenstein. Mais, déjà, un autre scientifique et philosophe, Whitehead, collaborateur de Russell, avait fait la remarque que la science est encore plus changeante que la théologie — ce sont ses propos. Aucun savant, disait-il, ne pourrait souscrire sans réserves aux croyances de Galilée ni à celles de Newton, ni à toutes ses propres croyances scientifiques d'il y a dix ans. Il mettait le doigt sur cette chose étonnante que, contrairement à l'opinion, la scientificité se définit non pas par la certitude mais au contraire peut-être par l'incertitude. Et c'est là que se situe l'apport décisif de Karl Popper.

Karl Popper était proche des positivistes logiques du Cercle de Vienne par sa volonté de créer, de trouver une démarcation entre la science et la pseudo-science. Mais il s'en est différencié en introduisant au cœur de la science l'idée de « faillibilisme ». Il a dit : « Ce qui prouve qu'une théorie est scientifique, c'est qu'elle est faillible, elle accepte d'être réfutée. »

Intervient ici ce fameux mot de « falsification » qui a fait couler beaucoup d'encre. A tort; ce mot de falsification/falsifiabilité employé par Popper déjà dans un sens non prévu par le lexique en anglais, que signifiait-il ? Il a voulu trouver un mot fort qui puisse s'opposer à « vérifiabilité ». Il a dit : « Il ne suffit pas qu'une théorie soit vérifiée, il faut qu'elle puisse être falsifiée », c'est-à-dire qu'on puisse prouver, éventuellement, qu'elle est fausse. C'était ce qu'il a voulu dire et c'est pour cela que les traducteurs en français de Popper ont fait une traduction correcte en employant le mot falsifiabilité. Ce ne sont pas des imbéciles qui n'ont pas regardé leur dictionnaire, ils ont voulu rendre cette opposition, forte chez Popper, entre la vérification et la falsification. Et pourquoi cette opposition est-elle tellement importante chez Popper ? Eh bien elle est liée à une critique de l'induction.

Popper prend un exemple : nous constatons, nous voyons des cygnes, nous relevons que tous les cygnes sont blancs. De là, nous pensons avoir vérifié la loi selon laquelle tous les cygnes sont blancs. Mais il suffit qu'apparaisse un seul cygne noir pour que, effectivement, cette loi soit prise en défaut. Ce qui veut dire deux choses. Premièrement que l'induction à partir de faits d'observation sans cesse vérifiés ne conduit pas à la certitude véritable ; la certitude théorique ne peut se fonder que sur la déduction. Et, deuxièmement, que le problème de l'induction est lié à celui de la vérification : il ne suffit pas qu'une thèse soit vérifiée pour être prouvée comme loi universelle ; il faut aussi considérer les cas où elle n'est pas vérifiée, il faut qu'on puisse la tester et qu'on puisse, effectivement, la réfuter. C'est donc là que Popper nous dit : aucune théorie scientifique ne peut être prouvée à jamais ou résister à jamais à la falsifiabilité. Il a développé une sorte de théorie de la sélection des théories scientifiques, disons analogue à la théorie darwinienne de la sélection : il y a des théories qui tiennent le coup, puis elles sont remplacées par d'autres, qui résistent mieux à la falsifiabilité. Et par là même Popper abandonne la certitude pour le faillibilisme ; mais il n'abandonne pas la rationalité. Au contraire, il dit que ce qui est rationnel dans la science, c'est qu'elle accepte d'être testée et de créer des situations où, effectivement, une théorie se met en jeu, c'est-à-dire s'accepte comme « biodégradable ». Et l'opinion qu'avait Popper, par exemple du freudisme ou du marxisme, c'est que ce ne sont pas des théories scientifiques parce que jamais on ne peut prouver qu'elles sont fausses, c'est-à-dire que leurs partisans peuvent toujours dire que ce sont les contradicteurs qui eux sont, soit dans l'illusion libidinale et qui, pour les raisons psychanalytiques, refoulent la psychanalyse, soit dans l'illusion de classe qui leur fait méconnaître le vrai moteur de l'histoire.

Après Popper il y a eu un grand tournant épistémologique où, en quelque sorte, tous les problèmes que le positivisme logique croyait avoir résolu ont surgi. Quel est le fondement de la science ? Beaucoup n'en ont plus trouvé ; vous avez eu des positions limites, comme celles de Feyerabend qui dit : « Il ne faut pas chercher la rationalité, tout se vaut, et ne cherchons pas plus loin... » On est entré dans une époque où finalement l'échec de l'entreprise ambitieuse de fonder et la vérité de la science et la certitude de la science et la certitude de la pensée, a fait surgir un certain nombre de questions fondamentales.

Je vais maintenant aborder le problème de l'objectivité.

L'objectivité semble une condition *sine qua non*, évidente et absolue, de toute la connaissance scientifique. Les *données* sur lesquelles se fondent les théories scientifiques sont objectives, elles sont objectives par les vérifications, par les falsifications, ceci est absolument incontestable. Ce que l'on peut contester, à juste titre, c'est qu'une *théorie* soit objective. Non, une théorie n'est pas objective : une théorie n'est pas le reflet de la réalité, une théorie est une construction de l'esprit, une construction logico-mathématique, laquelle permet de répondre à certaines questions que l'on pose au monde, à la réalité. Une théorie se fonde sur des données objectives mais une théorie n'est pas objective en elle-même.

L'objectivité est une chose absolument certaine. Elle est déterminée par des observations et des vérifications, évidemment concordantes. Ces observations et ces vérifications, elles-mêmes, ont besoin pour s'établir de communications intersubjectives. Mais ces communications, il est évident qu'elles se font au sein d'un milieu, au sein de ce qu'on peut appeler la communauté scientifique. Là aussi il y a une idée de Popper qui est très intéressante. Il dit à peu près : « La science n'est pas le privilège d'une théorie ou d'un esprit, la science est l'acceptation par les scientifiques d'une règle du jeu absolument impérative. » Mais pour obéir à la règle du jeu de la vérification et de l'expérimentation, il faut qu'il y ait une grande activité de critique mutuelle. Pour qu'il y ait une grande activité de critique mutuelle, il faut que s'affrontent des théories, des points de vue différents, voire même des idées « de derrière la tête », des idées métaphysiques. Il faut donc qu'il n'y ait pas seulement des facteurs communautaires mais aussi des facteurs rivalitaires et conflictuels ; c'est donc un vrai milieu social, où jouent des antagonismes. Mais pour que fonctionne cette société, cette communauté, il faut — ça aussi Popper l'a dit — qu'elle soit enracinée dans une tradition historique et au sein d'une culture : ainsi, la tradition critique, née de la philosophie à Athènes, cinq siècles avant notre ère, interrompue cinq siècles après notre ère, s'est reconstituée avec la Renaissance ; c'est le premier bouillon de culture de la science, qui s'est détachée comme un rameau de la philosophie mais obéit quand même à cette tradition critique qui a marqué l'histoire occidentale et qui aujourd'hui s'universalise à travers la diffusion de la science dans le monde. Depuis le XIXe siècle le développement de la science est lié au développement d'une nouvelle couche sociale, l'intelligentsia scientifique des savants et chercheurs.

Tout ceci nous renvoie à des phénomènes de culture, de société et d'histoire. Tout le monde le sait, mais il se produit ce processus très intéressant que, une fois que l'objectivité est établie, le scientifique gomme tout cet « hinterland », toute cette infrastructure énorme qui permet l'objectivité. Faut-il la gommer véritablement ? Je ne le pense pas, parce qu'il faut réfléchir à ceci : bien entendu, l'objectivité (les observations astronomiques par exemple) est établie indépendamment des observateurs, mais on peut très bien supposer qu'une telle objectivité a besoin d'être toujours — pour être opérationnelle dans l'activité scientifique — vérifiée ou revérifiable par les scientifiques. C'est tout un énorme processus sociologique, culturel, historique, intellectuel, qui produit l'objectivité. Et ne voilà-t-il pas que l'objectivité, qui est le produit de cette activité, se transcende elle-même et revient elle-même refonder et relancer la tradition critique, la communauté scientifique, les activités de vérification, etc. Cela veut dire qu'en fait le problème de la démarcation entre le scientifique et le non-scientifique est un problème qui ne peut pas être résolu par un principe clair ou facile : la démarcation, finalement, est le résultat d'une formidable activité qu'entretient la communauté scientifique — ne serait-ce qu'au C.N.R.S. ou dans les universités —, laquelle continue à vivre à travers ses échanges, ses congrès, ses colloques, ses articles dans les revues, etc. Autrement dit, l'objectivité des données scientifiques est elle-même entretenue par un processus régénérateur ininterrompu qui met en cause des esprits, des individus, des groupes sociaux, etc.

Voilà donc mon idée : c'est que l'objectivité est le résultat d'un processus critique développé par une communauté/

société scientifique jouant un jeu dont elle assume pleinement la règle. Elle est produite par un consensus, parce que quiconque a réfléchi sur l'objectivité dit : « Mais à quoi voit-on que quelque chose est objectif? », eh bien ! c'est effectivement au consensus des chercheurs. Nous faisons confiance à ce consensus des chercheurs et, comme dit Popper, l'objectivité des énoncés scientifiques réside dans le fait qu'ils puissent être intersubjectivement soumis à des tests. Seulement, là aussi, vous vous rendez compte que cela constitue une boucle. Parce qu'une fois que ces tests marchent, ils refondent l'objectivité réelle du phénomène étudié. Je vous fais alors remarquer un problème très intéressant : c'est qu'on découvre ainsi qu'il y a un lien inouï entre l'intersubjectivité et l'objectivité ; on croit pouvoir éliminer le problème des sujets humains, en réalité ce n'est pas possible. Si l'objectivité se fonde sur une dynamique complexe, alors, effectivement, vous comprenez une chose très importante, sur laquelle Popper a beaucoup insisté : si l'objectivité scientifique était fondée sur l'impartialité ou l'objectivité du savant individuel, alors, nous devrions en faire notre deuil. L'objectivité n'est pas une qualité propre aux esprits scientifiquement supérieurs. Et du reste, vous le savez très bien, de très grands esprits, des prix Nobel, des savants éminents se comportent en dehors de leur laboratoire comme des êtres passionnels, pulsionnels, aux opinions sur la société et sur la politique aussi minables que celles de n'importe quel autre citoyen et plus déplorables encore vu le prestige dont ils jouissent et les erreurs qu'ils propagent.

Donc, vous comprenez que l'objectivité n'est pas une qualité propre à l'esprit du savant. Le scientifique, dans son laboratoire, soumis à la règle du jeu, subit une contrainte qui le pousse vers la rigueur et vers l'objectivité. Et même parfois dans son laboratoire, vous savez qu'il y a de drôles d'exceptions.

D'autre part, un autre point a été bien « déblayé » par de nombreux débats, c'est évidemment qu'il n'existe pas de fait « pur ». Les faits sont impurs. C'est pour cela, du reste, que l'activité du scientifique consiste en une opération de sélection des faits ; élimination de ceux qui ne sont pas pertinents, intéressants, quantifiables, jugés contingents. Le dispositif expérimental est, à l'extrême, la sélection d'un certain nombre de données ; c'est une transplantation dans le milieu artificiel qu'est le laboratoire, qui permet de procéder aux variations voulues. Autrement dit, nous opérons des découpages sur la réalité et c'est ce qui a fait dire qu'il n'y a pas de fait pur, de fait sans théorie. Est-ce que cela veut dire qu'il n'y a pas de fait objectif? Non ! il faut dire que c'est grâce à des idées de derrière la tête, grâce à des hypothèses, grâce à des points de vue théoriques que nous parvenons à sélectionner effectivement et déterminer des faits sur lesquels nous pouvons travailler et faire des opérations de vérification et falsification. Mais c'est là aussi une idée très importante : la connaissance n'est pas une chose pure, indépendante de ses instruments et pas seulement de ses outils matériels, mais aussi de ses instruments mentaux que sont les concepts ; la théorie scientifique est une activité organisatrice de l'esprit, qui met en œuvre les observations et qui met en œuvre aussi, bien entendu, ce dialogue avec le monde des phénomènes. Cela veut dire qu'il faut concevoir une théorie scientifique comme une construction. Mais alors, qu'y a-t-il comme ingrédients dans cette construction ? C'est là que les choses commencent à devenir intéressantes.

Popper a bien dit et a bien vu que dans l'élaboration des théories scientifiques entrent en jeu des présupposés, des postulats métaphysiques. D'autres auteurs, comme Holton, ont bien vu qu'il y a toujours des idées de derrière la tête chez les scientifiques. Et nous savons aussi, quand nous considérons l'histoire des sciences, que les grands fondateurs de la science moderne étaient animés par des idées mystiques : les pionniers de la cosmologie nouvelle, depuis Kepler jusqu'à Newton, ont fondé leur exploration de la nature sur leur conviction mystique qu'il existait des lois derrière la confusion des phénomènes et que le monde était une création rationnelle, harmonieuse. C'est un postulat. On peut se demander : est-ce que Newton a été fécond bien qu'alchimiste, mystique et déiste ou bien parce que alchimiste, mystique et déiste ? Vous avez vu que les polémiques entre Bohr et Einstein cachent des oppositions de postulats, des idées invérifiables sur la nature même du réel. Il y a donc des croyances non expérimentales et non testables derrière les théories, c'est-à-dire dans l'esprit des savants et des chercheurs. Il y a des impuretés pas seulement métaphysiques mais sans doute aussi sociologiques et culturelles. C'est ici que Holton, qui a fait des études très remarquables sur le thème de l'imagination scientifique, a proposé cette notion de themata.

Les themata, c'est quoi ? Un thema (thema singulier/themata pluriel), c'est une préconception fondamentale, stable, largement répandue et qu'on ne peut réduire directement à l'observation ou au calcul analytique et qui n'en dérive pas. Cela veut dire que les themata ont un caractère obsessionnel, pulsionnel qui anime la curiosité et l'investigation du chercheur. Prenons, par exemple, Einstein : Max Born dit d'Einstein qu'il croyait dans le pouvoir de la raison de saisir par l'intuition les lois par lesquelles Dieu a constitué le monde ; c'est-à-dire que Dieu n'est pas totalement métaphorique dans l'esprit d'Einstein. Thema einsteinien (la phrase est d'Einstein) : « La seule source authentique de la vérité est dans la simplicité mathématique. » Bien entendu, c'est non vérifiable mais c'est fécond. On peut même dire qu'il y a des types d'explications de derrière la tête qui rentrent dans de grands schémas. Le livre de Schlanger est intéressant dans ce domaine : il dit qu'il y a des explications plutôt platoniciennes (c'est-à-dire qui cherchent l'explication en découvrant les essences cachées derrière les phénomènes apparents) ; des explications plutôt aristotéliciennes (qui cherchent beaucoup plus les causalités, les jeux des causes et des effets dans le monde des phénomènes) ; des explications plutôt stoïciennes (qui cherchent la satisfaction dans la finalité et dans la fonctionnalité). Ceux qui sont animés par des themata ressentent une sorte de jouissance — je dirais presque un coït psychologique — quand ils croient que l'univers répond à l'intention qui les anime. On en est tous là, sinon on serait de purs bureaucrates, de purs fonctionnaires de la recherche. Piaget, à sa façon, avait bien vu aussi qu'il y avait certains modèles profonds, comme le modèle réductionniste, le modèle constructiviste, qui différenciaient les types d'esprits et les types d'explications. Et c'est ici que Thomas Kuhn (l'auteur de *La Structure des révolutions scientifi-*

ques) a apporté quelque chose de très important qu'il appelle le paradigme.

Le paradigme, c'est aussi quelque chose qui ne découle pas des observations. Le paradigme, en quelque sorte, c'est ce qui est au principe de la construction des théories, c'est le noyau obscur qui oriente les discours théoriques dans tel ou tel sens. Pour Kuhn, il y a des paradigmes qui dominent la connaissance scientifique à une époque, et les grands changements d'une révolution scientifique interviennent quand un paradigme cède la place à un nouveau paradigme, c'est-à-dire opère une rupture des visions du monde d'une théorie à l'autre. Il suffit parfois d'un simple changement, d'une simple permutation, comme la permutation entre la Terre et le Soleil, pour renverser effectivement toute la vision du monde. Kuhn (et d'autres auteurs comme Feyerabend) ont conclu à l'incommensurabilité des théories scientifiques : ils affirment qu'on ne peut pas dire que les théories scientifiques s'accumulent les unes sur les autres, la nouvelle étant plus large, plus extensible et absorbant la précédente. Ils affirment qu'il y a des sauts ontologiques d'un univers à l'autre. On change d'univers quand on passe de l'univers newtonien à l'univers einsteinien. On change d'univers quand on passe de l'univers einsteinien à l'univers de la physique quantique, surtout tel qu'il apparaît après les expériences d'Aspect. Alors, au lieu de voir une sorte de rationalité progressive, ascensionnelle en marche dans l'histoire, on se rend compte que l'histoire des sciences, comme l'histoire des sociétés connaît et subit des révolutions. Là aussi il y a beaucoup de polémiques et *grosso modo* (j'y viendrai), il faut avoir une vision polydimensionnelle de l'évolution scientifique. Mais ce sur quoi je veux insister, c'est sur le fait que beaucoup d'auteurs ont émis les idées de themata, de paradigmes, de postulats métaphysiques, d'images de la connaissance (Elkana) ; un autre (Mayurama) parle des « *mindscape* » (de paysage mental) et l'idée, aussi intéressante, désormais très popularisée, de « programmes de recherche » : c'est une idée de Lakatos qu'il a énoncée dans son fameux article du recueil *Criticism and Development of Knowledge*.

Qu'est-ce qu'un programme de recherche ? Lakatos pense qu'il y a des groupes de théories, qui sont liées les unes aux autres par des principes ou des postulats communs. C'est ce qu'il appelle programme de recherche. Dans ces groupes de théories, dans ces programmes, il y a un noyau dur, le noyau des postulats fondamentaux qui animent la recherche, et puis il y a ce qu'il appelle la ceinture de sécurité, c'est le dispositif expérimental, observationnel qui peut se modifier. Mais le noyau dur est ce qui résiste le plus longtemps. L'idée de noyau dur de Lakatos est assez proche de celle de paradigme de Kuhn, c'est-à-dire que, au noyau de l'activité scientifique, il y a quelque chose qui n'est pas scientifique mais, dont paradoxalement, le développement scientifique dépend. Alors, théorie, themata, programme de recherche, paradigme, etc., voici des notions qui introduisent dans la scientificité des éléments apparemment impurs, mais je le répète, nécessaires à son fonctionnement.

Il y a un point de vue que je vous signale en passant et que vous connaissez peut-être, celui de Habermas sur ce qu'il appelle les intérêts. Il dit : il y a des types différents de connaissance scientifique, ils sont différents parce qu'ils sont animés par des intérêts différents. Par exemple, il y a l'intérêt technique, qui est l'intérêt de domination de la nature, qui marque profondément les sciences empirico-formelles ; il y a l'intérêt pratique, c'est-à-dire le contrôle (notamment le contrôle de la société) qui, lui, toujours d'après Habermas, est le caractère principal des sciences historico-herméneutiques ; et puis il y a l'intérêt réflexif : « Qui sommes-nous, que faisons-nous ? » qui anime ce qu'il appelle la science critique. Pour lui, c'est le bon intérêt car cette science critique, animée par la réflexivité, a pour intérêt, en fait, l'émancipation des hommes, alors que les autres intérêts conduisent à la domination ou à l'asservissement. Je vous ai cité ce point de vue — que vous connaissez du reste — mais je ne crois pas qu'on puisse faire des distinctions aussi tranchées que le fait Habermas. Je pense que des intérêts différents se mélangent dans l'esprit des chercheurs de façon extrêmement diverse et que cette mixité fait justement problème.

Habermas dit : dans la mesure où la science doit d'abord conquérir l'objectivité, elle se dissimule les intérêts fondamentaux auxquels elle doit non seulement les impulsions qui l'animent mais les conditions de toute objectivité possible. Il propose une sorte de psychanalyse scientifique en disant : prenez conscience des intérêts qui vous animent mais dont vous êtes inconscients.

D'autre part, dès que vous considérez les théories comme des constructions, vous vous rendez compte que ce n'est pas simplement un jeu d'assemblage, de meccano, par des opérations logiques qui lient les notions, ce n'est pas simplement l'intégration cohérente des données vérifiées et testées qui importe ; il y a beaucoup d'autres activités et, parmi elles, l'activité créatrice individuelle. Là, il y a une sorte de schizophrénie dans l'univers scientifique. D'un côté, il y a des livres ou des monuments consacrés à la gloire des grands génies, Newton, Einstein, etc., et puis, d'un autre côté, quand on voit les traités, les manuels, ces fameux grands génies ont complètement disparu, c'est-à-dire que l'activité de l'esprit humain qui a inventé la théorie est complètement vidangée. Ce qui est curieux, c'est que l'aspect créatif individuel est un aspect à la fois connu et totalement refoulé, totalement immergé ! Parce que l'idée de génie qu'est-ce que cela veut dire ? C'est très compliqué, on ne peut pas la rationaliser, on ne peut pas donner une équation du génie du type $E = mc^2$, n'est-ce pas ? (bien que ce soit un génie qui l'ait trouvée, celle-là). C'est le fameux problème qui vient de ce que l'acte de la découverte échappe à l'analyse logique, comme le disait Reichenbach, qui était pourtant pionnier de l'École de Vienne, du positivisme logique. Il y a donc ce problème de l'imagination scientifique qu'on élimine parce qu'on ne saurait l'expliquer scientifiquement, mais qui pourtant est à la source des explications scientifiques.

Hanson, qui est aussi un auteur qui a réfléchi sur ce point (beaucoup de ces auteurs sont, au départ, des physiciens, des scientifiques qui réfléchissent sur la science parce que les philosophes ne font plus ce boulot-là), a voulu essayer de comprendre le lien entre la vision originale, la perception originale et la découverte, en mettant en relief ce qu'il appelle la « rétroduction ». Il dit : « Tout acte spécifique de découverte comporte la capacité de considérer sous une nouvelle lumière le monde de la réalité. L'observation empirique n'est pas un simple fait physique et n'est pas une opération théorique neutre. » Là, évidemment, il y a toutes les perplexités, tous les étonnements. Einstein dit de lui-même : « J'étais un enfant retardé, ça me stupéfiait toujours, le temps, alors que les autres trouvaient le temps tout à fait normal. » C'est effectivement le problème du questionnement du réel et le questionnement du réel lui-même est un phénomène très particulier, très singulier. C'est Peirce qui avait inventé ce mot d'abduction pour caractériser l'invention des hypothèses explicatives ; il pensait que induction, déduction étaient des termes insuffisants et que l'abduction était une notion indispensable pour comprendre le développement de la pensée. Vous avez des problèmes de stratégie, dans la recherche, dans la découverte, qui font appel aux ressources organisatrices de l'esprit, et un des problèmes c'est aussi que l'inventeur est imprédictible, relativement autonome par rapport au milieu scientifique lui-même. C'était vrai dans le passé et cela le restera dans le futur ; le jour où l'invention sera programmée, il n'y aura plus d'invention.

Il faut voir, par exemple, que les années admirables de Newton, de Newton jeune, correspondent à cette peste qui avait amené l'université de Cambridge à fermer ses portes. Newton a été tout seul pendant deux ans à rêvasser, à regarder les pommiers et, en quelque sorte, on peut dire que si l'université était restée ouverte et qu'il avait continué à suivre les cours, il n'aurait peut-être pas découvert la gravitation. Je ne sais pas s'il faut souhaiter la fermeture du C.N.R.S. pendant deux ans pour stimuler les recherches...

Il y a aussi cette chose assez intéressante que dit Mumford de Darwin :

> « Darwin avait échappé à cette spécialisation unilatérale professionnelle qui est fatale à une pleine compréhension des phénomènes organiques. Pour ce nouveau rôle, l'amateurisme de la préparation de Darwin se révéla admirable. Bien qu'il fut à bord du *Beagle* en qualité de naturaliste, il n'avait eu aucune formation universitaire spécialisée. Même en tant que biologiste, il n'avait pas la moindre éducation antérieure, sauf en tant que passionné chercheur d'animaux et collectionneur de coléoptères. Étant donné cette absence de fixation et

d'inhibition scolaire, rien n'empêchait l'éveil de Darwin à chaque manifestation de l'environnement vivant. »

Nous trouvons là, sur le plan de l'Université, un phénomène que l'éthologie (c'est-à-dire l'étude du comportement animal) a bien révélé, qui est l'« *imprinting* ». C'est la fameuse histoire des oisillons de Konrad Lorenz : l'oisillon sort de l'œuf et puis, à côté de l'œuf passe, évidemment, sa mère et il la suit. Pour l'oisillon, le premier être qui passe à proximité de l'œuf d'où il sort, c'est sa mère. Comme c'était le gros Konrad Lorenz qui passait à côté de l'œuf, l'oisillon l'a pris pour sa mère, et voici toute une portée d'oisillons qui court après Konrad Lorenz, persuadés que c'est leur mère. C'est l'*imprinting*, marque originelle irréversible qui s'imprime dans le cerveau. Et nous subissons, dans l'école et dans l'Université des *imprinting* terribles, ce qui fait que nous ne pouvons plus, désormais, en démordre. Dès lors, l'invention se fera chez ceux qui ont le moins subi l'*imprinting* et qui seront considérés comme dissidents ou déviants.

Il y dans ce sens tout un problème de sociologie de l'invention avec le problème de la dissidence ou de la déviance, qui devient très difficile dans la mesure où le sort de la recherche est géré par des commissions. Parce que le drame des commissions, c'est qu'elles sont composées d'esprits tout à fait remarquables individuellement : mais leur originalité s'entre-annule et la résultante est une moyenne, notamment dans le recrutement et dans la sélection. Malheureusement le despotisme d'un tyran ou d'un mandarin n'est pas le remède à cette sorte de règle de médiocrisation... Il y a un problème, effectivement très important, de caractère psychosociologique. Comment une institution orthodoxe peut-elle favoriser la déviance qui est pourtant nécessaire à son propre développement ? Voici qui mérite réflexion pour les réformes.

Vous voyez du reste, dès qu'on pense à la recherche, avec ses activités de l'esprit, avec le rôle de l'imagination, le rôle de l'invention, on se rend compte que les notions d'art et de science, qui s'opposent dans l'idéologie dominante, ont quelque chose de commun. On arrive à cette idée par un biais tout à fait inattendu, celui de l'intelligence artificielle, où en quelque sorte, grâce aujourd'hui aux systèmes experts et aux logiciels, on a mis au centre l'idée de G.S.P. *(General Problem Solver)*. On se rend compte en quelque sorte qu'il faut une activité capable de résoudre des problèmes, *en général*. Cette aptitude générale ne peut, bien entendu, résoudre des problèmes particuliers que si elle a à sa disposition une documentation spécialisée absolument validée et totalement fiable. Autrement dit, la bonne spécialisation nécessite au départ une compétence polyvalente ; la mauvaise spécialisation, qui hait les idées générales, ignore que cette haine relève de la plus niaise des idées générales.

Je vous ai fait un très rapide panorama de quelques thèmes que l'effondrement du positivisme logique a fait émerger dans l'épistémologie anglo-saxonne. Il y aurait mille autres choses à dire, on va en discuter... Je voudrais peut-être dire deux mots sur l'évolution scientifique. Je vous ai dit que Popper avait fait une théorie disons « darwinienne » de l'évolution théorique, par la sélection / élimination des théories après réfutation ; vous savez qu'à cet évolutionnisme Kuhn a opposé un révolutionnisme, opéré par les changements de paradigmes : il veut dire qu'il y a des époques de ce qu'il appelle la science normale où l'on s'applique à vérifier le paradigme dominant ; mais à un moment donné, le paradigme dominant a de plus en plus de difficultés à pouvoir rendre compte de phénomènes et d'observations nouvelles et une révolution instaure une période extraordinaire, qu'il appelle la science extraordinaire. Ce point de vue a suscité des controverses multiples, très intéressantes. Il doit être amendé. A mon avis l'évolution est plus complexe : il y a de multiples facteurs d'évolution, des dérives, des déplacements. Il faut même dire que, même dans l'activité dite normale de la science, il y a une révolution scientifique permanente. La science, dans le fond, est toujours en mouvement, en ébullition et, peut-être, le fond même de son activité — tout en étant très bureaucratique dans ses formes — est d'être animée par une puissance de transformation. Ceci pour vous dire qu'il faut abandonner l'idée un peu bébête, un peu naïve d'un progrès linéaire des théories qui s'améliorent les unes les autres.

Mais j'en viens au point crucial — pour moi —, cette idée

de communauté/société scientifique. Comme je vous l'ai dit, la pensée scientifique ne comporte pas seulement des themata, des métaphysiques, des postulats, en amont des théories, mais il faut ajouter que c'est le conflit entre ces points de vue, entre ces themata et entre ces théories, qui exprime et, dans le fond explique, la vitalité et le déploiement de la science, soit sous une forme évolutive, évolutionniste, soit sous une forme révolutionnante ou révolutionnaire. C'est Popper qui a insisté sur ce style de conflit, mais Holton lui-même remarque que le conflit des themata constitue peut-être l'un des plus puissants stimulants de la recherche. La science est, en quelque sorte, un lieu où déferlent les antagonismes d'idées, les concurrences personnelles, voire les conflits ou les jalousies les plus mesquines. Bien entendu, tout ceci est loin de n'être que positif, mais cela fait partie de cette conflictualité qui n'est opérationnelle et féconde que parce qu'il y a justement l'acceptation de la règle du jeu, qu'il y a ce consensus fondamental de tous les partenaires en conflit. Cette conflictualité est permanente — et on le voit, même dans des domaines où le conflit semble être apaisé. On a l'impression, par exemple que, en biologie, le darwinisme triomphe, du moins sous la forme néo-darwinienne. Pas du tout ! Grassé et d'autres remettent en question le dogme néo-darwinien. Ce sont des vaincus, ce sont des minoritaires mais le conflit continue et va resurgir d'une autre façon ! Le conflit a été séculaire entre le point de vue corpusculaire et le point de vue ondulatoire de la lumière et, aujourd'hui, il y a match nul...

Le conflit est tout à fait fécond et l'on peut dire que la science, même quand elle aboutit à des théories extrêmement simplifiantes, est fondée sur la complexité du conflit : elle marche sur quatre pattes, chacune indépendante : l'empirisme et le rationalisme, l'imagination et la vérification.

Ce ne sont pas les mêmes esprits qui sont quadrupèdes, il y en a qui sont plus vérificateurs, d'autres plus imaginatifs. Mais c'est l'ensemble conflictuel au sein de cette règle du jeu qui donne, à mon avis, le caractère extrêmement intéressant et riche, finalement, de l'activité scientifique. C'est-à-dire que, une fois de plus, la science, en tant que mouvement, en tant que phénomène, est beaucoup plus belle que telle activité isolée de tel scientifique ou tel point de vue isolé, qui n'est qu'une partie dans la dynamique de ce tout. On peut dire aussi que la science est à la fois unitaire et diversifiante parce que, par exemple, pour beaucoup, l'activité scientifique consiste tout de suite à mettre des frontières et des barrières, des compartiments et des cloisonnements entre les disciplines. Oui, mais à condition de dire aussi le contraire. Il est frappant de voir à quel point les mathématiques sont transdisciplinaires par nature, mais aussi comme est forte l'idée de l'unité du monde. Ce qui a animé Einstein c'est l'idée de *Das eigentliche Weltbild*, c'est-à-dire l'idée d'un monde unitaire. Dans le newtonisme, dans l'einsteinisme, il y a l'idée de faire, de trouver l'unité des phénomènes hétérogènes. Les grandes découvertes, les grandes théories, ce sont des théories qui mettent l'unité là où l'on ne voit que de l'hétérogénéité. La science, d'un côté, cloisonne, compartimente, sépare, divise et de l'autre, elle re-synthétise, elle fait de l'unité. C'est une erreur de ne voir que l'un de ces aspects ; c'est la dialectique, la dialogique entre ces deux caractères qui, là aussi, fait la vitalité de l'activité scientifique. La science est poussée et ballottée par des forces antithétiques qui, en réalité, la vitalisent.

Dans l'étape moderne, il est admirable de voir les grands conflits entre d'un côté Einstein, de Broglie, animés par l'idée de l'unité logique et, de l'autre côté, Niels Bohr, Heisenberg, sensibles à la dualité contradictoire, à l'indécidabilité profonde du réel. Et en mathématiques, ces conflits extraordinaires entre Russell, Brouwer, Hilbert. C'est un point de vue qui doit être mis en relief et pas simplement catalogué en disant : « Y'a l'école intuitionniste qui dit que... Y'a l'école constructiviste qui prétend que... » Non, ce n'est pas ça. C'est le moteur même de la science qui est fait de ces oppositions. Et puis, il y a tous les problèmes des conflits interpersonnels, etc. Voilà pourquoi, en dépit des commissions incompétentes, en dépit des jurys incapables, en dépit des aigreurs, des humeurs, des pestilences, des amours-propres, la science progresse. Et je ne dirais pas seulement en dépit, mais avec et à cause de tous ces affrontements. Le point sur lequel je veux insister dans cet exposé, c'est que la fécondité de l'activité scientifique est liée au fait qu'elle est animée par des phénomènes antagonistes ou contradictoires, finalement par des mythes, par des idées, par des rêves. Et sans doute le déterminisme est un grand rêve — un rêve fécond — mais effectivement, dans le respect de la règle du jeu. Popper est allé très loin dans cette conception, puisqu'il a fait de ce conflit la base même de l'objectivité scientifique. Il a dit que l'objectivité de la science — et l'on peut revenir à ce schéma — est fonction de la concurrence de la pensée, c'est-à-dire de la liberté dans le monde scientifique, que j'appelle société/communauté (j'emploie ces deux mots parce que, en allemand, ils ont un sens fort l'un et l'autre : *Gemeinschaft* c'est ce qui unit et *Gesellschaft* c'est la société où jouent les conflits, les intérêts, les concurrences, l'économie, etc.).

Toute société est une communauté/société, par exemple la France est une société rivalitaire de conflits de tous ordres, mais c'est aussi une communauté : en cas de péril extérieur, on défend l'intégrité du territoire ou de la patrie. Le phénomène de communauté/société est un phénomène normal pour toute société organisée qui a besoin d'un tissu communautaire, d'un tissu fraternisant. La science est une communauté/société de type très original. Cela nous amène à un problème de sociologie, car effectivement, la science relève aussi de la sociologie du milieu propre qu'elle constitue. Cela ne veut pas dire que la sociologie de la science explique tout de la science. Je suis tout à fait contre cette prétention arrogante. Mais, ce qu'il faut voir, c'est que l'essence des relations entre scientifiques est à la fois de nature amicale et hostile, de collaboration, de coopération et de rivalité, de compétition. C'est là un trait qui définit l'activité scientifique avec cette règle du jeu de vérification ; c'est son originalité par rapport aux autres réalités culturelles ou collectives. Il y a ces conflits mais la communauté scientifique est réelle aussi. Tout d'abord, c'est une communauté épistémologique qui est liée par des principes fondamentaux communs — le principe d'objectivité, le principe de vérification et, en fait, de falsification — qui accepte donc d'emblée la règle du jeu dont nous avons parlé, qui s'inscrit avec conviction dans une même tradition historique et avec le même idéal de connaissance — c'est un facteur de communauté — et parfois, qui dispose d'un arsenal transthéorique ou transdisciplinaire commun, c'est-à-dire des thèmes qui animent des théories différentes. De plus cette communauté continue à nourrir et se nourrir d'un mythe commun sur le rôle de la fécondité de la science dans la société humaine. Vous savez que ce mythe, aujourd'hui, est extrêmement malade.

De tout cela, il découle que la science, en fait, est une assez bonne société démocratique.

Qu'est-ce que la démocratie ? Vous savez que Popper était très préoccupé, à la fois par les idées de démocratie (son œuvre, il l'a mûrie au moment du triomphe du nazisme et du triomphe du stalinisme) et il liait ces deux problèmes : la réflexion sur la science et la réflexion sur la démocratie. Il n'a pas poursuivi assez loin, je crois, mais l'idée importante est celle-ci : qu'est-ce que la nature de la démocratie ? C'est l'acceptation d'une règle du jeu qui permet aux conflits d'idées d'être productifs. Ce qu'est la démocratie ? C'est un système qui n'a pas de vérité. Parce que la vérité, c'est la règle du jeu, de même dans la science. La science n'a pas de vérité, il n'y a pas une vérité qui est scientifique, il y a des vérités provisoires qui se succèdent, où la seule vérité c'est d'accepter cette règle et cette recherche. Il y a donc une démocratie proprement scientifique, comme fonctionnement réglé et productif de la conflictualité. Ce qui fait que, bien que Popper détestât la philosophie de Marx et de Hegel — la dialectique — en réalité, il introduit une idée très hégélienne : le rôle « positif » du négatif. Parce que, finalement, Popper croit en la raison, mais à travers une « raison négative » : la science progresse par la réfutation des erreurs. Quel est le progrès de la science ? C'est que des erreurs sont éliminées, éliminées, éliminées. On n'est jamais sûr d'avoir la vérité, puisque la science est marquée par le faillibilisme. Le combat pour la vérité progresse, mais de façon négative, à travers l'élimination des fausses croyances, des fausses idées et des erreurs. C'est un peu cela qui, dans la philosophie de Hegel, était le moteur : la négation de la négation, le travail du négatif à l'œuvre. Ce qu'il faut dire aussi, c'est que la règle du jeu scientifique est à la fois mentale et institutionnelle. Elle est garantie par les institutions, mais en même temps, elle fonctionne d'elle-même, à l'intérieur des esprits. C'est là une chose très intéressante aussi : à un moment donné, des états totalitaires ont voulu contrôler les sciences et imposer leur vérité à la science : le nazisme a voulu introduire le racisme comme vérité scientifique dans la biologie et Staline — *via* Lyssenko — sa propre conception génétique... Or, ces systèmes qui détestent évidemment la démocratie, détestaient aussi que la science soit un milieu de pluralité et de débats. Seulement, maintenant, le système totalitaire a compris : il perd beaucoup plus à faire en sorte que ses savants ne produisent plus, n'inventent pas ou qu'ils partent à l'étranger. Il crée donc de véritables isolats, des sortes d'oasis complètement isolées, où les scientifiques ont une très grande liberté — interne évidemment — de façon à créer un milieu où la démocratie (disons le fonctionnement conflictuel et la libre expression des idées scientifiques) ne contamine pas la société. Évidemment, ils font cela pour les sciences intéressantes du point de vue industriel et militaire. On fait cela pour la physique nucléaire, on le fait même maintenant pour la biologie, pour la génétique (évidemment la sociologie, pour le moment, ne procure aucune maîtrise sur la société balbutiante, mais au contraire donne à voir les vices que la propagande veut dissimuler). C'est-à-dire qu'une société moderne, même hyper-totalitaire, va respecter cette sorte d'îlot de communauté/société démocratique scientifique pour en retirer les profits, bien entendu, car, vous le savez, ce sont finalement les États qui sont les bénéficiaires principaux des grandes découvertes scientifiques.

Je ne veux pas vous parler ici (parce que vous aurez d'autres conférences, d'autres exposés), du rôle de la science dans la société. Si vous voulez, on pourra en discuter, mais vous savez, ce problème est un problème multi-dimensionnel et je ne veux pas trop vous accabler de ce catalogue de problèmes. Je veux arriver à quelques idées conclusives.

La première idée, c'est qu'il faut continuer à considérer la science comme une activité de quête et de recherche. Quête et recherche de la vérité, de la réalité, etc. Mais la science est loin de n'être que cela. Et c'est ici que beaucoup de scientifiques tombent dans un idéalisme vicieux, une autoidéalisation : ils se représentent comme purs chercheurs comme on voit, dans les figurations médiévales, les anges, les saints qui contemplent le Seigneur... La science est loin de n'être que cela et elle est souvent submergée, inhibée, imbibée, bloquée ou étouffée par des effets de manipulation, de pratique, de puissance, par des intérêts sociaux, etc. Mais, je le répète, en dépit de tous ces intérêts, de toutes ces pressions, de toutes ces infiltrations, la science demeure une activité cognitive. Et même quand, dans l'activité scientifique, on recherche des formules pour manipuler, pour le pouvoir, pour des opérations, la dimension cognitive demeure.

Le deuxième point, c'est qu'il faut détruire totalement cette idée naïve que la connaissance scientifique est le pur reflet du réel : c'est une activité construite avec tous les ingrédients de l'activité humaine. Mais en dépit de ceci, elle comporte une dimension objective fondamentale. Qu'est-ce que cela signifie ? Cela veut dire que, finalement, la réalité que recherche la science n'est pas une réalité triviale, que ce ne sont pas les vérités d'évidence sur lesquelles nous pourrons nous accorder comme ça, au bistrot. C'est que le réel est tout à fait étonnant. C'est pour cela que Popper a raison quand il dit : une bonne théorie scientifique, c'est une théorie extrêmement audacieuse, c'est-à-dire une théorie totalement stupéfiante. La science n'est pas une opération de vérification de réalités triviales, elle est la découverte d'un réel caché ou, comme dit d'Espagnat, voilé. D'autre part, il faut dire que, dans le dialogue que l'activité scientifique établit avec le monde des phénomènes, avec le monde du réel qui se cache, il y a un problème de sacrifice de part et d'autre. Pour qu'il y ait un rapprochement et un dialogue entre l'intelligence de l'homme et la réalité ou la nature du monde, il faut faire des sacrifices énormes : pour garder le formalisme ou la quantification, la connaissance scientifique sacrifie les notions d'être, d'existence et l'intégrité des êtres. Il faut penser à ce problème, savoir ce qu'on sacrifie, ce qu'il faut sacrifier et jusqu'où il faut sacrifier. Il y a aussi cette autre idée, très importante, que l'objectivité scientifique n'exclut pas l'esprit humain, le sujet individuel, la culture, la société : elle les mobilise. Et l'objectivité se fonde sur la mobilisation ininterrompue de l'esprit humain, de ses puissances constructives, de ferments socioculturels et de ferments historiques. Et, je le répète, dans ce cadre, si l'on veut chercher quelque chose de clé, de crucial (bien qu'il n'y ait pas UN fondement de l'objectivité), c'est la libre communication ; c'est la critique intersubjective qui est le point crucial et nodal de l'idée d'objectivité.

L'autre point sur lequel je veux insister, c'est que l'idée de certitude théorique, en tant que certitude absolue, doit être abandonnée et qu'il faut faire place à ce que Popper appelle le faillibilisme, et que c'est lié à un progrès qui lui-même peut être dépassé et demeure incertain. Il y a une phrase merveilleuse de Popper, que vous connaissez peut-être mais je vous la lis :

> « L'histoire des sciences, comme celle de toutes les idées humaines, est une histoire de rêves irresponsables, d'entêtements, d'erreurs. Mais la science est une des très rares activités humaines, peut-être la seule, où les erreurs sont systématiquement relevées et, avec le temps, assez souvent corrigées. »

Autre idée de conclusion : la science est impure. La volonté de chercher une démarcation nette et claire de la science pure, de faire une décantation, disons du scientifique et du non-scientifique, est une idée erronée et je dirais, finalement, une idée maniaque. Ce fut, à mon avis, l'une des rares grandes erreurs de Popper. Ce qui est remarquable, ce n'est pas seulement que la science comporte des postulats, des themata non scientifiques, mais que ceux-ci soient nécessaires à la constitution du savoir scientifique lui-même, c'est-à-dire qu'il faut de la non-scientificité pour produire de la scientificité, de même que nous produisons de la vie sans arrêt avec de la non-vie.

Autre remarque de conclusion : il faut désinsulariser le concept de science. Il faut le péninsulariser seulement, c'est-à-dire que la science est effectivement une péninsule dans le continent culturel et dans le continent social. Mais il faut, du coup, établir des communications beaucoup plus grandes entre science et art, en finir avec ce mépris mutuel. Parce qu'il y a une dimension artistique dans l'activité scientifique et, souvent, on voit que les scientifiques sont aussi des artistes qui ont relégué, comme violon d'Ingres ou hobby, leur goût profond pour la musique, pour la peinture, voire pour la littérature... Et aussi disons qu'il n'y a pas une frontière nette entre science et philosophie. Bien entendu, à leurs pôles, à leur noyau central, elles sont tout à fait différentes puisque le caractère original de la science, c'est surtout l'obsession vérificatrice, falsificationniste, et que l'obsession centrale de la philosophie, c'est la réflexivité et le retour du sujet sur soi-même. Mais quand même, il faut dire que dans l'activité scientifique, il y a beaucoup de réflexivité, il y a de la pensée, et la philosophie — par nature — ne méprise pas en soi la vérification ou l'expérimentation. La science, je crois, a besoin d'introduire en elle-même non pas la réflexion des philosophes, mais la réflexivité. C'est curieux car l'on croit souvent que le propre de la science est de s'auto-affirmer en rejetant la philosophie. Mais regardez, depuis le début du siècle, les philosophes sauvages que sont les grands scientifiques. Quand je dis sauvages, c'est que d'eux-mêmes ils ont abordé des problèmes philosophiques fondamentaux. C'est vrai de Poincaré, d'Einstein, de Niels Bohr, de Born, de Heisenberg et cela continue aujourd'hui avec Lévy-Leblond, avec Prigogine, avec d'Espagnat, avec Costa de Beauregard. C'est tout à fait extraordinaire : il y a une activité spéculative et philosophique qui naît de la science. (Certes, aujourd'hui certains jeunes néo-technocrates de la science la méprisent comme séniles spéculations et discussions de fond. Mais ils vieilliront.) Il faut, certes, distinguer ces domaines, ils sont évidemment différents l'un de l'autre, mais ils doivent communiquer et, en plus, ils doivent avoir une communication interne. Ce qu'il faut dire aussi, c'est que malheureusement, du fait de l'hyperspécialisation, de la clôture et de l'ésotérisme disciplinaire, les philosophes ne peuvent plus s'alimenter en connaissances scientifiques, ils se referment frileusement et vivent dans cet univers abstrait de la spéculation pure.

Enfin, dernière idée, c'est qu'il faut considérer la science comme un processus récursif auto-éco-producteur. J'explique cette formule barbare : puisque, effectivement, l'objectivité renvoie au consensus, lequel consensus renvoie à la communauté / société, laquelle renvoie à la tradition critique, etc., cela veut dire que la scientificité se construit, se déconstruit et se reconstruit sans cesse dans la mesure où il y a ce mouvement ininterrompu. La science s'autoproduit dans ce processus, mais quand je dis « elle s'autoproduit », je veux dire aussi qu'elle ne s'autoproduit pas en vase clos : elle s'auto-éco-produit puisque son écologie, c'est la culture, c'est la société, c'est le monde. La science est un phénomène relativement autonome dans la société, ce n'est pas une pure idéologie sociale, mais la science est auto-éco-productrice. Pourquoi est-ce que je dis « processus récursif » ? Parce que l'idée de récursion dans le sens où je l'emploie indique un certain processus dont les effets ou les produits deviennent producteurs et causes. Rien ne peut mieux illustrer cette idée que l'idée d'objectivité : voilà que l'objectivité est le produit ultime de l'activité scientifique, et ce produit devient la cause première et le fondement sur lequel elle va se mettre à repartir. Mais du coup, s'il faut distinguer, il faut voir aussi que rien n'est isolable : il n'y a pas un fait pur totalement isolable ; l'objectivité n'est pas isolable des croyances, la boucle passe et repasse par la logique, par le langage, par les paradigmes, par la métaphysique, par la théorie, par la coopération, par la compétition, par les oppositions, par le consensus. Et tout ceci est alimenté par les applications sociales, par l'État, par les entreprises. Il y a interpénétration et interconnexion entre cette boucle de la science qui s'auto-éco-produit et s'auto-éco-organise et toutes les autres boucles de la société qui fonctionnent à leur façon. Et au cœur intellectuel et spirituel de la boucle scientifique, il y a ce circuit entre empirisme et rationalisme, entre imagination et vérification, entre scepticisme et certitude.

INTERVENTION : *A ma grande surprise, vous n'avez jamais cité le nom de Gaston Bachelard. C'est un excellent exemple de scientifique qui a fait de l'épistémologie ; il faut rappeler qu'il était professeur de physique et qu'il a écrit un ouvrage très important (que vous connaissez probablement) sur la formation de l'esprit scientifique. Je voulais vous demander quelle est sa position selon vous par rapport aux Anglo-Saxons, puisque en réalité c'est sur les Anglo-Saxons que vous avez parlé par rapport à Popper, par rapport à Kuhn aussi.*

E. M. : Vous avez tout à fait raison. Ma seule excuse, c'est ce que j'ai dit au départ : j'ai pris l'angle de vue, l'angle d'attaque, à partir de l'aventure du positivisme logique et je n'ai pas mentionné Bachelard, qui a pour moi une importance absolument centrale et considérable. Il faut remarquer aussi que toutes ces discussions anglo-saxonnes ont redécouvert des idées que Bachelard avait déjà exprimées à sa façon. Par exemple, la fameuse idée de coupure épistémologique, de rupture épistémologique de Bachelard, c'est cette idée qu'a retrouvée Kuhn dans son idée de changement de paradigme. L'œuvre fondamentale de Popper, sur la logique de la découverte scientifique, est un peu contemporaine des travaux de Bachelard ; cela date d'avant la guerre. Ils ne se connaissaient pas, mais je pense que Bachelard est un esprit extrêmement puissant et qui a même traité de problèmes que l'épistémologie anglo-saxonne n'a pas traités. Comme, par exemple, le problème de la complexité ; il a très bien vu qu'il n'y a pas du simple dans l'univers, il n'y a que du simplifié et il a ainsi perçu l'activité simplifiante de la connaissance scientifique. Et dans beaucoup d'autres domaines sa pensée, à mon avis, reste étonnamment vigoureuse. Cela apparaît d'autant plus qu'effectivement tout ce qui revient par le biais des débats anglo-saxons redécouvre des choses déjà pensées, déjà formulées, déjà dites. Bachelard est apparu un peu comme une sorte de météore dans l'univers scientifique et universitaire français, il a été mal intégré parce qu'il était un esprit trop original, il avait aussi deux mamelles : d'un côté ses études sur les rêves, sur l'imaginaire, la psychanalyse de l'eau, du feu et, d'un autre côté, il s'était passionné, effectivement, pour les révolutions qu'avait apportées la microphysique et les problèmes fondamentaux de la rationalité qui s'y posaient. Dans ma pensée, mon travail, j'accorde une importance considérable à Bachelard.

INTERVENTION : *Cette idée des paradigmes que vous avez reprise me semble oublier une partie du développement scientifique auquel nous sommes très sensibles ici, en tant que gens qui travaillent dans les laboratoires, c'est le caractère du développement scientifique en grands systèmes technologiques. Les grandes révolutions scientifiques, en fait, sont liées à un système de technologie qui existe à un certain moment. Il me semble que cela échappe peut-être à ces révolutions théoriques ; les épistémologues ont peut-être été très impressionnés par les modèles de Newton, Einstein, etc., et ces grandes révolutions conceptuelles, mais, tout de même, la science repose sur un grand nombre d'expériences, de mesures, de relevés de faits objectifs, grâce à des technologies ; et ces technologies ne sont pas indépendantes les unes des autres. Je crois qu'un historien des techniques avait beaucoup insisté sur cette notion de « système technologique » qui nous impose un moule et pas seulement des idées conceptuelles. Nous, ici, nous travaillons avec des engins technologiques et nous ne pouvons faire certaines choses qu'en tant que nous pouvons nous procurer ces engins technologiques.*

E.M. : Vous avez tout à fait raison. Remarquez tout d'abord que des changements de paradigmes sont liés à des changements technologiques évidents. On a étudié, par exemple, dans le cas de Galilée, le rôle de la lunette. Il est évident que le développement des moyens d'observation, le développement de l'optique est inséparable de ce qu'on peut appeler la révolution copernicienne et galiléenne. Vous avez raison d'insister sur cette zone de silence de mon exposé. Dans mon exposé, j'ai voulu un peu isoler le problème de la communauté/société scientifique dans la société et je n'ai pas parlé de l'interaction notamment entre le développement technologique et le développement scientifique, c'est-à-dire un phénomène de boucle absolument remarquable puisque la science permet de produire de la technologie, laquelle permet le développement de la science, lequel, à son tour, développe la technologie ; nous voyons bien cela aujourd'hui avec les laboratoires spatiaux. Mais ce que je veux dire c'est que tout cela est inter-solidaire : si, à un moment donné, par exemple, le développement des observations faites hors de l'atmosphère terrestre, dans des laboratoires ou des observatoires spatiaux, nous font découvrir un certain nombre de données qui nous obligent à modifier notre vision de l'univers, celle qui est acceptée depuis une vingtaine d'années, alors cela conduira à un changement de paradigme, c'est-à-dire qu'il faudra trouver d'autres principes de restructuration du savoir. Autrement dit, la technologie, l'avancée technologique, élargit considérablement le champ du connaissable, c'est-à-dire le champ de ce qui peut être vu, perçu, observé et conçu.

Cet élargissement du connaissable fait surgir des données nouvelles — elles existaient certainement, mais elles étaient inconnues — et l'irruption de ces données nouvelles comme anomalies par rapport à la théorie existante, produit la remise en question de la théorie. Si la remise en question est très profonde, ce n'est pas seulement la théorie qui doit être abandonnée, ce sont les principes cachés derrière la théorie, les principes qui gouvernaient un ensemble de théories formant vision du monde et, là, vous pouvez arriver à un changement de paradigme. Mais je suis tout à fait d'accord avec vous sur l'importance énorme et accrue effectivement, de ce qu'on peut appeler le système technologie.

INTERVENTION : *Le rapport entre les sytèmes de technologie et les connaissances est également lié à des formes sociales et à des formes culturelles. C'est-à-dire qu'il n'est pas du tout évident qu'il y ait un lien nécessaire entre le développement de telle ou telle technologie et de tel et tel mode de connaissance, et réciproquement. Il y a des civilisations dans lesquelles la connaissance peut avoir une forme autonome, qui ne débouche pas sur des technologies. Mais, bien entendu, les représentations que ce genre de société se donne d'elle-même ne sont pas du tout semblables à celles qui existent dans les sociétés occidentales industrielles. Le caractère du rapport entre technologie et connaissance est donc lié à des formes relativement, géographiquement (ou disons en mentalités) limitées, ce qui conduit à relativiser ce qui peut se produire, en fait de connaissances, par ailleurs.*

Le deuxième point que je voulais aborder et qui concerne ce que disait Morin c'est le fait qu'il ait dit « la science ». La science, il l'a caractérisée comme un ensemble d'activités cognitives qui a ses conditions de production, ses conditions de fécondation et ainsi de suite. Il l'a liée à la question, premièrement d'un consensus, deuxièmement d'un système conflictuel et, enfin, à des règles du jeu. Or, la question que j'aimerais voir un peu débattue, c'est celle de la nature de ces règles du jeu. Est-ce que ces règles sont d'ordre purement méthodologique ? Est-ce qu'elles sont de l'ordre des représentations mentales, de l'ordre d'un projet social ou d'autre chose ? Parce que, s'il s'agit d'assurer un consensus pour gérer des conflits dans un système, on peut très bien concevoir, par exemple, que la théologie médiévale représente à cet égard une démarche comparable. Elle a également ses critères de falsifiabilité, ses critères de vérifiabilité, et ça n'a cependant pas du tout le même statut que le statut qu'a la science actuellement. Il y a donc des mutations qui s'effectuent et la nature de ces mutations ne peut être liée simplement à la position d'objectivité parce que, au moment où la théologie se développe en tant que système qui sculpte en quelque sorte la société, qui l'organise et qui en fait un élément compréhensible, à ce moment-là, on ne s'interroge pas sur les points aveugles correspondants.

INTERVENTION : *Je voulais dire que, dans cette espèce de processus, il y a une simultanéité qui ne me paraît pas évidente. En particulier, j'ai l'impression que si culture, société, cela a à voir avec ce développement, il y a une différence de rythme tout à fait considérable ; cette interaction n'apparaît pas au niveau des paradigmes, essentiellement, ou du progrès de la découverte, mais par l'intermédiaire des retombées technologiques c'est-à-dire par les effets sur le mode pratique. Par exemple, combien de gens — aujourd'hui, actuellement — sont capables de comprendre le sens profond de* $E = mc^2$ *? Très peu. On ne peut pas dire que cela ait entraîné sur le plan de la culture, des sociétés, de grands changements. Par contre, ce qui est perçu, c'est la guerre nucléaire, c'est-à-dire une retombée. Il me semble, par exemple, que la sensibilité des êtres à la poésie est beaucoup plus généralisée : cela n'a pas plus d'influence. Alors, est-ce qu'on ne doit pas faire très attention à la différence entre la durée de développement de toute cette partie importante de culture, société, histoire, etc., et les effets des découvertes scientifiques ?*

E.M. : Je vais déjà dire deux mots sur ce que vous avez dit l'un et l'autre.

Sur cette règle du jeu. Il est évident que le caractère original de la règle du jeu scientifique, c'est le test. « Tester » par des observateurs / vérificateurs d'opinions différentes ou d'idées différentes. Il y a l'idée qu'il n'y a aucune limite morale, religieuse ou politique à la critique et à l'investigation. C'est cela qui la différencie de la règle du jeu médiévale ou autres. La règle du jeu ultime, elle, est empirique ou plutôt empirico-critique. Elle est, bien entendu, aussi empirico-logique parce que l'on peut ainsi contester une théorie en ce qu'elle comporte une incohérence, mais c'est surtout le test empirique qui est décisif. C'est ça la règle du jeu fondamentale. Bien entendu un test — là aussi il faut faire très attention — n'a pas une valeur absolue, c'est-à-dire une, deux ou trois expériences apparemment décisives ne sont peut-être pas décisives. Holton raconte très bien ce qui est arrivé à Einstein quand a paru un article très circonstancié, démontrant que sa première théorie (sur la relativité restreinte) était controuvée par l'expérience. Einstein a dit : « C'est peut-être vrai... moi, je crois pas trop... » Mais enfin, il était prêt à s'incliner. Seulement on s'est rendu compte après que les expériences avaient été mal faites.

Il y a un deuxième problème qui est greffé là-dessus, c'est le problème de la preuve. Dans la science, évidemment, c'est un test décisif qui va apporter la solution. Mais, pour qu'il apporte la solution, il faut que le problème soit bien mûr. Supposez que des tests aient été menés qui, au début du XIXe siècle, aient totalement démenti la théorie gravitationnelle de Newton. On ne les aurait pas pris au sérieux, on aurait mis ça sur le compte d'anomalies. Par exemple, j'ai vu dans *La Recherche*, il y a un ou deux ans, un article d'un astrophysicien nordique s'opposant à la thèse dominante du big-bang, en disant : « Il y a un quasar qui semble relié à une étoile ou un groupe d'étoiles qui, normalement, ne pourrait pas être situé à la même distance, les quasars devant être beaucoup plus loin, vu l'effet Doppler. » Alors il dit : Voici quelque chose qui semble montrer que tout ce qui est fondé sur le red-shift ne signifie pas nécessairement l'éloignement des galaxies. Mais la communauté scientifique, jusqu'à présent, dans sa majorité, a dit : C'est une anomalie qui a sûrement une autre explication, et on ne va pas foutre en l'air une théorie qui semble si bien corroborée par beaucoup d'indices (encore que personne n'est allé vérifier le big-bang), on ne va pas mettre en l'air une telle théorie. Ce qui se passe, c'est que, à un moment donné, une théorie est considérée comme solide quand elle est un peu confirmée d'une façon « multicruciale » (à la façon des mots croisés), c'est-à-dire quand différents indices, différentes inférences logiques, différentes vérifications font que cette théorie se trouve très consolidée de divers côtés. Si, à ce moment-là, une seule expérience s'y oppose, on va penser d'abord que quelque chose n'a pas bien fonctionné. Ce n'est donc jamais une seule expérience qui tranche, mais la règle du jeu s'exprimera quand même, on refera l'expérience, on refera d'autres expériences, etc. C'est quand la sélection est mûre que l'expérience décisive fait s'écrouler l'ancienne théorie vermoulue et justifie la nouvelle. Ainsi en est-il, peut-être, de l'expérience d'Aspect sur le paradoxe E.P.R.

Pour l'autre idée : c'est très juste, je n'ai pas fait un tableau synchronique. Ce que j'ai voulu dire, quand je me réfère, par exemple, à la tradition critique (il est bien évident que la tradition critique remonte à la Grèce du Ve siècle, avec des interruptions...), c'est que cette tradition est sans cesse régénérée — de nos jours même — pour que la science continue. Je voulais dire quelque chose de cet ordre-là. Supposez qu'arrive, dans notre histoire future, ce qui est déjà arrivé dans l'histoire passée, c'est-à-dire par exemple la fermeture de l'École d'Athènes. Il y a eu la fermeture de l'École d'Athènes par un empereur romain très pieux, c'est-à-dire que la philosophie laïque, sans dieu, a été désormais prohibée, interdite. Donc, il y a eu une coupure ; il restait des éléments, des sources, des gènes, des germes, des livres et puis ça n'a plus redémarré ; ça a travaillé sous, à l'intérieur de la pensée théologique jusqu'à la Renaissance. On peut très bien supposer qu'à un moment donné, un État, un pouvoir (qu'il y ait un imam en France) décide en disant : Mais c'est satanique, absolument satanique, vous produisez des bombes atomiques, vous faites des manipulations génétiques, vous êtes des êtres absolument immondes et absolument odieux et on va fermer les laboratoires et les ayatollah vont vous expliquer ce qu'il faut vraiment penser. A ce moment-là, la tradition critique serait tarie, elle serait clandestine et donc vous pouvez supposer l'arrêt ou le tarissement de l'activité scientifique. Ce qui veut dire que ce phénomène, cette référence à l'histoire, ce n'est pas une référence d'un schéma apparemment présent qui fait un faux renvoi dans le passé, c'est que cette source même continue à être vivante, que cette source qui alimente l'activité scientifique est à son tour ré-alimentée par l'activité scientifique ; c'est-à-dire que c'est l'activité scientifique qui entretient la tradition critique en son sein et qui fait qu'elle refoule sans arrêt la tendance spontanée, humaine, à la re-formation du dogmatisme et du jugement d'autorité. Et c'est ça le caractère qui mérite réflexion. Il est formidable de voir à quel point et comment se reconstitue — au sein même du milieu scientifique — le jugement d'autorité : devant le grand patron, on n'ose pas trop contredire n'est-ce pas ; on le subit, on attend qu'il meure, qu'il passe à la retraite. Mais je crois qu'il y a des forces extraordinaires, liées à cette tradition critique qui font qu'on peut combattre le jugement d'autorité. C'est cela que j'ai voulu dire, dans ce tableau apparemment synchronique.

INTERVENTION : *A propos de conflits : vous n'avez pas parlé de la crise ou des crises. Est-ce que la crise se trouve au passage d'un paradigme à un autre, puisque vous avez parlé de rupture dans la vision du monde, ou est-ce que c'est également dans ces mutations-là que se place la crise ? Dans votre schéma où est-ce qu'on pourrait la ou les placer, est-ce qu'il y a d'autres facteurs, internes ou externes, de la crise ?*

INTERVENTION : *Je me permets d'intervenir en tant que psychologue en me fondant sur l'éloge de l'amateurisme que, tout à l'heure, Edgar Morin a fait. Dans quelle mesure notre pensée scientifique est-elle ou non tributaire de nos cadres, de nos caractéristiques, de nos structures mentales profondes. Est-ce que nous pouvons penser, finalement, le monde, fondamentalement autrement que nous le faisons ? Je pense par exemple à tous les conflits qui, dans la science, ont surgi entre le déterminisme, le principe de causalité, etc. Nous avons, chacun d'entre nous, des cadres de pensée très profonds. La discussion est ouverte : certains pensent qu'ils sont innés, qu'ils relèveraient de la structure neurophysiologique de notre système nerveux, d'autres — c'est probablement là que se place Piaget — pensent qu'il s'agit de l'intériorisation de nos premières expériences du monde qui nous entoure et qui, naturellement après, constituent ces cadres de pensée que nous projetons à des niveaux de pensée supérieure. C'est une question qui est très ouverte et qui, peut-être, est rejointe par une autre qui me préoccupe beaucoup : les raisons extrêmement complexes et profondes pour lesquelles certaines ethnies ou certaines civilisations, comme la civilisation qu'on appelle occidentale, ont particulièrement développé la pensée technico-scientifique, telle au moins que nous la manions et la connaissons, et pourquoi d'autres, avec d'ailleurs des évolutions, des éclipses historiques, sont restées totalement à l'écart de ce mouvement (et qui naturellement, maintenant, reprennent le nôtre, notre pensée scientifique s'étant répandue par les médias sur le monde entier). Ce sont des questions extrêmement profondes.*

INTERVENTION : *Y a-t-il des sciences qui sont plus scientifiques que d'autres ? Autre question : la science est-elle fondée parce qu'elle a choisi ses objets ou bien est-elle fondée parce qu'elle procède d'une démarche ? Je pense que ce qu'on a dit de l'inconscient, de la diversité des sciences ou non-sciences sociologiques, psychologiques, par rapport à ce que seraient des sciences exactes, pourrait être éclairé par une réponse à cette question.*

E.M. : Voilà beaucoup de questions ! La notion de crise d'abord. Je crois qu'une crise intervient, dans une théorie scientifique ou dans un milieu scientifique, à partir du moment où ladite théorie, au lieu d'intégrer les données, ne peut plus le faire et où les anomalies (ce qui est réputé comme anomalies qu'on met à l'écart en attendant de les résoudre plus tard), se multiplient tellement qu'effectivement elles remettent en question la théorie. Voilà les cas où une théorie est en crise. Et parfois, ce qui est en crise ce n'est pas la théorie elle-même mais c'est un principe d'explication fondamental qui est par-derrière. Par exemple, au début du siècle, avec la physique quantique, il y a eu une grande crise, pourquoi ? Parce qu'elle posait apparemment un principe fondamental qui mettait en échec un autre principe qui semblait valide universellement, celui du déterminisme universel. La querelle portait à l'époque sur l'indétermination et le déterminisme. Et pour la majorité des scientifiques, des physiciens de l'époque, la microphysique semblait constituer une régression de la connaissance puisqu'on entrait dans l'inconnu, dans l'indéterminé. Ça semblait quelque chose d'impensable : la connaissance progresse pour nous apprendre de l'ignorance ; on ne peut pas déterminer la vitesse en même temps que la position, etc. Voilà un moment de crise. La crise se continue sous d'autres aspects mais ce qui s'est passé, c'est que la mécanique quantique a prouvé que, tout en maintenant ses incertitudes fondamentales, elle donnait des moyens et un appareil de prédiction valable, efficient, fiable et que, dans le fond, ce n'était pas la ruine de la détermination ou du déterminisme, c'était une façon assouplie de voir les rapports entre le déterminisme et son contraire. Voilà des problèmes de crise qui peuvent se poser.

Maintenant, il y a un ensemble de questions autour du thème : la science, les sciences. Si on dit « la science ; la science », on finit par faire un discours complètement abstrait qui oublie les diversités entre les sciences. Mais si on dit « les sciences ; les sciences », on fait comme s'il s'agissait de catégories n'ayant rien de commun. J'ai cité des exemples physiques ; j'ai privilégié la physique parce qu'il est évident que la physique est une science canonique, la première des sciences ; c'est elle qui s'est voulue la science accomplie, qui a parlé à la fois et du réel et de l'univers, qui a accompli un mouvement extraordinaire, parce que, au moment où elle croyait atteindre sa perfection, elle a brusquement perdu ses fondements. C'est une aventure, disons d'autocritique et d'autoréflexion tout à fait extraordinaire qui se pose avec la physique contemporaine. Autrement dit, les postulats fondamentaux qui ont animé toute la recherche aux XVIIe, XVIIIe, XIXe siècles — notamment la recherche de la brique première, de l'atome, de l'élément primaire, stable, clair —, tout ce mouvement a abouti à son contraire : on a découvert des particules, notions ambiguës, notions frontières, etc. La physique est donc très intéressante parce qu'elle pose à l'état le plus pur, le plus exemplaire, tous les problèmes de la scientificité. Mais, aujourd'hui, on pourrait prendre des exemples non moins importants à partir de la biologie.

Pourquoi n'ai-je pas tellement parlé des sciences sociales ? C'est un problème qui m'intéresse beaucoup, mais ce sont des sciences très difficiles ; ce sont des sciences qui ont des objets phénoménaux que vous ne pouvez pas décrire formellement. La physique, finalement, parle des choses qui sont derrière les corps, qui sont derrière les objets. Mais si vous faites une sociologie (je pense aux propos de l'avant-dernier intervenant) qui, finalement, ignore les personnes humaines, qui ignore que les êtres ne sont pas seulement des êtres de chair et de sang mais d'esprit, qu'il y a les souffrances, qu'il y a les malheurs, si on fait une sociologie purement abstraite, purement démographique, purement quantitative, on perd quelque chose d'absolument essentiel. Il y a des problèmes très importants posés par les sciences sociales, mais je n'ai pas voulu en parler, j'ai un temps limité. Je suis très conscient d'avoir choisi certaines « tranches » dans un problème multiple et multidimensionnel et j'ai voulu mettre l'accent sur certains problèmes. Je suis donc tout à fait conscient des lacunes et des carences de cet exposé. Les sciences construisent leur objet mais justement le problème, c'est qu'en sciences humaines il ne faut pas trop construire, parce que, à ce moment-là, on détruit. Parce que les objets construits sont des objets qui ont un côté relativement abstrait.

Vous avez posé la question sur « le test ». Il n'est pas évident qu'un test est un test. Là aussi il y a des problèmes d'incertitude et d'indétermination. C'est-à-dire qu'il faut abandonner un rêve. Je n'ai pas parlé dans cet exposé de l'effondrement du rêve démarcationniste qui est, à mes yeux, capital. Les gens du Cercle de Vienne se fondaient sur l'idée que la démarcation entre la science et la non-science était évidente ; Popper a critiqué le Cercle de Vienne mais a gardé l'idée de démarcation claire et nette entre la science et la non-science : c'était la falsifiabilité ; il faut abandonner l'idée qu'il y ait une frontière claire et nette et, à mon avis, il faut en venir à des problèmes de multicrucialité, de concordance, de converger qui, finalement, donnent une très grande plausibilité, crédibilité, à un ensemble d'inférences convergentes. Donc rien n'est absolument net, n'est absolument clair dans son principe.

Maintenant venons-en à l'inconscient. En réalité, je ne pensais pas tellement à la psychanalyse — on peut y penser. Moi, je dis que l'inconscient, c'est le phénomène majeur. D'abord, notre esprit : quand je parle, je ne suis absolument pas conscient de tous les mécanismes neurocérébraux qui se mettent en jeu, de ces milliards de connexions synaptiques ; je ne suis même pas conscient de l'usage que je fais de la logique, de la syntaxe, etc. Je dirais que même mon activité la plus noble, spirituelle, comporte en elle-même une énorme part d'inconscient : il faut de l'inconscient pour que fonctionne le conscient. Notre esprit dépend d'un corps, mais on ne sait pas ce qui se passe à l'intérieur de notre corps. Il a fallu d'abord (très tard) qu'on découvre que le cerveau était le lieu où était localisée la pensée : on pouvait penser que c'était au foie, que c'était ailleurs. C'est très tard qu'on a découvert que nous sommes faits de plusieurs milliards de cellules. Alors moi, je ne sais pas que je suis fait de plusieurs milliards de cellules et mes cellules ne savent pas que je suis moi. L'inconscient est partout, c'est ça qui est merveilleux dans la recherche, c'est qu'on est dans un nuage — dans un océan — d'inconnaissance et d'inconscience. Le travail que je fais actuellement s'appelle « la connaissance de la connaissance » parce que la connaissance ne se connaît pas elle-même. Et si elle veut se connaître, elle trouve un petit bout de connaissance dans les travaux de neuro-science, un autre petit bout, des lueurs, dans les travaux sur les computeurs, l'intelligence artificielle, un autre dans la psychologie, un autre dans la psychologie cognitive, un autre dans la logique. Quant à la psychanalyse, oui, c'est très intéressant, mais, vous savez les psychanalyses ont eu tendance à se clore et à se ritualiser. Finalement, ce qui différencie une théorie scientifique d'une doctrine, c'est que la théorie est « biodégradable », elle accepte la règle du jeu et sa mort éventuelle. Alors qu'une doctrine se referme, est autosuffisante et refuse, en quelque sorte, les verdicts qui la contredisent et qui émanent du monde réel ou qui émanent de son adversaire. Je dirais qu'une théorie et une doctrine peuvent avoir les mêmes constituants, former un même système d'idées, la seule différence, c'est que l'une se ferme, s'autojustifie, se réfère toujours pompeusement aux citations des fondateurs.

Vous avez une façon close et fermée de concevoir la psychanalyse, freudienne ou autre, une façon close et fermée de concevoir le marxisme : que vous citez litaniquement « Freud a dit que... ; Marx a dit que... ; Engels... etc. » La psychanalyse est une chose que je trouve absolument géniale, pourquoi ? Parce que Freud a compris qu'un nœud gardien se trouvait au carrefour de ce qu'on peut appeler les sciences de l'esprit, les connaissances psychologiques, les fantasmes, les rêves, les idées, d'une part, et de l'organisme biologique de l'autre. Par son idée de pulsion il comprenait qu'il fallait concevoir l'être humain dans sa totalité multidimensionnelle, au lieu de découper un petit bout qui va dans les facultés de lettres, qui est la partie esprit, et puis la partie corps qui relève de la biologie. C'est un penseur extrêmement puissant dont les intuitions sont à réinterroger sans cesse. Mais il y a des écoles — des sectes — de psychanalyse closes et rituelles qui, personnellement, m'épouvantent et aussi m'ennuient.

Une autre question, vraiment capitale, une question qui, je trouve, s'est déplacée, c'est la question philosophique sur les limites de notre connaissance, les limites des possibilités de notre esprit. Comme vous le savez, le premier philosophe qui a pris à bras-le-corps cette question, c'est Emmanuel Kant dans sa *Critique de la raison pure ;* il a dit que le temps et l'espace sont des formes a priori de notre sensibilité, c'est-à-dire que le temps et l'espace n'existent pas en soi, c'est NOUS qui les plaquons sur le monde des phénomènes pour pouvoir les ordonner et, en même temps, la causalité, la finalité, c'est NOUS qui les donnons aux phénomènes pour pouvoir les comprendre. Alors nous ne pouvons comprendre qu'un monde de phénomènes, c'est-à-dire marqué par notre esprit, mais le monde réel, le monde des choses en soi, échappe à notre intelligence. Autrement dit, notre intelligence ne peut concevoir qu'une petite frange de la réalité. Ce point de vue était philosophique.

Il se trouve reposé, dans les neuro-sciences, à partir du moment où on a découvert effectivement que notre cerveau humain était dans une boîte noire, fermée ; qu'il connaissait le monde extérieur à travers les terminaux sensoriels, et que peut-on dire de ces terminaux ? Que reçoivent-ils ? Des fréquences ? des impulsions ? des différences ? Autrement dit par les sens, par l'odorat, par les yeux, nous traitons des différences et ces différences elles-mêmes sont computées, sont codées et notre esprit fait des représentations et fait des idées. Il y a donc un problème, un rapport tout à fait étonnant : nous traduisons la réalité en idée et en représentation, mais nous n'en avons pas une connaissance directe. Aujourd'hui, de plus, des expériences comme celles d'Aspect sont très importantes parce qu'elles amènent certains scientifiques à remettre en question le temps et l'espace. Voir d'Espagnat ou Costa de Beauregard ou même Vigier qui reprend la question du vide pour le concevoir comme un chaos d'énergie infini. Le problème est absolument ouvert : qu'est-ce qui est déterminé par notre entendement, qu'est-ce qui est déterminé par le réel ? Il faut, je crois, poser cette ouverture et cette incertitude.

Nous pouvons dire d'abord : il y a des limites à la connaissance, qui sont des limites dues à la constitution de notre esprit. Or, c'est ce qui permet notre connaissance qui limite notre connaissance. Évidemment, c'est parce qu'on dispose d'un cerveau extrêmement ramifié, complexe — produit de l'évolution biologique — que nous pouvons connaître. Mais, en même temps, ce cerveau est enfoncé dans une boîte noire, nos sens ne peuvent capter qu'une partie des différences et des variations qui se trouvent dans le milieu extérieur, il y a des limites à notre entendement et nous avons compris, en plus, aujourd'hui qu'il y a des limites à notre logique. Un des grands problèmes, justement, posé par la physique, c'est la question de la réalité ultime de la matière particulaire : est-elle corpusculaire ou ondulatoire ? Cela veut dire qu'on arrive logiquement à une contradiction : si, en effet, des vérifications et des observations nous montrent des comportements d'ondes et si d'autres observations, expériences, menées autrement, montrent des comportements de corpuscules, il est évident que c'est logiquement qu'on arrive à une contradiction. Est-ce que notre esprit, notre logique sont insuffisants pour concevoir quelque chose qui dépasse la possibilité de l'entendement humain ? Chaos, incertitude ! Le problème est ouvert.

Mais le problème des limites de notre connaissance est en même temps le problème de l'illimité du problème de la connaissance. Nous savons qu'il y a un champ inouï de l'inconnu, de l'inconnaissable peut-être, et que l'aventure humaine de la connaissance et de la recherche, c'est d'interroger sans cesse un univers qui, à chaque connaissance nouvelle, nous donne un mystère de plus et un paradoxe de plus. Cette aventure, effectivement, fut, à l'origine, occidentale. L'origine de la science occidentale est inséparable d'un développement technologique occidental, lequel, lui-même, est inséparable de problèmes et de convulsions sociales de tous ordres. Vous connaissez la thèse de Needham qui avait remarqué, par exemple, que la Chine avait découvert la poudre, la boussole... toute une série d'inventions dont l'Occident s'est emparé ; mais il a remarqué que la Chine, en dépit des conflits qui travaillaient l'empire, était une société homéostatique, où il n'y avait pas de grands conflits sociaux : la société était pyramidale, il y avait l'empereur, il y avait les mandarins, il n'y avait pas d'hommes libres, mais les gens étaient dans une société très hiérarchisée qui s'auto-entretenait elle-même, et les grandes inventions n'ont pas produit de grandes perturbations. Alors que dans une société en ébullition, avec des conflits entre le roi et les féodaux, par exemple, l'apparition du canon a été un événement capital qui a permis en effet de mettre bas les donjons des seigneurs et au roi d'étendre sa domination, c'est-à-dire d'assurer l'essor des nations modernes.

La boussole : les Chinois navigateurs sont allés à Madagascar, mais évidemment, en Occident, la boussole a aidé Christophe Colomb et c'est la découverte de l'Amérique qui a tout modifié. Autrement dit, c'est le caractère heurté, conflictuel, turbulent en quelque sorte de l'histoire occidentale qui a permis l'essor joint et corrélatif de la science et de la technique, essor qui s'accroît sans cesse de façon exponentielle et, sans doute, de façon démente. Nous avons donc un phénomène d'origine occidentale mais qui s'est universalisé car le caractère de la science est double : il est typiquement occidental par ses traits constitutifs, c'est-à-dire par cette séparation très nette entre non seulement la pensée laïque et la pensée religieuse, mais par la séparation — non moins fondamentale — entre le jugement de fait et le jugement de valeur. Autrement dit : pas de considération morale dans la science, on connaît pour connaître.

Cette sorte de séparation a fait qu'un certain type de pensée disjonctive, dissociative, analytique occidentale est devenu un moteur fondamental pour la connaissance scientifique. Mais, une fois que ce type de connaissance s'est développé, il devient universel. Il faut, évidemment, qu'il y ait un certain état de développement dans la société pour que se créent des universités, des institutions et des appareils de vérification. Ainsi, par ce mouvement d'universalisation de la science c'est l'occidentalisation du reste du monde qui se produit, ce qui provoque des chocs en retour de contre-occidentalisation par des cultures qui semblent perdre leur identité. D'un autre côté, cette universalisation met en activité des processus cognitifs universels, qui sont la déduction, l'induction, l'analyse. De fait la pensée empirique-rationnelle-logique n'est pas le monopole de la science occidentale : elle s'est isolée, autonomisée et surdéveloppée dans cette science occidentale, mais se trouve, dans toute civilisation, mêlée plus ou moins étroitement à une pensée symbolique-mythologique-magique.

Je reprends un problème traité par Elkanna. Il dit : il y a de la science même dans les sociétés primitives, même dans les sociétés préhistoriques. Bien entendu c'est une science qui est diffuse, qui est mêlée à de la magie, mais elle existe. Nos ancêtres les Cro-Magnon, ils ne chassaient quand même pas les bisons ou les gros animaux en faisant des peintures sur les murs, en faisant des envoûtements et en attendant que ça leur tombe rôti. Non, vous savez très bien que, s'ils faisaient des envoûtements et des peintures, ils avaient une habileté technique absolument extraordinaire, ils avaient des stratégies, des connaissances, ils se repéraient d'après la bouse des animaux, enfin bref, ils avaient les moyens empiriques-logiques-rationnels d'interroger le réel. Ce n'était pas encore de la science en tant qu'entité isolée mais ils mettaient en jeu toutes les ressources G.P.S. *(General Problem Solver)*, toutes les ressources stratégiques : induction à partir des données du réel, critique, contrôle, vérification, intercommunication. Et tous ces procédés qui sont ceux de l'esprit humain se sont trouvés soumis à des tests, à des vérifications, à des filtres de plus en plus grands jusqu'à ce que l'activité scientifique se soit différenciée au sein de l'activité humaine.

J'ai parlé d'art, science, philosophie : le même esprit fonctionne mais, là, il se donne des règles socioculturelles et des règles vérificatrices très impérieuses et très précises ; la science est très exigeante sur le plan fondamental du test, de la réfutation et de la vérification.

Et maintenant, j'en viens à ce problème des personnes : je suis tout à fait conscient des problèmes dont vous avez parlé. Je crois que la façon dont j'ai envisagé les choses réintroduit le jeu concret dans l'univers abstrait. Quand je fais allusion, justement, à ces conflits personnels, à l'imagination, à la passion, aux pulsions, aux obsessions, aux ambitions, etc., j'essaie de ne pas oublier que la science est faite par des scientifiques qui, eux-mêmes, sont des êtres humains, avec tous les défauts des êtres humains. C'est pour cela que Popper a très bien vu qu'il n'y a pas une qualité supérieure inhérente à l'esprit du scientifique. Quant au fond, je n'en avais pas parlé parce que c'est tellement souvent écrit que je ne voulais pas ressasser mais je dirai ceci : pour ma part, je crois effectivement que se développe un néo-obscurantisme à travers le développement de la science. Je ne veux pas dire que le développement de la science soit le développement de l'obscurantisme, pas du tout, puisque c'est la connaissance scientifique qui nous a donné les connaissances les plus fabuleuses sur l'univers, sur la vie et qu'elle fera des découvertes encore plus étonnantes. Mais qu'est-ce donc ce néo-obscurantisme dont je parle ? Aujourd'hui, les grandes disjonctions et séparations entre les champs des sciences — entre les sciences naturelles, entre les sciences humaines — font, par exemple, que nous ne pouvons pas nous comprendre nous-mêmes, qui sommes des êtres à la fois culturels, psychologiques, biologiques et physiques. Nous ne pouvons pas, nous, comprendre cette unité multidimensionnelle parce que tout cela est disjoint et disloqué.

En sociologie, on élimine parfois la notion d'homme parce qu'on ne sait pas quoi en faire. Alors, ce qui se passe, c'est ceci : on arrive à une clôture disciplinaire, hyper-disciplinaire, où chacun, évidemment, est propriétaire d'un maigre territoire et compense son incapacité à réfléchir sur les territoires des autres par l'interdiction rigoureuse faite à autrui de pénétrer sur le sien. Vous savez que les éthologistes ont reconnu cet instinct de propriété territoriale chez les animaux. Dès qu'on entre dans leur territoire : les oiseaux s'égosillent, les chiens aboient, etc. Ce comportement mammifère a beaucoup diminué dans l'espèce humaine, sauf chez les universitaires et les scientifiques.

Ce qui se passe c'est que, bien entendu, la réflexion ne peut se faire que dans la communication des morceaux du puzzle qui sont ainsi disjoints, mais le spécialiste ne peut même pas réfléchir sur sa spécialité et, bien entendu, il interdit aux autres d'y réfléchir. Ce qui fait qu'il se condamne lui-même à l'obscurantisme et à l'ignorance sur ce qui se fait en dehors de sa discipline et il condamne autrui, le public, le citoyen, à vivre dans l'ignorance. C'est cela cet obscurantisme, cet ignorantisme généralisé : on a les produits d'une connaissance, qui tendent à passer directement dans des banques de données, qui tendent à être traités par des computeurs et on arrive à cette chose tout à fait extraordinaire — on risque d'y arriver : la dépossession de l'esprit humain. Parce que la connaissance, traditionnellement, est faite pour être réfléchie, pensée, discutée et, si possible, incorporée dans la vie pour avoir des éléments de réflexion ou de sagesse.

Ce qui est tragique, à mon avis, ce n'est pas tellement que joue ce processus de dépossession et de perte de la réflexion, mais c'est que la plupart des gens en sont extrêmement heureux, « c'est comme ça, c'est très bien », ils sont absolument enchantés. C'est l'histoire de La Fontaine, *Le Chien et le Loup :* le chien est très fier du collier qu'il porte autour de son cou. Et on arrive à ce phénomène : le refus de prendre conscience de la perte de la possibilité de réfléchir. Dramatiquement, deux problèmes se posent. Le premier, c'est celui des idées générales. Les idées générales — celles des autres — on dit : ce sont des mots, des mots creux, des abstractions. Mais, malheureusement, chacun se nourrit aussi d'idées générales. Sur la vie, sur la société, sur l'amour, sur la politique, sur Mitterrand, sur Giscard, sur tout ce que vous voudrez... sur le monde, sur le déterminisme... On a tous des idées générales, arbitraires, non fondées, qui relèvent de l'humeur, mais on ne peut pas se passer d'idées générales. Et celui qui dit qu'il ne faut pas avoir d'idées générales, il énonce une idée générale qui, malheureusement, est la plus creuse de toutes. Il faut s'en rendre compte : nous ne pouvons pas nous passer d'idées générales. Vous dites : « On perd du temps, ça nous empêche d'avoir le nez dans notre microscope. » Non, ce n'est pas vrai ! Les idées générales sont malheureusement vitales, je le regrette. Comme l'a dit Gadamer, « l'intérêt qu'il y a à intégrer notre savoir, à appliquer tout savoir à notre situation personnelle est beaucoup plus universel que l'universalité des sciences ». Et ne tapez pas trop sur les pianistes, c'est-à-dire les malheureux essayistes justement, comme Camus ou Sartre qui, de temps en temps, prennent un problème, le traitent d'une façon maladroite, insuffisante, arbitraire, dogmatique ; pauvres intellectuels qui essaient de faire le boulot, de traiter les idées générales.

Là se pose un problème en termes de démocratie. Simon dans un article sur la démocratie industrielle a bien vu qu'un problème politique est posé par le surdéveloppement de la spécialisation disciplinaire. Effectivement, l'on est dans une société où les problèmes relèvent chaque fois de plus en plus d'experts. C'est l'expert de ceci, c'est l'expert de cela... Nous nous dépossédons du droit d'avoir un point de vue au profit de l'expert, qui monopolise le droit à la décision puisqu'il a la compétence. Comment une démocratie peut-elle fonctionner sinon de plus en plus à vide, quand le citoyen est disqualifié par l'expert ? Et, malheureusement, les experts sont totalement incompétents dès que surgit un problème nouveau. L'expert est compétent pour résoudre les problèmes déjà résolus du passé. Mais les problèmes nouveaux, c'est absolument impossible. Regardez les experts en économie sur la crise. Comme le racontait Philippe Beauchard, le président Mitterrand lui a dit : « Vous savez, pendant un an, j'ai vu des économistes de tout poil. J'en ai vu des libéraux, j'en ai vu des orthodoxes, j'en ai vu des marxistes, j'en ai même vu un bouddhiste (c'est le moins mauvais). » Il en a vu des tas. « Ils m'ont tous donné des avis différents, la seule chose sur laquelle ils ont été tous d'accord, c'est que le dollar ne pouvait pas monter au-dessus de cinq francs. » Ce problème des experts est très grave à tout point de vue. Je ne vois pas comment résoudre le problème mais il faut au moins le poser. Ce problème, apparemment de pure spéculation, de pure réflexion, c'est un problème de vie civique ; j'en suis profondément convaincu.

INTERVENTION : *Tout à l'heure vous avez parlé un peu du problème du pouvoir de la science. Je crois qu'il existe et que c'est un problème important parce que, comme l'a évoqué l'un des intervenants, nous sommes confrontés à de grands ensembles dans lesquels la science est aujourd'hui organisée — tout au moins dans un certain nombre de disciplines, pas dans toutes — comme des systèmes où règne une division du travail. Se pose donc toujours le problème de faire des choix. Vous avez parlé d'expériences où l'on envoie des satellites dans la haute atmosphère ou en dehors de l'atmosphère pour faire des observations : ceci résulte de décisions, de choix. Or un choix, une décision est quelque chose qui n'est pas scientifique.*

Or, vous avez souligné que si, quand il s'agit de parler de la véracité ou de la fausseté d'une théorie, la démocratie est une bonne chose, vous avez évoqué tout à l'heure les commissions, le système du C.N.R.S. et là, vous avez dit : c'est la médiocrité. Ça pose un problème fondamental : si, à l'intérieur d'une activité qui est réputée démocratique, tout au moins dans certaines de ses parties à savoir la discussion des théories, la démocratie paraît être une bonne chose, par contre, lorsqu'il s'agit pour cette activité scientifique de se gérer, la démocratie paraît une mauvaise chose. Je crois que cela a une conséquence : cela veut dire d'abord que nous risquons d'être condamnés à l'élitisme à l'intérieur de la science et du fonctionnement scientifique. Et au-delà (vous venez de parler du problème des experts), si déjà à l'intérieur de la science, il faut recourir à l'élitisme pour que ça marche, qu'en est-il de l'ensemble de la société et qu'en est-il de la démocratie ? Cela veut dire que la société doit, elle aussi, marcher d'une manière élitiste, à partir du moment où elle a estimé que c'est la science qui doit la sous-tendre, la faire fonctionner et déterminer l'essentiel de son activité. C'est là un problème et j'aimerais qu'on y réponde.

INTERVENTION : *Je vois réapparaître sous la plume de gens comme Yves Barel et d'autres actuellement, l'intérêt porté à l'indécidabilité, dans les phénomènes sociaux, et à la complexité également, à la suite de Morin lui-même. Je ne sais pas si l'indécidabilité traitée selon Barel a quelque chose à voir avec l'indécidabilité du théorème de Gödel, que j'ignore évidemment, mais il me semble qu'il peut y avoir une convergence dans la démarche, que je situerais, d'une part dans l'intérêt de cette référence à l'indécidabilité, cela élargit le dilemme popperien disons, de la vérification et de la falsificabilité d'une part, en introduisant le troisième terme, qui est l'indécidabilité et, d'autre part, je crois que ça nous intéresse dans la mesure où ça nous rappelle que les tests ou les faits ne sont pas vraiment vérifiés ou falsifiés, mais qu'il y a eu des décisions de vérification ou de falsification. Ce qui est quand même très intéressant, parce que ça fait rejoindre directement la sociologie et la logique, à savoir que ce sont des actes sociaux de décision : on décide que telle théorie, tel fait est vrai ou est faux, ou on décide qu'il est indécidable. Tout le problème est ainsi reposé de la critique de notre institution.*

J'ai été heureux que, dans la deuxième partie de ton intervention, tu aies un peu atténué l'optimisme de la première. Dans la première partie, tu nous disais : l'institution peut supporter ses conflits, finalement ça ne marche pas trop mal, on peut combattre les arguments d'autorité, on y arrive toujours. Dans la deuxième partie, tu as bien dépeint que des gens défendent leur territoire, c'était plus, finalement, un panier de crabes qu'une communauté scientifique. Moi qui pratique un peu la recherche sur des pratiques de connaissance en sciences sociales, je vois beaucoup d'adjudants, c'est-à-dire je vois beaucoup de gens qui disent « je ne veux pas le savoir ». La question, ce n'est pas qu'ils ne veulent pas savoir si c'est vrai ou faux, ils ne veulent même pas que la question soit posée de savoir si c'est vérifiable ou falsifiable. Quand il y a de tels blocages dans l'institution, je ne suis pas aussi optimiste que toi pour dire qu'on peut s'en sortir.

INTERVENTION : *Je voulais, pour ma part, soulever le problème particulier que posent certaines sciences : les sciences pour l'ingénieur. Un des auteurs que vous nous avez cités (Habermas), a évalué les différentes motivations, il y a l'intérêt réflexif, l'intérêt technique... Vous avez surtout développé des exemples d'avancement des sciences à travers l'intérêt réflexif, en citant Einstein et Newton, qui évoquent des problèmes de ce type. Philibert tout à l'heure a dit : il y a aussi les intérêts techniques, il y a aussi les gens qui ont créé le microscope électronique et tous leurs continuateurs qui l'ont perfectionné. Moi, je dirais qu'il y a aussi la puissante motivation pratique qui anime certaines sciences. Prenons l'exemple des gens qui ont assemblé des transistors en circuits intégrés et puis, ensuite, qui ont créé une logique dans les circuits intégrés, cela a donné les microprocesseurs et puis, maintenant, on en est aux circuits à auto-apprentissage. Ce type de science-là pose des problèmes particuliers dont les suivants : d'abord elle crée ses propres objets et elle crée, finalement, de nouvelles sciences — la micro-électronique maintenant considérée comme une nouvelle discipline. Deuxièmement, cette science n'est pas plus impure qu'une autre, bien entendu, je peux vous dire qu'elle n'a aucun complexe d'infériorité par rapport à la science purement cognitive, heureusement ! Troisièmement, il faut remarquer qu'elle est quand même très largement orthogonale à une science motivée par l'intérêt réflexif.*

Pourquoi ? On a repris et pas seulement vous, beaucoup d'intervenants, l'idée que le test, finalement, de la science, de la recherche, c'est la vérité. Eh bien dans ces sciences-là, ça ne s'applique pas : ce n'est pas la recherche de la vérité, c'est la recherche de l'efficacité. C'est autre chose. C'est pour cela qu'il y a là un conflit extrêmement important parmi ceux que vous avez cités. C'est aussi un des conflits qu'on voit tous les jours dans les commissions ; un autre. C'est quelque chose qui différencie fortement cette catégorie de sciences. Mais je dirais simplement pour conclure, un dernier point : ces motivations pratiques restent un moteur extrêmement puissant ; je ne crois pas du tout que le mythe de la fécondité scientifique soit malade.

INTERVENTION : *Je ne crois pas avoir entendu dans cette discussion le mot « interprétation ». Et il me semble que dans le retour de ce que vous appelez l'objectivité à la création de culture, cette étape d'interprétation est tout à fait fondamentale. C'est en fait l'interprétation des réalités objectives qu'on peut acquérir par des mesures plus ou moins indépendantes de l'observateur, c'est cela qui est créateur de culture et pas du tout cette étape de création d'objectivité.*

Il y a deux exemples fameux : d'une part l'affaire des « rayons N » où l'on a mal interprété des observations et il y a, d'autre part, les irrégularités dans l'orbite de Mars, qu'on n'a pas voulu interpréter en termes d'orbite elliptique mais l'on s'est dit : tant pis ! on va rajouter un ou deux épicycles et la vieille théorie continuera à fonctionner. Il me semble donc qu'il aurait fallu insister sur cette notion d'interprétation des mesures qu'on peut faire.

E.M. : Cette idée des commissions d'abord. Je ne suis pas élitiste, je crois constater ceci, c'est que justement une commission scientifique ad hoc, du type C.N.R.S., ne fonctionne pas bien, selon le modèle popperien. Parce que dans le modèle popperien, finalement, on procède à des tests, à des falsifications, à des opérations qui font que, à un moment donné, un inventeur déviant cesse d'être déviant pour devenir le fondateur de la nouvelle orthodoxie. Le propre d'une commission du C.N.R.S. — déjà fortement bureaucratique — (je ne sais pas comment cela se passe partout, je connais seulement quelques domaines), c'est d'abord que ses membres ont à peine le temps de lire les dossiers et les rapports, le contrôle est assez mal fait ; les contrôleurs connaissent les contrôlés quand il y a des rapports de népotisme ou d'amitié, mais la rigueur de contrôle y perd.

Il y a aussi l'impossibilité de juger intrinsèquement le travail ou l'aptitude : on va se décider sur des critères d'ancienneté, de publication. Il y a des pesanteurs terribles qui poussent à la « médiocratie ». Mais pour moi, la démocratie n'est pas la médiocratie, je ne suis pas M. Le Pen ; j'ai là-dessus des idées très claires : la démocratie c'est la combinaison d'une règle qui permet la permutation, c'est-à-dire qu'une majorité prend le pouvoir et assume ce pouvoir en tant que majorité, mais à condition que soit sauvegardée la diversité, c'est-à-dire le jeu et l'action des minorités et des déviances. Autrement dit, la démocratie, c'est la productivité de la diversité. Or, vous avez une commission qui comporte de la diversité, mais vous avez souvent de fortes tendances homogénéisantes, notamment, évidemment, avec les consignes syndicales. En réalité, cette diversité se résout souvent par un compromis sur un dénominateur commun et ces compromis se font selon des critères conformistes.

Voici un problème : dans la commission dont j'ai relevé, au cours de ma carrière, on a assisté à un phénomène intéressant, le passage du règne mandarinal au règne bureaucratico-syndical. Le règne mandarinal, c'étaient des mandarins, chacun avec son caractère, il y avait des tyrans capricieux, il y avait ceux qui exigeaient que tout article de leurs protégés cite leur nom au moins deux fois par page (et il y en avait qui savaient faire ce travail de lèche avec une maîtrise merveilleuse, ce qui a amené leur promotion rapide), il y avait des débonnaires, il y en avait beaucoup qui avaient leurs dadas, il fallait qu'on parle de leurs dadas... Enfin il y avait plusieurs types de manies chez les mandarins. Souvent, quatre ou cinq mandarins, avant la réunion, se rencontraient discrètement dans un bistrot et disaient : « Tu sais, mon cher, moi j'ai un jeune absolument remarquable. » « Tiens, moi aussi, j'en ai un pas mal... » Et les jeux étaient faits, de cette façon. Ce n'est pas le modèle dont je souhaite le retour, je dis simplement que nous avons un problème assez grave, parce que ce qui est intéressant dans la science, c'est que c'est une activité qui ne doit pas seulement vérifier, corroborer, mais aussi inventer. Il faut que les esprits soient divers et opposés ; il faut certainement qu'il y ait une passion commune. Parce que, si vous avez des passions contraires, elles s'annulent et là aussi on retombe dans la platitude. Il y a un problème qui est terrible, il est ouvert. Il est ouvert mais je le répète, la démocratie, c'est aussi la possibilité du jeu des diversités et la possibilité que les diversités soient tolérées et non pas réprimées comme d'insupportables déviances, avec la très grande difficulté de distinguer l'original découvreur du cingloïde agité. Ça, c'est évidemment très difficile, parfois l'un a les apparences de l'autre. Il y a des choix incertains dans tous ces domaines.

En ce qui concerne les sciences sociales — question qui revient sur le tapis — je n'ai pas voulu en parler, mais il est évident que la question de leur scientificité pose des difficultés fondamentales. D'abord, le problème des lois ne se pose absolument pas comme dans le domaine des sciences physiques. Les lois physiques sont rigoureuses, exactes, précises et non triviales. Les « lois » sociologiques sont floues et triviales. L'équivalent sociologique de la loi de la gravitation n'a aucun intérêt, car il ne peut mesurer l'attraction qui s'exerce sur tel ou tel individu ou élément dans le social. D'autre part, les conditions de la vérification sociologique sont très limitées et incertaines. La sociologie qui s'est prétendue scientifique, en travaillant sur des échantillons de population et selon des modes mathématiques, a échoué dans le domaine même de la scientificité. Ses résultats n'ont eu aucune valeur cognitive ou prédictive. C'est pourquoi nous sommes dans une crise de la sociologie.

Le problème de la sociologie, c'est qu'elle ne peut se fonder sur un même type de scientificité que celui de la science modèle qui était la physique classique, et que ce modèle de scientificité classique, lui-même, n'est plus valable pour la physique qui a découvert de nouveaux problèmes et de nouvelles méthodes. Et d'autre part, il y a la réalité humaine dont on parle. Il y a une première indécidabilité sur le plan bébête, élémentaire de la preuve, de la corroboration. Il y en a aussi une deuxième : prenons la version Tarski sur le plan de la logique sémantique du théorème de Gödel ; un système sémantique ou conceptuel ne dispose pas des moyens suffisants pour se considérer ou s'expliquer totalement lui-même. Il faut recourir à un méta-système, lequel va considérer ledit système comme système-objet pour pouvoir l'examiner. Bien entendu, le métasystème, lui-même, ne pourra s'examiner qu'à partir d'un métasystème... et comme ça à l'infini. Qu'est-ce que cela signifie ? Que si nous sommes membres d'une société donnée, nous faisons partie dudit système que nous voulons concevoir et comprendre. Il y a un problème situationnel d'indécidabilité. Comment trouver ce métasystème qui nous ferait étranger à notre propre société ? On peut créer des moyens de décentration, on peut lire des choses sur d'autres sociétés, s'intéresser aux tribus d'Amazonie, etc. Il y a des tas de moyens pour faire une relative décentration mais, en réalité, on ne peut pas se « métasystémer » comme ça. On n'a pas le point de vue d'extériorité qui nous est nécessaire. Et, en même temps, le point de vue d'intériorité nous est utile, parce qu'il y a l'intercommunication qui joue dans les rapports humains, qui n'existe pas dans la connaissance de la matière physique, qui permet ce que Max Weber appelait la compréhension.

Puisque vous avez parlé un peu de moi, je vais quand même vous donner quelques précisions. Tout d'abord, il faut voir les conditions dans lesquelles s'est constituée la sociologie au C.N.R.S. Elle s'est constituée après la guerre, à un moment où il n'y avait pas de licence de sociologie, ni même de certificat de sociologie. Il y avait simplement, dans le cadre de la licence de philosophie, un certificat de morale et de sociologie. Qui est venu à la sociologie à ce moment-là ? Des autodidactes, des bricoleurs, un ancien prêtre défroqué, un ancien trotskiste défroqué, un officier de marine, un aviateur, des gens comme ça, dont moi.

Et puis, par bonheur et par malheur, on a créé une licence de sociologie et à ce moment-là ça s'est mis à produire des sociologues dans toute la France. Une partie de ces sociologues a pu se caser dans les postes créés mais une autre partie a encombré le marché du travail et, surtout, a embouteillé les accès du C.N.R.S. On se demandait comment juger ? Il y a eu des cas où vraiment, il valait mieux tirer au sort. On a une vingtaine de cas qui semblent intelligents, intéressants. Ce n'est pas la faute, cette fois, aux commissions, c'est le système : quelque chose qui ne va pas entre l'offre et la demande, une situation affreuse. Moi, j'avais été recruté avant cette époque, mais l'institution a failli me vomir une fois. Je ne veux pas raconter ma vie, mais le fait est intéressant : c'est parce que j'avais trop bien fait.

Il y avait une enquête pluridisciplinaire qui avait été décidée par la D.G.R.S.T. dans une commune de Bretagne, du pays Bigouden, qui s'appelait Plozévet ; il y avait bien entendu des géographes, des historiens, des médecins, des hématologues. Les scientifiques se sont abattus comme une nuée de sauterelles sur ces malheureux Bigoudens. A moi, on me dit : « Est-ce que ça vous intéresse (il restait encore un peu de crédits) de traiter de la modernité, de la modernisation ? » En réalité ça ne m'intéressait pas mais je me disais : « Je vais faire bénéficier d'un petit crédit un jeune chercheur sans ressources qui passera un an sur place. »

Je vais sur place et je suis absolument passionné par l'endroit et les gens. J'y découvre des problèmes extrêmement importants, mais qui n'étaient pas dans le programme prévu et qui n'entraient pas dans le découpage disciplinaire. Par exemple, il y avait des problèmes de générations, il y avait une sorte de mouvement de révolte des jeunes, dans les rapports jeunes / adultes, il y avait le problème des femmes, il y avait un problème de remembrement rural qui était comme un révélateur de toute une série de problèmes et de conflits sociaux. Il y avait la création de coopératives rurales pour répondre à la crise de la paysannerie. Passionné par les problèmes (évidemment, ce n'était pas prévu dans le programme), je me mets à les traiter. En traitant ces problèmes, je marche un peu sur les pieds d'une discipline, j'écrase un peu les orteils d'une autre, enfin, bref, je fais mon travail.

Au début, on avait dit : il ne faut pas publier, il faut attendre ; après, on a dit : publiez parce qu'on a dépensé un milliard là-dedans et Pompidou commence à demander où est passé ce fric. C'était l'époque où Pompidou était Premier ministre et il faut vous dire aussi que, selon un procédé assez courant à l'époque — je ne sais pas si ça continue —, les équipes prennent l'argent des crédits avec comme objet officiel « faire une étude à tel endroit » puis, là, ils mettent un brouillard de fumée (par exemple en mettant quelqu'un sur l'étude) pour bénéficier des crédits afin de faire quelque chose qui intéresse vraiment les laboratoires bénéficiaires. Procédé absolument condamnable, que je condamne énergiquement !

J'ai passé un an sur place, c'est une des plus belles expériences de ma vie, j'étais absolument heureux. Alors, il s'est passé que j'en ai fait trop. Je fais un bouquin qui s'appelle *Commune en France, la métamorphose de Plozévet*. Cette publication provoque l'union sacrée contre moi. De la part des jeunes chercheurs esclaves qui obéissaient à leur patron et qui étaient furieux de me voir agir en liberté ; de la part des mandarins qui étaient toujours restés à Paris. Eux, ils ne se sont jamais déplacés. Moi, j'ai vécu dans un petit « penty » au bord de la mer dans un pays admirable. J'ai vécu parmi les Plozevetiens, je m'y suis fait des amis, j'étais très content. Mais ce que j'ai fait était absolument atypique, absolument anormal et, très gravement, ces messieurs de la D.G.R.S.T. ont délibéré pour savoir s'il fallait me donner un blâme ou non. J'ai su la chose et j'ai dit : « Écoutez, si vous me donnez un blâme, moi je vous attaque et je vous pose un certain nombre de questions sur l'usage que vous avez fait du fric, sur la fécondité de vos méthodes, etc. » Le conflit n'a pas éclaté parce que, fort heureusement, les événements de Mai 1968 sont arrivés et ils ont détruit la belle union sacrée entre les chercheurs esclaves et les mandarins tout-puissants ; des conflits énormes ont déferlé sur la caste des sociologues ; moi, de mon côté, j'ai eu d'autres intérêts... Et depuis, j'ai bénéficié mécaniquement de la promotion médiocratique, c'est-à-dire de l'âge. Je suis devenu directeur de recherches il y a dix ans, bénéficiant de l'escalier mécanique, et me voilà au sommet grâce à la promotion bureaucratique.

Je ne suis pas la caution de l'institution. Je suis très reconnaissant à la commission de sociologie de m'avoir toléré. Parce que je connais beaucoup d'esprits originaux qui ont été virés. Je connais le docteur Gabel, n'est-ce pas, qui est inclassable, qui a été viré, je connais Lapassade (qui est un peu fou mais, enfin, qui est un esprit très stimulant et intéressant) qui a été viré, Roland Barthes a été viré de la commission de linguistique parce qu'il faisait de la sémiologie. L'institution élimine normalement le déviant, c'est dommage. Moi j'ai eu cette chance d'être toléré. On ne m'a jamais donné de grands moyens, tous les voyages que j'ai faits ont été payés par les inviteurs, organisateurs de congrès ou universités étrangères — et maintenant, je suis devenu un monument familier de l'institution, je suis devenu un meuble. Mais enfin ça va très bien, il y a eu un compromis tacite, mais je ne joue aucun rôle, je n'ai jamais eu aucun pouvoir. Alors star, peut-être, mandarin non.

Il y a un autre problème intéressant que vous avez soulevé, monsieur ; cette idée du monde des ingénieurs, qui apparaît comme une sorte de culture propre sous la culture scientifique et à laquelle les scientifiques ne prêtent pas attention. C'est un monde qui, en fait, a une très grande vitalité scientifique. Si on ne considère pas, par exemple, des gens comme Wiener ou Ashby comme des penseurs, je crois que c'est parce qu'on les voit surtout comme des praticiens, comme des ingénieurs. A mon avis, ce sont des penseurs, ce sont de grands penseurs ; parce que cette activité purement pratique qui est née du monde des ingénieurs effectivement (mais qui, en même temps, sont des concepteurs), c'est une science de la conception et, on le voit bien à travers l'œuvre de Simon, cette activité pratique n'est pas que pratique.

Je me suis peut-être exprimé très rapidement quand j'ai parlé de Habermas, j'ai voulu dire que Habermas a fait une distinction trop disjointe entre les différents types d'intérêt : pratiques ou réflexifs. En réalité, ils se combinent, ils permutent, ils se meuvent dans chaque champ scientifique. Et ce qui est intéressant, par exemple dans le domaine de l'intelligence artificielle, c'est que beaucoup de chercheurs recherchent plus que l'efficacité en stimulant l'intelligence humaine ; c'est aussi l'élucidation de ce que sont l'intelligence et le raisonnement ; si certains essaient d'élaborer des systèmes capables d'auto-apprentissage, c'est aussi parce qu'ils ressentent, en somme, le défi : on leur dit : « Les machines ne pensent pas, vous êtes des ignares. » Et ils relèvent ce défi : on va faire des machines qui pensent mieux que vous et vous verrez lequel est le plus con des deux. Il y a donc un défi intellectuel. Tous les gens que j'ai vus qui veulent créer une nouvelle génération de logiciels sont absolument fascinés par l'idée de donner des compétences, des qualités de plus en plus grandes à ces machines et c'est un intérêt fondamentalement spéculatif. Certains se font des illusions, ils croient qu'on connaîtra l'esprit humain, le cerveau, alors que le cerveau n'est pas organisé comme un computeur, mais par comparaison, par opposition, on pourra beaucoup mieux connaître des choses de l'esprit humain grâce à cela. Comme l'a souvent dit Jean-Louis Le Moigne, il y a aussi une science de la conception, héritière de Léonard de Vinci ! Et il y a quelque chose qui est très important c'est la fécondité des différents chemins de la connaissance.

Il y avait aussi une question sur le big-bang et sa diffusion dans les médias. Il est courant de voir les scientifiques accuser les médias de vulgariser, de dégrader. Il ne faut pas oublier que souvent, ce sont les grands scientifiques eux-mêmes qui vont dans les médias et qui discutent. Moi, j'ai vu Reeves, Schatzman parler de l'univers. Ce ne sont pas les méchants journalistes qui dénaturent, c'est simplement le mode de consommation qui est en jeu, ce n'est pas ce qui est dit. Je trouve que beaucoup d'émissions scientifiques sont bien faites, bien mieux que les émissions artistiques. Mais elles sont reçues à l'heure de la digestion, de la détente, elles deviennent spectacles.

La deuxième chose qu'il faut dire, c'est que nous avons perdu notre monde, à cause du développement des connaissances scientifiques. On avait un monde absolument pépère. On avait la Terre qui était au centre du monde, il y avait le Bon Dieu qui nous avait créés à son image, les animaux étaient faits pour nous servir et nous obéir. Et voilà que les connaissances scientifiques foutent ça en l'air. On n'est plus au centre du monde, on est au troisième rang d'orchestre et après, on se rend compte que le Soleil n'est qu'un petit astre minable de banlieue. Il n'y a plus de centre du monde, on ne sait plus ce qui se passe, l'univers, au lieu d'être une machine parfaite, admirable et qui s'auto-entretient semble être né d'une explosion incompréhensible et va vers on ne sait quel destin. Mais alors vous foutez en l'air le monde des honnêtes citoyens : ceux-ci ont besoin d'avoir un monde de rechange. Et où est-ce qu'ils vont le trouver ? Dans ces émissions !

Heureusement, avec l'astrophysique, on raconte une belle histoire, on dit : au début on ne sait pas, il y avait un commencement qui n'était pas un vrai commencement, avec le temps y'avait pas le temps mais quelque chose avait lieu sans avoir lieu et puis, brusquement, d'un point qui n'existe pas mais qui est infini tout en étant invisible et microscopique, une énorme explosion. Ah oui, en effet, c'est pas mal. Mais, remarquez, ce qui se passe, c'est que c'est aussi une critique qu'il faut faire à l'absence de culture philosophique des scientifiques.

Kant avait soulevé le problème du commencement; comment peut-il y avoir un commencement à partir de rien, mais comment peut-il y avoir un monde sans qu'il ait commencé? C'est comme le problème de l'infini et du fini n'est-ce pas, ce sont des contradictions logiques, ce sont les fameux problèmes des limites de notre esprit. Les physiciens ont fait comme s'ils pouvaient trancher par un événement empirique, imaginaire, hypothétique, le commencement : ne vous en faites pas, il y avait un point infini, qui évidemment n'avait pas de place dans l'espace puisque l'espace n'existait pas mais brusquement tout explose. Ils ne se rendent pas compte que, dire ceci, c'est poser des problèmes terrifiants pour l'esprit humain; que signifie l'idée de commencement?

S'il y avait une telle réflexion à travers ces émissions scientifiques, je pense que les citoyens seraient mieux aptes à considérer le caractère à la fois complexe, étonnant, mystérieux, effrayant, merveilleux de l'univers dans lequel nous sommes. Mais je pense qu'il faut d'abord comprendre ceci : les humains ont besoin d'une vision du monde; c'est pour cela qu'il y a une avalanche scientifique, péri-scientifique, para-scientifique dans la presse, dans les journaux, etc. Les gens ont besoin de s'alimenter de science. Avant ils puisaient cet aliment dans la religion, dans les mythes, vous comprenez?

On ne peut pas faire grand-chose contre cette sorte de fétichisation de la science qui devient la nouvelle religion, la nouvelle idole ou le nouveau Satan — puisque tout ça fait partie des mêmes processus, avec des côtés péjoratifs ou, au contraire, exaltatifs — ce qu'il faut, c'est recréer un nouveau type de communication entre le problème de la connaissance scientifique et le problème, disons du citoyen.

Certes, les scientifiques sont seuls à pouvoir manipuler leurs objets, leurs cornues, leurs appareils, leurs mesures, et ils ont seuls l'intelligibilité directe des formules et des équations qu'ils mettent au point. Seulement, derrière ces équations, ces formules ou ces théories formalisées, il y a quand même, finalement, des idées. Or, les idées sont partageables, communicables, dans la « langue naturelle ». Les problèmes scientifiques sont aussi les grands problèmes philosophiques : ceux de la nature, de l'esprit, du déterminisme, du hasard, de la réalité, de l'inconnu. Et moi, ce que je crois, c'est que ces problèmes d'idées sont les problèmes classiques de la philosophie qui sont renouvelés et posés en termes tout à fait nouveaux.

Les développements de la connaissance scientifique rappellent les problèmes de fond anciens et les renouvellent. Ces problèmes concernent tous et chacun. Ils nécessitent la communication entre culture scientifique et culture humaniste (philosophie) et la communication avec la culture des citoyens, qui passe par les médias. Tout cela exige des efforts considérables dans les trois cultures et aussi chez le citoyen.

3

L'idée de progrès de la connaissance

Ayant à traiter du sujet suivant : « Problèmes liés au progrès de la connaissance », il m'est évident que le premier obstacle est celui de la problématique de la notion de progrès et la problématique de la notion de connaissance. C'est-à-dire : est-ce que la notion de progrès que nous utilisons est vraiment progressiste ? Est-ce que la connaissance dont nous parlons est vraiment connaissante ? Est-elle vraiment connue ? C'est-à-dire : savons-nous de quoi nous parlons quand nous parlons de connaissance ? Cela m'oblige à une brève introduction, à une brève tentative de réflexion sur l'idée de progrès tout d'abord.

Faire progresser l'idée de progrès : le progrès est une notion qui semble aller de soi ; elle est par nature cumulative, linéaire, se traduit de façon à la fois quantitative (accroissement) et qualitative (c'est-à-dire par un « mieux »). On a vécu pendant des décennies avec l'évidence que la croissance économique, par exemple, apporte du développement social et humain, accroît la qualité de la vie, et que tout cela constitue *le* progrès. Mais nous commençons à nous rendre compte qu'il peut y avoir dissociation entre quantité de biens, de produits, par exemple, et qualité de la vie ; nous voyons également qu'à partir d'un certain seuil la croissance peut produire plus de nuisances que de bien-être et que les sous-produits tendent à devenir les produits principaux. Donc, ce mot de progrès n'est pas aussi clair.

Deuxièmement, nous sommes habitués à associer à l'idée

de progrès l'idée de rationalité, l'idée d'ordre et l'idée d'organisation : ce qui doit progresser pour nous, c'est l'ordre et non le désordre, c'est l'organisation et non la désorganisation. Autrement dit : si l'Univers se décompose, si la vie meurt et si l'humanité sombre dans le chaos, il est évident que l'idée de progrès doit faire place à l'idée de régression. Or, c'est ici que s'est posé pour nous depuis plus d'un siècle un problème physique surprenant et que nous avons tendance à négliger dans notre Univers humain et social. Ce problème s'est trouvé posé par le deuxième principe de la thermodynamique, qui est un principe de dégradation de l'énergie lorsque celle-ci se transforme en chaleur. Or, tout travail produit de la chaleur, et ainsi l'énergie tend irréversiblement à se dégrader. La chaleur n'est pas seulement dégradation, comme elle est apparue à Carnot et Clausius; elle apparaît aussi, dans sa nature même, comme agitation, dispersion moléculaire et, avec les travaux statistiques de Botzmann, comme désordre; c'est-à-dire qu'il y a dans l'Univers physique un principe d'agitation, de dispersion, de dégradation, de désordre et éventuellement de désorganisation. Et notre Univers nous pose un problème tout à fait remarquable du fait qu'il semble avoir été produit, d'après l'hypothèse actuellement admise, par une déflagration, c'est-à-dire par un phénomène calorifique d'agitation et de dispersion; pourtant, c'est en se désintégrant, c'est en se dispersant qu'il s'organise, certes fragmentairement et localement, mais avec production de noyaux, d'atomes, d'astres, de molécules. Autrement dit : nous voyons dans l'Univers physique un double jeu; son progrès dans l'organisation et dans l'ordre est en même temps associé de façon troublante à un processus ininterrompu de dégradation et de dispersion. Et du reste nous savons que même ce qui est le mieux organisé, nos astres, nos soleils qui peuvent vivre des milliards d'années, va mourir par explosion ou par extinction; ainsi notre Soleil est-il probablement mort trois ou quatre fois et s'est-il reconstitué par gravitation. Nous savons aussi que la vie, phénomène progressif et multiprogressif, avec son évolution buissonnante dans le règne animal et dans le règne végétal, connaît la mort, c'est-à-dire que tous les êtres vivants meurent à un moment donné, et pas seulement les individus, mais aussi les espèces : l'histoire de la vie est une hécatombe d'espèces. Ainsi, là aussi, le progrès s'accompagne de son contraire. Cela signifie que là où il y a progrès, celui-ci n'est pas toute la dimension de la réalité ; il est un visage du devenir, mais pas le seul. Par ailleurs un progrès unilatéral, comme un progrès de spécialisation, peut traduire des insuffisances que nous savons mortelles. Ainsi, par exemple, des espèces animales qui ont réussi à s'adapter de façon merveilleuse à un milieu donné ont été, dès que ce milieu s'est transformé, incapables de survivre et ont disparu. Et nous pouvons aussi dire — c'est une idée que j'ai déjà annoncée — que les sous-produits régressifs ou destructeurs d'un progrès peuvent à un moment donné devenir les produits principaux, et anéantir le progrès. Et s'il en est ainsi, si le progrès est toujours accompagné de son contraire dans un lien tout à fait mystérieux, pourquoi refusons-nous de considérer cette complexité du progrès quand nous considérons les sociétés humaines et quand nous considérons l'histoire sociale ? Pourquoi avons-nous une vision alternative tantôt euphorique, c'est-à-dire croyant au Progrès automatique, indéfini, naturel et mécanique, tantôt pessimiste, ne voyant que la décadence et la dégradation ? (Et, du reste : plus nous devenons vieux, plus nous avons tendance à voir qu'autour de nous tout se dégrade, ou, pour prendre une expression d'argot français : « tout fout le camp ».)

Il faut dire plutôt que, dans l'Univers physique, biologique, sociologique et anthropologique, il y a une problématique complexe du progrès. Dire complexité signifie que l'idée, ici le Progrès, comporte de l'incertitude, comporte sa négation et sa dégradation potentielle et comporte du coup la lutte contre la dégradation. Autrement dit, il faut faire un progrès dans l'idée de Progrès. Le progrès doit cesser d'être une notion linéaire, simple, assurée, irréversible, pour devenir complexe et problématique. La notion de progrès doit comporter autocritique et réflexivité.

Connaître la connaissance

Maintenant, deux mots sur le problème de la connaissance. Le poète Eliot disait : « Quelle est la connaissance que nous perdons dans l'Information et quelle est la sagesse que nous perdons dans la Connaissance ? » Il voulait dire par là que la Connaissance n'est pas harmonie ; elle comporte différents niveaux qui peuvent se combattre et se contredire eux-mêmes. Connaître comporte « information », c'est-à-dire possibilité de répondre à des incertitudes. Mais la connaissance ne se réduit pas à des informations ; la connaissance a besoin de structures théoriques pour pouvoir donner sens aux informations ; et alors on se rend compte que si nous avons trop d'informations et pas assez de structures mentales, l'excès d'informations nous plonge dans un « nuage d'inconnaissance », ce qui nous arrive fréquemment quand nous écoutons la radio ou lisons nos journaux. On a souvent opposé la conception du monde de l'honnête homme du XVIIe siècle et celle de l'homme moderne : l'honnête homme du XVIIe siècle avait un stock d'informations limité sur le monde, la vie, l'Homme, il avait de fortes possibilités d'articuler ces informations, selon des théories théologiques, rationalistes, sceptiques ; il avait de fortes possibilités réflexives parce qu'il avait le temps de relire et de méditer. L'honnête homme ou celui qui voudrait être « honnête homme » au XXe siècle est affronté à un nombre incroyable d'informations qu'il ne peut connaître ni même contrôler ; ses possibilités d'articulation sont fragmentaires ou ésotériques, c'est-à-dire qu'elles relèvent de compétences spécialisées ; il a une très faible possibilité de réflexion, parce qu'il n'a plus le loisir ou le désir de réfléchir. Nous voyons donc bien que se pose un problème : trop d'informations obscurcissent la connaissance. Mais il y a un autre problème : trop de théorie l'obscurcit aussi. Qu'est-ce que la mauvaise théorie ? La mauvaise doctrine ? C'est celle qui se clôt sur elle-même parce qu'elle croit posséder la réalité ou la vérité. La théorie close a tout prévu d'avance. On le voit très bien en lisant certains journaux de partis : les événements confirment toujours la ligne politique du journal et, quand ils ne la confirment pas, on ne parle pas de ces événements. Autrement dit : la théorie-qui-sait-tout déteste la réalité qui la contredit et déteste la connaissance qui la conteste. Ainsi nous avons dans la Connaissance la même ambiguïté, la même complexité que dans l'idée de Progrès.

De plus, il y a un autre problème qui est celui-ci : *les* connaissances et la Connaissance ne s'identifient pas. Le progrès des connaissances spécialisées qui ne peuvent communiquer les unes avec les autres entraîne une régression de la connaissance générale ; les idées générales qui restent sont des idées absolument creuses et abstraites ; et on a le choix entre des idées spécialisées, opérationnelles et précises, mais qui ne nous informent en rien sur le sens de nos vies, et des idées absolument générales, mais qui n'ont plus aucune prise avec le réel. Ainsi, le progrès *des* connaissances entraîne une dislocation de la connaissance, la destruction de la connaissance-sagesse, c'est-à-dire d'une connaissance qui soit un aliment à notre vie et contribue à nous bonifier nous-mêmes.

Une connaissance unidimensionnelle peut, si elle aveugle les autres dimensions de la réalité, apporter par là même de l'aveuglement. Autrement dit : une vision de la Société qui ne verrait dans la Société que les phénomènes économiques, par exemple, serait une vision unidimensionnelle qui oublierait les autres problèmes sociaux, les problèmes de classe, les problèmes d'État, les problèmes psychologiques et les problèmes d'individus. Et, d'autre part, y a-t-il différents ordres de connaissances (philosophiques, poétiques, scientifiques) ou une seule Connaissance, un seul ordre vrai ? Pendant des siècles, l'ordre vrai de la Connaissance était la Théologie. Et aujourd'hui l'ordre vrai de la Connaissance s'appelle Science ; c'est du reste pour cette raison que toute volonté de monopoliser la Vérité prétend détenir la « vraie » science.

Le problème de la connaissance scientifique

Arrivons-en maintenant au problème de la Connaissance scientifique. Quand on considère cette Connaissance scientifique, il est indubitable qu'elle a accompli depuis le XVIIe siècle, aux XVIIIe, XIXe et XXe siècles, des progrès extraordinaires, sans même parler — je ne fais pas de catalogue — des progrès les plus récents en matière de microphysique, d'astrophysique, en matière de biologie avec les découvertes de la génétique, de la biologie moléculaire et de l'éthologie. Et ces progrès sont évidemment vérifiés par les applications techniques, depuis l'énergie atomique jusqu'aux manipulations génétiques. Et ainsi nous savons avec une certitude croissante la composition physique et chimique de notre Univers, les lois d'interaction qui le régissent, nous connaissons notre place dans cet Univers physique — nous sommes sur la troisième planète d'un petit astre dans une galaxie de banlieue —, nous connaissons de mieux en mieux l'organisation de notre Soleil, nous savons nous situer de plus en plus précisément dans l'évolution qui a fait qu'un rameau primatique à travers une évolution très diversifiante a produit différentes espèces hominiennes dont finalement celle de l'*homo* dit *sapiens*; mais en même temps que nous avons acquis ces certitudes, nous avons perdu d'anciennes certitudes, certes pseudo-certitudes, et nous avons gagné une incertitude fondamentale : nous avons cessé de nous croire au sein d'un Univers fixe et éternel, nous ne savons pas d'où vient notre Univers, nous ne savons pas où il va, nous ne savons pas pourquoi il est né ; nous savons maintenant que la vie s'organise en fonction d'un code génétique qui se trouve dans l'acide désoxyribonucléique. Mais d'où est née cette information codée ? Comment s'est-elle produite ? Quel est le sens de l'évolution, si elle en a un ? Quel est le sens de notre existence ? Et quelle est la nature de cet esprit avec lequel nous pensons tout cela ? Autrement dit : en même temps qu'un progrès des connaissances, il y a un progrès de l'incertitude et je dirais même un progrès de l'ignorance.

Les phénomènes progressifs/régressifs, c'est-à-dire qui font progresser à la fois la connaissance et l'ignorance, constituent des progrès réels; je veux dire que reconnaître une ignorance et une incertitude constitue un progrès à mes yeux. Mais nous savons aussi que dans la Science les conséquences des progrès de connaissances ne sont pas nécessairement progressives. Et du reste, c'est un des points qui est depuis longtemps établi, puisque l'on dit : la Science progresse comme connaissance, mais les conséquences peuvent en être atroces, mortelles (bombe atomique). Or, je voudrais dire ici que les potentialités négatives ou destructrices ne se trouvent pas seulement à l'extérieur de la connaissance scientifique, c'est-à-dire dans la Politique, dans l'État, dans la Société ; elles se trouvent aussi à l'intérieur. Ainsi, pendant très longtemps la méthode fondamentale de la Science a été la méthode expérimentale qui consistait à prendre un objet ou un être et à le mettre dans des conditions artificielles pour essayer de contrôler les variations qu'on provoque sur lui. Or l'expérimentation, qui a servi à alimenter les progrès de la connaissance, a provoqué un développement de la manipulation, c'est-à-dire des dispositifs destinés à l'expérimentation, et cette manipulation, de sous-produit de la Science, a pu devenir le produit principal, dans l'univers des applications techniques où finalement on expérimente pour manipuler (au lieu de manipuler pour expérimenter). Autrement dit : les potentialités manipulatrices que nous reprochons aux États d'utiliser ont été produites par le développement de la Connaissance scientifique elle-même, c'est-à-dire que la Connaissance scientifique a un caractère tragiquement ambivalent : *progressif/régressif*.

J'ai parlé de la spécialisation. Je veux dire qu'elle comporte progrès, effectivement, parce que le progrès est dans l'organisation du travail, qui permet le développement des connaissances ; mais elle produit aussi régression, dans le sens où des connaissances fragmentaires et non communicantes qui progressent signifient en même temps le progrès d'une connaissance mutilée ; et une connaissance mutilée conduit toujours à une pratique mutilante. On peut dire que le Progrès de la Connaissance scientifique est inséparable des progrès de la quantification : c'est incontestable. Mais ceci devient régression dès qu'il y a ce que Sorokin appelait la quantophrénie, c'est-à-dire une vision uniquement quantitative où disparaît toute conception des qualités. Nous savons, comme je viens de le dire, que l'expérimentation constitue un progrès, mais en même temps, outre le problème de la manipulation dont je viens de parler, l'expérimentation peut conduire à une régression de la connaissance dans la mesure où elle croit connaître un objet en l'abstrayant de son environnement. De plus en plus nous découvrons qu'en ce qui concerne les êtres vivants supérieurs, l'observation est supérieure à l'expérimentation. Comme vous le savez, on faisait de l'expérimentation sur les animaux et notamment sur les singes et sur les chimpanzés en laboratoire ; c'est-à-dire que c'étaient des animaux isolés, enfermés dans des cages, auxquels on appliquait des tests. Mais ces tests étaient incapables de révéler les aptitudes et qualités qui se manifestent dans la vie sociale, affective, pratique des chimpanzés en liberté. Un progrès a été apporté dès qu'on a abandonné l'expérimentation pour étudier les chimpanzés dans leur société naturelle et dans leur environnement naturel. Et la patiente observation d'une ex-dactylographe Janette Lawick-Godal, auteur d'un livre très connu sur les chimpanzés, a été plus utile à la connaissance scientifique et a révélé une complexité de comportement et d'intelligence que la méthode expérimentale était incapable de voir.

Autre exemple : on peut dire que la formalisation des théories scientifiques constitue un progrès incontestable, notamment parce qu'elle permet la désubstantialisation de l'Univers, c'est-à-dire qu'on cesse de considérer l'Univers comme constitué par des substances fixes, stables, et qu'on voit à leur place des relations ; mais en même temps, si la formalisation devient le seul mode de connaissance, elle entraîne une régression, car nous arrivons à un monde désincarné qui n'est plus constitué que par des idéalités mathématiques. Et, par un paradoxe étonnant, nous voyons des scientifiques revenir tout naïvement au platonisme, c'est-à-dire que pour eux la seule réalité, ce sont les équations qui s'appliquent au réel *mais surtout pas le réel à quoi elles s'appliquent.*

La réduction, la simplification ont été des méthodes heuristiques. Ainsi, par exemple, il a fallu simplifier, c'est-à-dire mettre entre parenthèses le problème du sujet pour ne voir que l'objet ; il a fallu isoler l'objet étudié, et du sujet qui le conçoit, et de son environnement. Il faut reconnaître que cette simplification, cette disjonction, cette réduction ont conduit à des progrès fabuleux puisque l'obsession de l'Élémentaire, l'obsession de la Loi simple ont conduit à la découverte de la molécule, puis de l'atome, puis de la particule. La recherche d'une grande loi de l'Univers a conduit à la géniale théorie newtonienne puis à la non moins géniale théorie einsteinienne. Mais aujourd'hui, il apparaît que cette simplification arrive à une limite, c'est-à-dire que la particule n'est pas l'entité simple, qu'il n'y a pas une formule unique qui tienne la clé de tout l'Univers, et nous arrivons aux problèmes fondamentaux d'incertitude comme dans le cas de la microphysique et de la cosmologie. D'autre part, nous pouvons, par méthode et provisoirement, isoler un objet de son environnement, mais il est non moins important, par méthode aussi, de considérer que les objets et surtout les êtres vivants sont des systèmes ouverts qui ne peuvent être définis qu'écologiquement, c'est-à-dire dans leurs interactions avec l'environnement, qui fait partie d'eux autant qu'eux-mêmes font partie de lui. Ce qui veut dire que les effets conjugués de la surspécialisation, de la réduction et de la simplification, qui ont amené des progrès scientifiques incontestables, amènent aujourd'hui à la dislocation de la connaissance scientifique en empires isolés les uns des autres (Physique, Biologie, Anthropologie), lesquels ne peuvent être reliés que de façon mutilante par la réduction du plus complexe au plus simple, et conduisent à l'incommunicabilité de discipline à discipline, que n'arrivent absolument pas à surmonter les pauvres efforts interdisciplinaires. Aujourd'hui, il y a occultation de tout ce qui se trouve entre les disciplines *et qui n'est autre que le réel,* si bien qu'on n'arrive absolument pas à concevoir que les êtres que nous sommes, vous et moi, sont des êtres humains, spirituels, biologiques et physiques ; nous le savons, mais nous n'arrivons pas à faire l'articulation parce que cela tombe entre les disciplines. Et certains scientifiques croient naïvement que ce que leurs outils ne peuvent pas appréhender n'existe pas ; ainsi les biologistes disent : « Nous étudions des molécules, mais nous ne savons rien de la vie, donc la vie est une notion purement idéale » ; ou bien on a cru que l'Homme n'existait pas ; puisqu'on pensait que seules existaient les sociétés ou les structures, on pouvait faire l'économie du concept d'Homme. Mais pourquoi faire l'économie du concept d'Homme plus que celle du concept de rat ou de puce ?

Ce qui est extraordinaire, c'est qu'on se rend compte que la coupure entre Science et Philosophie qui s'est opérée à partir du XVIIe siècle avec cette dissociation formulée par Descartes entre le Moi pensant, l'*Ego cogitans*, et la *Chose* matérielle, la *Res extensa*, crée un problème tragique dans la Science, c'est-à-dire que la Science ne se connaît pas elle-même, ne dispose pas de la capacité auto-réflexive. Et ce drame concerne du reste aussi la Philosophie, puisque celle-ci, cessant d'être alimentée empiriquement, a subi l'agonie de la *Naturphilosophie* et l'échec de la *Lebensphilosophie* ; autant il y a extra-lucidité chez Husserl quand il diagnostiquait la crise de la Connaissance scientifique, autant il y a illusion métaphysique, évasion stratosphérique dans l'idée de l' « ego transcendantal ». Ainsi la philosophie est impuissante à féconder la science qui est elle-même impuissante à se concevoir.

Ce que je veux dire maintenant pour conclure, c'est qu'il nous faut comprendre que les progrès de la Connaissance ne peuvent être identifiés avec l'élimination de l'ignorance. Ils doivent être liés avec un progrès de l'ignorance. Nous sommes dans un nuage d'inconnaissance et d'incertitude, et la connaissance a produit ce nuage ; on peut dire que la production de ce nuage est un des éléments du Progrès à condition qu'on le reconnaisse. Autrement dit : connaître, c'est négocier, travailler, discuter, se battre avec l'inconnu qui se reconstitue sans cesse, car toute solution à un problème produit une nouvelle question.

Ainsi donc, je dois m'arrêter sur cette conclusion provisoire : le Progrès de la Science est une idée qui comporte en elle-même de l'incertitude, du conflit et du jeu. On ne peut pas poser absolument ou en alternative Progrès et Régression, Connaissance et Ignorance. Et, surtout, pour qu'il y ait un nouveau et décisif progrès dans la connaissance, il nous faut surmonter ce type d'alternative et concevoir en complexité les notions de Progrès et de Connaissance.

4

Épistémologie de la technologie

Si j'essaie de réfléchir sur ce titre *Épistémologie de la technologie,* je me demande tout d'abord si en fait nous ne sommes pas dans un univers où l'épistémologie est déjà technologisée sans qu'elle le sache, en considérant cet objet abstrait : la technologie. Première remarque : je crois que du point de vue épistémologique, il est impossible d'isoler la notion de technologie ou *technè,* car nous savons bien qu'il y a un lien qui va de la science à la technique, de la technique à l'industrie, de l'industrie à la société, de la société à la science, etc. Et la technique apparaît comme un moment dans ce circuit. Ce circuit où la science produit la technique, laquelle produit l'industrie, laquelle produit la société industrielle, c'est un circuit dans lequel effectivement il y a un retour, et chaque terme rétroagit sur le précédent, c'est-à-dire que l'industrie rétroagit sur la technique et l'oriente et que la technique rétroagit sur la science et l'oriente. Donc je dirai que le premier problème c'est, au cours de notre discours, d'éviter d'isoler le terme de *technè,* c'est-à-dire le réifier et je dirai l'idolâtrer : idolâtrer la technique n'est pas seulement en faire un objet de culte, c'est aussi la considérer comme une idole à abattre, à la façon de Moïse, ou encore de Polyeucte. Alors je pense que c'est dans la non-isolation du terme de technique que commence ce débat difficile. Par contre, poser en termes disjoncteur et simplificateur la technique qui devient comme une sorte d'entité que l'on pourfend, c'est, je dirai, le débat à malentendu.

Si nous ne voulons pas isoler la technologie, alors nous devons lier le terme dans un macroconcept qui regroupe en constellation d'autres concepts interdépendants. Vous ne pouvez plus séparer le concept technologie du concept science, du concept industrie, et c'est un concept circulaire puisque dans le fond tout le monde sait qu'un des problèmes majeurs de la civilisation occidentale, c'est que c'est dans ce circuit

science → technologie → industrie

que la société, dans le fond, évolue et se transforme. Dans ce circuit-là, moi j'ai l'impression que le terme de technique, de *technè,* polarise quelque chose ; et ce qu'il polarise au premier abord, c'est l'idée de manipulation.

D'où vient cette manipulation ? La science occidentale s'est développée comme science expérimentale et, pour les expériences, elle a dû développer des pouvoirs de manipulation précis et fiables, c'est-à-dire des techniques pour vérifier. Autrement dit, la science a commencé comme un processus où on manipule pour vérifier, c'est-à-dire pour trouver la connaissance vraie, objet idéal de la science. Mais l'introduction de ce circuit *manipuler* → *vérifier* dans l'univers social provoque au contraire une inversion de finalité, c'est-à-dire que de plus en plus on vérifie pour manipuler. Dans son univers clos, le scientifique est persuadé qu'il manipule (expérimente) pour la vérité et il manipule non plus seulement des objets, des énergies, des électrons, pas seulement des unicellulaires, des bactéries, mais aussi des rats, des chiens, des singes, persuadé qu'il tourmente et torture dans l'idéal absolument pur de la connaissance. En réalité, il alimente aussi le circuit socio-historique où l'expérimentation sert à la manipulation. La manipulation des objets naturels a été conçue comme émancipation humaine par l'idéologie humaniste-rationaliste. Jusqu'à une époque récente, la maîtrise de la nature s'identifiait à l'épanouissement de l'humain. Or, une prise de conscience est arrivée ces dernières décennies : le développement de la technique ne provoque pas que des processus d'émancipation, il provoque des processus nouveaux de manipulation de l'homme par l'homme, ou des individus humains par les entités sociales. Je dis « nouveaux » parce qu'on avait inventé dès la préhistoire des processus très raffinés d'assujettissement ou d'asservissement, notamment sur les animaux domestiqués. L'assujettissement signifie que le sujet assujetti croit toujours travailler pour ses propres fins sans savoir qu'en réalité il travaille pour les fins de celui qui l'assujettit. Ainsi effectivement le chef de troupeau, le bélier, croit continuer à commander le troupeau qu'il dirige, alors qu'en réalité il obéit au berger et finalement à *la logique de l'abattoir.*

Nous avons inventé avec la technologie des modes de manipulation nouveaux et très subtils, par lesquels la manipulation portant sur les choses nécessite l'asservissement des hommes aux techniques de manipulation. Ainsi, on fait des machines au service de l'homme et l'on met les hommes au service de ces machines. Et on voit très bien finalement comment l'homme est manipulé pour et par la machine qui manipule les choses afin de le libérer.

Maintenant, situons-nous à un autre niveau : je vois l'infiltration de la technique dans l'épistémologie de notre société et de notre civilisation, dans le sens où c'est la logique des machines artificielles qui s'applique de plus en plus sur nos vies et dans notre société. C'est là qu'est justement la source d'une nouvelle manipulation. Autrement dit, nous n'appliquons pas seulement les schémas technologiques sur le travail manuel, voire à la machine artificielle, mais aussi sur nos conceptions mêmes de la société, de la vie et de l'homme. Ici je pense que l'apparition conjointe de la cybernétique et de la théorie de l'information est d'une importance capitale. Il faut parler de la cybernétique comme de tout grand système de pensée : il se présente sur deux versants ; il y a le versant où il y a un message nouveau, une complexité nouvelle qui nous amènent à modifier et à enrichir notre regard ; il y a le versant de la réduction de tout autre aspect du réel au profit de l'élément nouveau qui cesse d'être complexe puisqu'il réduit tout à lui.

L'importance de la théorie de l'information et de la cybernétique peut être d'une très grande fécondité pour les sciences sociales, comme en témoigne l'œuvre d'Abraham Moles qui se trouve ici présent.

Ainsi, la cybernétique a scientifiquement restauré, en la rendant complexe, l'idée de finalité ; elle a restauré l'idée de totalité, non pas dans le sens global, diffus, vague ou impérialiste, mais dans le sens d'organisation d'un tout qui ne se réduit pas à la somme de ses parties : elle a enrichi la causalité avec les idées de rétroaction négative et positive. Voilà le versant fécond. Mais il est évident que dans l'autre versant, la cybernétique a servi à la réduction de tout ce qui est social, humain, biologique, à la logique unidimensionnelle des machines artificielles.

Je résume à l'extrême. Quels sont les traits de cette logique des machines artificielles ? Tout d'abord vous savez, et c'est ce que von Neumann avait mis d'une façon éclatante en lumière dès les années 1950, que la machine artificielle par rapport aux autres machines naturelles, vivantes (dont la société humaine), est une machine qui ne peut pas intégrer, tolérer le désordre. Or, le désordre a deux faces : c'est d'une part la destruction et d'autre part c'est la liberté, la créativité. Il est certain que cette logique d'ordre entraîne d'elle-même la volonté se croyant *rationnelle* de liquider tout désordre comme néfaste et comme dysfonctionnel.

D'autre part, les machines artificielles n'ont pas de générativité. Ce qui est frappant dans la moindre bactérie, c'est qu'elle est capable de s'auto-reproduire, s'auto-produire et s'auto-réparer au fur et à mesure que les molécules qui la constituent se dégradent, alors que la machine artificielle ne peut pas se régénérer, ne peut pas se reproduire, et du reste cela n'est pas sans rapport avec le fait qu'elle ne tolère pas le désordre. De fait, les machines vivantes sont en état de réorganisation permanente, c'est-à-dire impliquent, tolèrent, utilisent, combattent le désordre.

La machine artificielle applique un programme, or il est évident que le programme qu'elle applique ce sont les ingénieurs qui le lui donnent. Les machines vivantes ont auto-produit leur programme et élaborent des stratégies, c'est-à-dire des conduites inventives se modifiant selon les aléas et modifications de la situation.

Enfin, les schémas fondamentaux de la machine artificielle fondent la rationalité et la fonctionnalité sur la centralisation, la spécialisation et la hiérarchie. Bien entendu, il n'y a pas d'être, il n'y a pas d'existant, il n'y a pas de sujet, dans la théorie de la machine artificielle. Vous avez donc un modèle idéal de techno-logique. L'information désincarnée commande par ordinateur central et communique des informations programmatrices à la machine qui exécute. Vous avez ce schéma de fonctionnalité artificielle. Bien entendu, on n'applique pas cela tout crûment à la société, mais on l'applique par la base paradigmatique, par la base épistémologique puisqu'on obéit à un principe de rationalité et de fonctionnalité qui est celui-là. Or, nous le savons, le grand problème de toute organisation vivante et surtout de la société humaine, c'est qu'elle fonctionne avec beaucoup de désordre, d'aléas et de conflits, et, comme le disait déjà Montesquieu en parlant de Rome, les conflits, les désordres et les luttes qui ont marqué Rome n'ont pas été seulement la cause de sa décadence mais aussi de sa grandeur et de son existence. Je veux dire que le conflit, le désordre, le jeu ne sont pas des scories ou des anomies inévitables, non pas des déchets à résorber, mais des constituants clés de toute existence et organisation sociale. *C'est cela qu'il faut tâcher épistémologiquement de concevoir.*

Comme de nombreux sociologues le disent et le reconnaissent, la société est un phénomène d'auto-production permanente. Les processus de créativité et d'invention ne sont pas réductibles à la logique de la machine artificielle. Nous devons concevoir que la stratégie, dans son caractère aléatoire et inventif, est plus féconde que le programme qui est fixé *ne varietur* au départ. La stratégie, c'est ce qui intègre l'évolution de la situation, donc les hasards et les événements nouveaux pour se modifier, se corriger.

Enfin, nous savons que nous sommes des êtres, des individus, des sujets, et que ces réalités existentielles sont centrales, non réductibles. Alors que justement dans la vision éconocratique ou technocratique le *facteur humain* est la petite irrationalité qu'il faut intégrer pour fonctionnaliser les rendements, il faut au contraire intégrer le *facteur* économique et technique dans une réalité multidimensionnelle qui est bio-socio-anthropologique.

La technologie est devenue ainsi le support épistémologique d'une simplification et d'une manipulation généralisées inconscientes qui se prennent pour la rationalité. Ici, il faut absolument distinguer raison et rationalisation. La rationalisation, c'est une logique close et démentielle qui croit pouvoir s'appliquer sur le réel et, quand le réel refuse de s'appliquer sur cette logique, on le nie ou bien on lui met les forceps pour qu'il obéisse, et c'est le système du camp de concentration. La rationalisation est démentielle, et pourtant elle a les mêmes ingrédients que la raison. La seule différence, c'est que la raison, elle, doit être ouverte et elle accepte, reconnaît, dans l'univers, la présence du non-rationalisable, c'est-à-dire la part de l'inconnu ou la part du mystère. Nous avons vu, et du reste c'est un très beau thème qu'ont mis en relief Adorno et Horkheimer, depuis le XVIIIe siècle, des processus d'autodestruction de la raison. La raison devient folle, non pas parce que quelque chose d'extérieur la rend folle, mais parce que quelque chose d'intérieur la rend folle, et je dirai que la vraie rationalité se manifeste dans la lutte contre la rationalisation.

Ainsi donc la technologisation de l'épistémologie, c'est l'insertion de ce complexe de manipulation/simplification/rationalisation au cœur de toute pensée concernant la société et l'homme.

Je disais tout à l'heure que la société comporte une grande part de désordre, une grande part de hasard. Tout se passe comme si la société se fondait sur une sorte de symbiose de deux sources absolument différentes. L'une, c'est l'inclusion dans une communauté où tous les membres se sentent absolument solidaires par rapport aux agressions extérieures ; il y a ce côté de *Gemeinschaft* qui est présent dans toutes les sociétés. Mais en même temps, à l'intérieur de cette société, vous voyez le jeu des conflits et des rivalités. Alors la société est bipolarisée : à un pôle est le conflit, la concurrence, à l'autre pôle, c'est la communauté ; et, à partir de cette bipolarisation, la société se réorganise et se produit sans cesse. Les sociétés humaines vivent cette dualité formidable. Les sociétés historiques sont, de plus, des mixtes de contraintes et d'ordre imposé (appareil d'État, avec ses appareils militaire, administratif et policier) et d'interactions spontanées comme dans nos grandes villes où le destin de chacun se forge sans cesse par rencontres, rencontres sur le marché,

marché des affaires, marché des sentiments, marché du sexe. Ces interactions aléatoires créent elles-mêmes leur régulation globale. Aucune société ne peut vivre avec seulement de l'autorité, des règlements, des normes, des injonctions. Même dans une société comme l'U.R.S.S. où tout est dirigé, réglementé, totalisé au sommet par l'appareil du Parti qui coiffe l'appareil d'État et qui est omni-compétent, la société vit parce qu'à la base il y a une sorte d'anarchie de fait, où on se débrouille, on triche plus ou moins et l'ordre supérieur ne vit que par le désordre du bas, ce qui est un grand paradoxe mais un paradoxe qu'on retrouve dans tous les domaines, puisque à l'usine Renault, les études de Mothé ont montré que si on appliquait à la lettre les instructions de la direction et des ingénieurs tout s'arrêterait. Il est évident que pour faire marcher le système qui vous oppresse il faut tricher avec le système. On résiste ainsi au système tout en le faisant fonctionner. C'est une des ambiguïtés typiques de notre situation actuelle.

Ce qui est intéressant, c'est que nous sommes dans une époque où nos sociétés, État-nations, développent la concentration des pouvoirs d'État, les contrôles économiques, la fonction assistancielle de l'État, dit *Welfare State*. Dès lors, il semble que nos sociétés deviennent des êtres du troisième type.

Qu'est-ce que ça veut dire *être du troisième type ?* J'appelle être ou individu du premier type l'unicellulaire. Les êtres du deuxième type c'est nous, organismes multicellulaires du règne animal, mammifères, primates, hommes qui constituons une population de 30 milliards de cellules assujetties en nous. Mais voilà que la société humaine tend au cours de l'histoire à se constituer en être du troisième type disposant d'un patrimoine propre qui est la culture, d'un centre de commande propre qui est l'État. Certes, les développements des individus et de la société sont interdépendants dans le sens où les individus puisent des connaissances, de la culture, dans la société qui permet leur développement. Mais inversement, ils sont inhibés ou réprimés par les lois, par les normes, par les interdits. Il y a un jeu très complexe de complémentarité et d'antagonisme entre l'individu et la société. Alors qu'est-ce qui se passe aujourd'hui ? C'est que cette réalité de troisième type, faite non pas de cellules dans un organisme individuel, mais faite d'individus dans une organisation sociale, est en train de s'hypertrophier.

Bien entendu je ne fais pas ici une analogie organiciste puisque mon propos consiste à dire que dès le départ les sociétés sont différentes des organismes, qu'elles sont constituées d'*individus* poly-cellulaires dotés d'autonomie centrale et non de cellules. Le développement de l'individualité s'est fait chez ces sujets de deuxième type que nous sommes. Mais aujourd'hui, l'être du troisième type se développe et quel rôle nouveau joue la technologie ?

C'est qu'elle permet de constituer pour cette entité centralisée un appareil nerveux aussi raffiné, peut-être plus encore, que celui qui se trouve en nous pour contrôler nos cellules. Nos cellules échappent au contrôle direct de notre appareil neuro-cérébral, alors qu'aujourd'hui il est possible techniquement pour l'État de disposer sur chaque individu d'un fichier total contenant toutes informations le concernant. En bref, la technologie moderne permet le développement d'un appareil de contrôle pouvant contrôler tous les individus. Il faut considérer maintenant l'association de ces deux développements qui vont l'un et l'autre dans le sens de l'hyperdéveloppement de l'État-nation : d'une part, celui d'une technologie qui donne des moyens d'information et de contrôle inouïs, d'autre part, celui du Parti-appareil totalitaire, détenteur de la Vérité socio-historique. Voilà le Léviathan qui entre dans notre horizon quotidien, se déploie dans notre « horizon 80 », qui est loin d'être celui des pauvres prophéties éconocrates et, dans cette perspective, la technique, l'informatique, elles, pourront jouer un rôle capital. Nous ne vivons pas encore, mais nous allons vivre, et nous devons nous apprêter à une rencontre de troisième type.

La rencontre de troisième type n'est pas celle d'un vaisseau venu d'Alpha du Centaure ou de Bételgeuse. C'est la rencontre avec un monstre qui s'est créé en nous et par nous, dont nous faisons partie et qui fait partie de nous. Et contre lequel peut-être va s'engager un combat décisif pour toute l'histoire de l'humanité et peut-être de la vie. Je dirai que la condition première et décisive pour mener ce combat, avant toute question d'action, d'organisation, je dirai même avant toute prise de conscience, est de penser autrement, c'est-à-dire de ne plus fonctionner selon le paradigme dominant, l'épistémologie technologisée qui nous amène à isoler le concept de technique, qui nous amène à disjoindre et isoler ce que nous devons tenter de penser ensemble. Autrement dit, la résistance à la technologisation de l'épistémologie est un problème, non pas seulement *spéculatif*, mais vital pour l'humanité.

5

La responsabilité du chercheur face à la société et à l'homme

Dans ce symposium consacré à la méthode, je vais parler du problème pour lequel manque toute méthode : la responsabilité du chercheur face à la société et à l'homme.

L'absence de responsabilité scientifique et de science de la responsabilité

La responsabilité est une notion humaniste éthique qui n'a de sens que pour un sujet conscient.

Or la science, dans la conception « classique » qui règne encore de nos jours, disjoint par principe fait et valeur, c'est-à-dire élimine de son sein toute compétence éthique, fonde son postulat d'objectivité sur l'élimination du sujet de la connaissance scientifique. Elle ne fournit aucun moyen de connaissance pour savoir ce qu'est un « sujet ».

La responsabilité est donc non-sens et non-science. Le chercheur est irresponsable par principe et métier.

Du même coup, le problème de la responsabilité échappe aux critères scientifiques minimaux de contrôle qui visent à guider la distinction du vrai et du faux. Elle est livrée aux opinions, convictions, et si chacun prétend et croit avoir une conduite « responsable », il n'existe ni hors de la science ni dans la science un critère véritable de la « vraie » responsabilité. Ainsi Einstein s'est cru profondément responsable devant l'humanité quand il a, dans un premier temps, lutté contre tous préparatifs militaires. Il s'est cru encore plus responsable devant l'humanité quand il est intervenu instamment pour la fabrication de la bombe atomique.

L'exemple d'Einstein est éclairant. L'esprit le plus génial ne dispose pas des conditions lui permettant de penser la science dans la société, c'est-à-dire de connaître la place et le rôle de la science dans la société.

Effectivement, il n'y a pas de sociologie de la science. Il n'existe que des enquêtes parcellaires sur la vie des labos et les mœurs des scientifiques, des conceptions déterministes puériles qui font de la science un pur produit de la société, voire une idéologie de classe. Une sociologie de la science devrait être plus puissante scientifiquement que la science qu'elle embrasse. Or elle est scientifiquement infirme par rapport aux autres sciences. Alors, si on ne sait pas concevoir scientifiquement le scientifique et la science, comment penser scientifiquement la responsabilité du scientifique dans la société ?

D'autre part, le cas d'Einstein pose un problème sociologique plus général, celui de l'écologie des actes dont on peut formuler ainsi le principe : un acte d'individu ou de groupe entre dans un complexe d'inter-rétroactions qui le font dériver, dévier et parfois inverser son sens ; ainsi une action destinée à la paix peut éventuellement renforcer les chances de guerre. Inversement, une action renforçant les risques de guerre peut éventuellement œuvrer pour la paix (intimidation). Il ne suffit donc pas d'avoir des bonnes intentions pour être vraiment responsable. La responsabilité doit affronter une terrible incertitude.

La science sans conscience

La question « qu'est-ce que la science ? » n'a pas de réponse scientifique. L'ultime découverte de l'épistémologie anglo-saxonne est qu'est scientifique ce qui est reconnu tel par la majorité des scientifiques. C'est dire qu'il n'y a aucune méthode objective pour considérer la science comme objet de science et le scientifique comme sujet.

La difficulté de connaître scientifiquement la science est accrue par le caractère paradoxal de cette connaissance :

— progrès inouï des connaissances corrélatif à un progrès incroyable de l'ignorance ;

— progrès des aspects bénéfiques de la connaissance scientifique corrélatif au progrès de ses caractères nocifs et mortifères ;

— progrès accru des pouvoirs de la science et impotence accrue des scientifiques dans la société à l'égard des pouvoirs de la science eux-mêmes.

Le pouvoir est en miettes au niveau de la recherche, mais il est reconcentré et engrené au niveau politique et économique.

La progression des sciences de la nature entraîne des régressions qui affectent le problème de la société et de l'homme.

De plus l'hyperspécialisation des savoirs disciplinaires a désormais mis en miettes le savoir scientifique (qui ne peut plus être unifié qu'à des niveaux de très haute, abstraite formalisation), y compris et surtout dans les sciences anthropo-sociales, qui ont tous les vices de la surspécialisation, sans en avoir les avantages. Ainsi tous les concepts molaires qui recouvrent plusieurs disciplines sont broyés ou lacérés entre ces disciplines et ne sont nullement reconstitués par les tentatives interdisciplinaires. Il devient impossible de penser scientifiquement l'individu, l'homme, la société. Certains scientifiques ont fini par croire que leur impuissance à penser ces concepts prouvait que les idées d'individu, d'homme, de vie étaient naïves et illusoires, et ont promulgué leur liquidation. Comment alors concevoir la responsabilité de l'homme à l'égard de la société et celle de la société à l'égard de l'homme quand il n'y a plus ni homme ni société ?

Enfin et surtout, le processus du savoir / pouvoir en miettes tend à aboutir, s'il n'est pas contrebattu de l'intérieur des sciences mêmes, à une transformation totale du sens et de la fonction du savoir : le savoir est non plus fait pour être pensé, réfléchi, médité, discuté par des êtres humains pour éclairer leur vision du monde et leur action dans le monde, mais produit pour être stocké dans des banques de données et manipulé par les puissances anonymes. La prise de conscience de cette situation arrive le plus souvent brisée à l'esprit du chercheur scientifique : celui-ci à la fois la reconnaît et s'en protège dans une vision triptyque où sont dissociées et non communicantes : science (pure, noble, belle, désintéressée), technique (qui comme la langue d'Ésope peut servir au meilleur et au pire), politique (mauvaise et nocive, qui pervertit la technique, c'est-à-dire les résultats de la science).

La mise en accusation du politique par le scientifique devient ainsi pour le chercheur le moyen d'éluder la prise de conscience des interactions solidaires et complexes entre les sphères scientifiques, les sphères techniques, les sphères sociologiques, les sphères politiques. Elle l'empêche de concevoir la complexité de la relation science/société et le pousse à fuir le problème de sa responsabilité intrinsèque. Un autre aveuglement symétrique consiste à voir dans la science une pure et simple « idéologie » sociale : dès lors, le scientifique qui voit ainsi la science troque le mode de penser scientifique pour le mode de penser du militant au moment même où il s'agit de penser scientifiquement la science.

Éthique de la connaissance et éthique de la responsabilité : pas de solutions, des voies

Bien que la connaissance scientifique élimine d'elle-même toute compétence éthique, la praxis de chercheur suscite ou nécessite une éthique propre. Il ne s'agit pas seulement d'une morale extérieure que l'institution impose à ses employés, il s'agit plus encore que d'une conscience professionnelle inhérente à toute professionnalisation, il s'agit d'une éthique propre à la connaissance, qui anime tout chercheur qui ne se considère pas comme un simple fonctionnaire. C'est l'impératif : connaître pour connaître. L'impératif de connaître doit triompher, pour la connaissance, de tous interdits, tabous, qui la limiteraient. Ainsi la connaissance scientifique, depuis Galilée, a victorieusement surmonté les interdits religieux. Or l'éthique du connaître tend d'elle-même, chez le chercheur sérieux, à prendre la priorité, à s'opposer à toute autre valeur, et cette connaissance « désintéressée » se désintéresse de tous les intérêts politico-économiques qui utilisent eux, en fait, ces connaissances.

Le problème de la responsabilité du chercheur face à la société est donc celui d'une tragédie historique et son retard terrible par rapport à l'urgence le rend d'une urgence encore plus grande.

Mais il serait tout à fait illusoire de croire qu'une solution puisse être magiquement trouvée. Il faut au contraire insister sur le contre-effet de deux illusions : 1. l'illusion qu'il existe une conscience politique fondée scientifiquement qui puisse guider le chercheur : toute théorie politique qui se prétend scientifique monopolise la qualité de science et révèle par là même son antiscientificité; 2. l'illusion qu'une conscience morale suffit pour que l'action qu'elle déclenche aille dans le sens de sa visée. L'écologie de l'action nous montre que nos actions, une fois entrées dans le monde social, sont entraînées dans un jeu d'interactions / rétroactions où elles sont détournées de leur sens, parfois prenant un sens contraire : exemple d'Einstein, déjà cité. Il nous faut donc tenter de dépasser, et le splendide isolement, et l'activisme borné.

Ici, pas de solutions, des voies :

a) Une prise de conscience critique.

Le scientifique doit cesser de se prendre pour Moïse (Einstein), Jérémie (Oppenheimer), mais ne doit pas se voir en Job sur son fumier. Bien que les pesanteurs bureaucratiques soient énormes au sein de l'institution scientifique (française, non suisse, bien entendu), il faut que le milieu scientifique puisse mettre en crise ce qui lui semble évident.

b) La nécessité d'élaborer une science de la science.

La connaissance de la connaissance scientifique comporte nécessairement une dimension réflexive. Cette dimension réflexive ne doit plus être renvoyée à la philosophie. Elle doit venir de l'intérieur du monde scientifique, comme nous le montre bien le professeur Pilet. Les travaux divers de Popper, Kuhn, Feyerabend, Lakatos ont pour trait commun de montrer que les théories scientifiques, comme les icebergs, ont une part immergée énorme qui n'est pas scientifique, et qui est la zone aveugle de la science, mais indispensable au développement de la science.

Il nous faut aller vers une conception enrichie et transformée de la science (laquelle évolue, comme toutes choses vivantes et humaines) où s'établisse la communication entre objet et sujet, entre anthroposociologie et sciences naturelles. C'est alors que pourrait se tenter la communication (non unification) entre « faits » et « valeurs » : pour qu'une telle communication soit possible, il faut d'une part une pensée capable de réfléchir sur les faits et de les organiser pour en avoir une connaissance, non plus seulement atomisée, mais molaire, et d'autre part une pensée capable de concevoir l'enracinement des valeurs dans une culture et une société.

Le problème de la conscience (responsabilité) suppose une réforme des structures de la connaissance elle-même.

Ainsi donc le problème n'a pas de solution, aujourd'hui.

Il peut vous sembler que je vous présente un tableau désespéré, que j'introduise un doute généralisé qui, détruisant le roc solide des convictions, doit entraîner un pessimisme démoraliseur et dévastateur. Mais ce serait oublier qu'il est nécessaire de désintégrer les fausses certitudes et les pseudo-réponses lorsqu'on veut trouver les adéquates réponses. Ce serait oublier que la découverte d'une limite ou d'une carence dans notre conscience constitue déjà un progrès fondamental et nécessaire pour cette conscience.

Il serait vraiment naïf que des scientifiques attendent et espèrent une solution magique. Nous devons comprendre que la notion de responsabilité du scientifique nous contraint à être responsables de l'usage du mot responsabilité, c'est-à-dire nous fait obligation d'en révéler les difficultés et la complexité.

Nous n'avons pas encore (?) de solution. En attendant, nous devons vivre et assumer un polythéisme des valeurs. Mais, à la différence du polythéisme inconscient (où le chercheur qui obéit dans son labo à l'éthique de la connaissance se mue brusquement, hors labo, en amant jaloux, époux égoïste, père brutal, chauffeur hystérique, citoyen borné, et se satisfait politiquement d'affirmations qu'il rejetterait avec mépris si elles concernaient son champ professionnel), le polythéisme doit devenir conscient.

Nous servons au minimum deux dieux, complémentaires et antagonistes : le dieu de l'éthique de la connaissance, qui nous dit qu'il faut tout sacrifier à *libido scienti,* et le dieu de l'éthique civique et humaine.

Il y a certes une limite à l'éthique de la connaissance. Mais elle était invisible *a priori* et nous l'avons franchie sans le savoir. C'est la limite où la connaissance apporte en elle la mort généralisée.

Alors, une seule chose nous reste aujourd'hui : c'est de résister aux pouvoirs qui ne connaissent pas de limites, et qui déjà, sur une très grande partie de la terre, musellent et contrôlent toutes connaissances, sauf la connaissance scientifique techniquement utilisable par eux parce que celle-ci, précisément, est aveugle sur ses activités et son rôle dans la société, aveugle sur ses responsabilités humaines.

6

Thèses sur la science et l'éthique

Tout d'abord, nous devons savoir que nous sommes aujourd'hui en un point d'arrivée de toute la civilisation occidentale qui peut être en même temps un point de départ. Nous devons comprendre que toutes les solutions fondamentales que devait apporter le développement de la science, de la raison et de l'humanisme sont devenues aujourd'hui des problèmes fondamentaux. Nous devons savoir que la science et la raison n'ont pas la mission providentielle d'opérer le salut de l'humanité mais qu'elles ont des pouvoirs absolument ambivalents en ce qui concerne les futurs développements de notre humanité. Et nous sommes aujourd'hui, non seulement en ce moment crépusculaire où s'envole l'oiseau de Minerve, c'est-à-dire la sagesse, mais aussi au moment de ténèbres où nous attendons le chant du coq qui doit nous éveiller. Le chant du coq doit nous alerter pour l'homme, pour la vie et pour l'humanité. Et même si nos alarmes devaient s'avérer exagérées, elles auraient été utiles car elles auraient permis de mettre en œuvre les moyens qui permettraient d'écarter ou de réduire les périls. Si Cassandre avait été écoutée par les Troyens, ses prédictions auraient été fausses parce que leur avertissement aurait été juste. Je crois enfin que les problèmes d'aujourd'hui sont tellement importants que nous ne pouvons pas en apporter les solutions. Voyons quels sont ces problèmes.

Je présenterai mes remarques sous forme de thèses.

Ma première thèse est que l'époque féconde de la non-pertinence des jugements de valeur sur l'activité scientifique est close. J'ai dit féconde parce qu'il était fécond que la science au XVIIe siècle s'autonomise par rapport à la religion, par rapport à l'État et par rapport aux conséquences morales qu'entraîne la connaissance elle-même. La science devait émanciper son impératif éthique propre et unique, « connaître pour connaître », quelles qu'en soient les conséquences. Mais ce qui était vrai de la science naissante, marginale, menacée n'est plus vrai à l'époque de la science dominante et menaçante. Ce n'est plus vrai à cause des énormes développements de la science elle-même. En effet, la science d'abord marginale dans les sociétés occidentales au XVIIe siècle est devenue centrale par son introduction non seulement dans les universités au XIXe siècle mais aussi au cœur des entreprises industrielles et surtout au cœur de l'État, qui finance, contrôle, développe les institutions de recherche scientifique. Un tel développement détermine désormais le développement de notre société en même temps qu'il est déterminé par l'organisation même de cette société. La relation entre la science et la technique est devenue dominante et indissoluble. Au départ, la science avait besoin de techniques pour expérimenter et elle expérimentait pour vérifier ; un processus s'est mis en marche où la science est désormais nécessaire à la technique afin de manipuler ; alors que la fonction manipulatrice était et demeure secondaire dans la science, la fonction manipulatrice devient première et essentielle dans la technique, et désormais il y a inséparabilité du développement de la connaissance pour la connaissance qui est proprement scientifique et du développement de manipulations et de maîtrise qui est proprement technique. Nous sommes arrivés aujourd'hui à l'époque de la *big science*, la techno-science qui a développé des pouvoirs titanesques. Mais il faut remarquer que les scientifiques sont totalement dépossédés de ces pouvoirs qui pourtant émanent de leurs propres laboratoires ; ces pouvoirs sont reconcentrés entre les mains des dirigeants des entreprises et des puissances étatiques. Il y a désormais une interaction inouïe entre la recherche et la puissance. Beaucoup de scientifiques croient éviter les problèmes que pose cette interaction en pensant qu'il y a une disjonction entre, d'un côté la science, de l'autre la technique et enfin la politique. Ces scientifiques-là disent : « La science est très bonne ; elle est morale. La technique est ambivalente, c'est comme la langue d'Ésope. La politique, elle, est mauvaise, et les développements mauvais des sciences sont dus à la politique. » Une telle vision ignore non seulement la contamination de fait entre les trois instances mais ignore aussi le fait que les scientifiques sont des acteurs dans le domaine des politiques militaires et des États : ainsi c'est le plus grand scientifique de son temps, Einstein, qui a demandé au président Roosevelt de produire la bombe thermonucléaire.

D'autre part, il faut penser que le développement de la *big science* conduit à un savoir anonyme qui n'est plus fait pour obéir à la fonction qui fut celle du savoir pendant toute l'histoire de l'humanité, d'être incorporé dans les consciences, dans les esprits et dans les vies humaines. Le nouveau savoir scientifique est fait pour être déposé dans des banques de données et être utilisé selon les moyens et selon les décisions des puissances. Il y a une véritable dépossession cognitive, pas seulement chez les citoyens mais aussi chez les scientifiques hyperspécialisés eux-mêmes, dont aucun ne peut contrôler et vérifier l'ensemble du savoir aujourd'hui produit. De plus, comme je l'ai dit, la recherche est entrée dans les institutions techno-bureaucratiques de la société ; du coup l'administration techno-bureaucratique jointe à l'hyperspécialisation du travail produit l'irresponsabilité généralisée. Nous sommes dans l'ère de l'irresponsabilité généralisée. Eichmann disait : « J'obéissais aux ordres », quand il parlait des massacres d'Auschwitz. Or, Hannah Arendt a très justement dit que Eichmann n'était pas un monstre exceptionnel ; c'était un homme extraordinairement banal, c'était un homme ordinaire, c'était un bureaucrate ordinaire situé dans des circonstances exceptionnelles. Autrement dit, la règle aujourd'hui s'impose aveuglément : on obéit à la machine et on ne sait pas où va la machine.

Pourquoi en sommes-nous là ? Le diagnostic a été fait il y a cinquante ans par Husserl dans une célèbre conférence sur la crise de la science européenne. Il a alors montré qu'il y avait un trou aveugle dans l'objectivisme scientifique : c'était le trou de la conscience de soi. A partir du moment où s'est opérée la disjonction entre d'une part la subjectivité humaine réservée à la philosophie ou à la poésie, et d'autre part l'objectivité du savoir qui est le propre de la science, la connaissance scientifique a développé les modes les plus raffinés pour connaître tous les objets possibles mais elle est devenue complètement aveugle sur la subjectivité humaine; elle est devenue aveugle sur la marche de la science elle-même : la science ne peut se connaître, la science ne peut se penser avec les méthodes dont elle dispose aujourd'hui.

Enfin, il y a autre chose encore qui explique l'aveuglement des scientifiques. Du reste, les scientifiques partagent cette cause d'aveuglement avec les autres citoyens : c'est ce que je peux appeler l'ignorance de l'écologie de l'action. Que veut dire l'écologie de l'action? Cela signifie que toute action humaine dès qu'elle est entreprise échappe des mains de son initiateur et entre dans le jeu des interactions multiples propres à la société, qui la détournent de son but et parfois lui donnent une destination contraire à celle qui était visée. Ceci est vrai en général pour les actions politiques, ceci est vrai aussi pour les actions scientifiques. La pureté des intentions dans ce domaine comme dans l'autre n'est jamais la garantie de la validité et de l'efficacité de l'action. Marx et Engels disaient que les hommes ne savent pas ni ce qu'ils sont, ni ce qu'ils font. Ceci est vrai y compris et surtout pour Marx et Engels eux-mêmes. Cela est vrai pour tous et pour chacun. Certes, la conscience de l'inconscience ne nous donne pas la conscience mais elle peut nous y préparer. J'ai déjà (La responsabilité du chercheur, p. 108-114) considéré le syllogisme de l'irresponsabilité du scientifique : pour qu'il y ait responsabilité, il faut qu'il y ait un sujet conscient; or la vision scientifique classique élimine la conscience, élimine le sujet, élimine la liberté au profit d'un déterminisme; *ergo* la notion de sujet conscient n'est pas une idée scientifique, *ergo* l'idée de responsabilité ne peut être une idée scientifique. De plus, il faut remarquer que l'hyper-spécialisation des sciences humaines détruit et disloque la notion d'homme; les différentes sciences sociales, la démographie, l'économie n'ont même plus besoin de la notion d'homme. Il y a même certaines disciplines psychologiques qui éliminent l'homme au profit soit du comportement soit de la pulsion. L'idée d'homme est désintégrée. De même, les spécialisations biologiques éliminent l'idée de vie au profit de molécules, de gènes, de comportements, etc. Finalement, il ne reste plus rien de ce qui fait la nature même du problème fondamental : qu'est-ce que l'homme ? Quel est son sens ? Quelle est sa place dans la société ? Quelle est sa place dans la vie ? Quelle est sa place dans le cosmos ? Ainsi la pratique scientifique elle-même nous conduit à une irresponsabilité et à une inconscience totales. Ce qui nous sauve c'est que, heureusement, nous avons une double, une triple vie ; nous ne sommes pas seulement des scientifiques, nous sommes aussi des personnes privées, nous sommes aussi des citoyens, nous sommes aussi des êtres de conviction métaphysique ou religieuse et alors nous pouvons, dans nos autres vies, avoir des impératifs moraux et c'est cela qui nous empêche de devenir soit des docteurs Mabuse, soit des docteurs Folamour[1]. C'est cela qui nous empêche aussi de devenir des docteurs Mengele, du nom du célèbre médecin d'Auschwitz qui pratiquait quiètement ses expériences sur des êtres humains jugés inférieurs. Ainsi nous sommes dans une période où la disjonction entre les problèmes éthiques et les problèmes scientifiques risque de devenir mortelle si nous perdons nos vies humanistes de citoyen et d'homme. Mais sachons que déjà le problème de l'expérimentation sur les humains a ressuscité aux frontières de la personne humaine, chez les embryons, et chez les morts-vivants qui sont les humains irrémédiablement plongés dans le coma prolongé.

Ma deuxième thèse, sur laquelle je vais passer très rapidement, est que nous avons besoin de développer ce que l'on pourrait appeler une *scienza nuova* non plus dans le sens de Vico mais dans un sens plus complexe. Comme l'a dit très justement Jacob Bronowski, le concept de science sur lequel nous vivons n'est ni absolu, ni éternel et la notion de science doit donc évoluer. Dans cette évolution, il faudra qu'elle comporte l'autoconnaissance ou plutôt l'autoscience. Je

1. Deux savants fous de l'imaginaire cinématographique, le premier dans les films de Fritz Lang, notamment *Le Testament du docteur Mabuse*, le second dans le film de Kubrick, *Docteur Folamour*.

dirais très brièvement ici que nous avons besoin de points de vue méta-scientifiques sur la science, nous avons besoin de points de vue épistémologiques qui révèlent les postulats métaphysiques et même la mythologie cachés à l'intérieur de l'activité scientifique. Nous avons besoin du développement d'une sociologie de la science, nous avons besoin de nous poser les problématiques éthiques soulevées par le développement incontrôlé de la science, bref, nous devons réinterroger la science dans son histoire, dans son développement, dans son devenir sous tous les angles possibles.

J'en viens à ma troisième thèse qui sera aussi extrêmement résumée. Je dirai que la notion d'homme n'est pas une notion simple : c'est une notion complexe. *Homo* est un complexe bio-anthropologique et bio-socioculturel. L'homme a plusieurs dimensions et tout ce qui disloque ce complexe est mutilant, non seulement pour la connaissance mais aussi pour l'action. Il nous faut concevoir également que ce complexe qui constitue l'homme n'est pas seulement fait d'instances complémentaires mais d'instances qui se trouvent en même temps antagonistes, d'où le problème, sur lequel je reviendrai tout à l'heure, de la pluralité des impératifs éthiques.

J'en viens à ma quatrième thèse : je crois que les développements actuels de la science et notamment de la biologie, développements à la fois cognitifs et manipulateurs, nous obligent à redéfinir la notion de personne humaine. Cette notion était extrêmement claire jusqu'à présent ; la personne mourait quand son cœur s'arrêtait. En ce qui concerne la naissance de la personne, il y avait le choix entre une conception chrétienne qui disait que la personne naissait dès la fécondation ou bien une conception laïque qui disait que la personne naissait au moment où le nouveau-né sortait du ventre de sa mère pour entrer dans le monde culturel. Or, aujourd'hui, les frontières de la personne humaine sont devenues floues. Les individus en coma prolongé sont-ils encore des personnes humaines ou sont-ils des êtres végétatifs ? Est-ce que l'enfant existe en tant que personne au moment de l'œuf, au moment du stade de blastula, au moment de la formation de l'embryon, au troisième mois, au sixième mois, à la naissance ? Il est évident que l'on ne peut pas donner de réponse. Le certain est, comme l'a dit très justement Luigi Lombardi-Valori, qu'il y a un mystère de l'embryon. Ce n'est pas une personne humaine mais ça l'est potentiellement ; mais que veut dire le mot « potentiel » ? Ce n'est pas une pure possibilité de l'esprit. La potentialité a une certaine réalité aussi. Donc, l'embryon est potentiellement une personne sans l'être. Le mort-vivant en coma prolongé n'est plus une personne mais il a gardé la forme et la marque de la personne humaine. Il y a disjonction désormais entre l'idée de vivre en tant qu'être humain et de survivre biologiquement. Il y a donc un nouveau problème qui se trouve posé.

Maintenant, j'en viens très rapidement à l'éthique : je veux faire une distinction entre la moraline et la morale. La moraline transforme en opposition manichéenne entre bien et mal ce qui est en réalité un conflit de valeurs. La moraline confond la normalité et la norme ; or, nous devons nous méfier de l'éthique de la normalité, celle qui va privilégier un individu standard. On va commencer par éliminer les mongoliens, les déficients génétiques et puis les anormaux idéologiques comme ça eut lieu dans les hôpitaux psychiatriques en U.R.S.S., (alors que, dans un univers totalitaire, la pathologie est au niveau de l'État lui-même et non pas des citoyens dissidents ou déviants).

Deux ultimes thèses : le problème éthique est un problème de conflit de valeurs. Le choix entre un bien et un mal n'est pas un problème éthique ; c'est un problème purement physique ou psychologique, de courage, d'intelligence, de volonté éthique. Le problème survient quand il y a pluralité d'impératifs contradictoires. Ainsi, par exemple, je prends le problème de l'avortement. C'est un problème typique de conflit. Si vous vous placez du point de vue du droit et de la liberté de la femme, son droit à ne pas avoir d'enfant a une valeur éthique. Mais vous pouvez aussi vous placer du point de vue d'une société : si une société est atteinte par une crise démographique grave, elle a aussi son droit de vouloir vivre en ayant des enfants. Et puis, il y a aussi le droit du muet qui est l'embryon et qui est l'être potentiel. Voici donc un problème de contradiction de valeurs et je crois que les vrais problèmes éthiques sont des conflits entre des impératifs. De même qu'il y a désormais un conflit entre l'impératif de la connaissance pour la connaissance, qui est celui de la science, et l'impératif de sauvegarder l'humanité et la dignité de l'homme. Donc, nous sommes au moment d'un conflit d'impératifs et je crois que les comités bio-éthiques qui existent aujourd'hui constituent un lieu pour que s'expriment ces conflits. Je crois que leur mission n'est pas de trouver la solution miracle, la solution providentielle à ces conflits ; elle est d'abord de les expliciter et c'est pourquoi il est bon qu'ils réunissent des personnalités d'opinion, de métaphysique, de croyances tout à fait différentes. D'autre part et enfin, je crois qu'aujourd'hui nous sommes condamnés à chercher une morale provisoire. Je ne crois absolument pas à une nouvelle éthique. Ce sont les problèmes permanents de l'éthique qui se heurtent à des situations inattendues, lesquelles suscitent des conflits éthiques. Nous sommes condamnés en bio-éthique à des compromis arbitraires et provisoires. Il faut être tout à fait conscient du caractère arbitraire qu'il y a à décider qu'une personne humaine existe à trois mois, six mois, la naissance, l'œuf, etc. Nous devons être conscients de tous ces problèmes antagonistes et être conscients du fait que nous faisons des paris risqués. Il est nécessaire aussi de définir religieusement l'éthique et quand je dis religieusement, je ne parle pas du point de vue d'une religion révélée en ce qui me concerne, mais je pense que nous avons les droits de l'homme, nous avons les droits de la vie, nous avons aussi les droits de la nature dont nous sommes responsables. Je suis tout à fait d'accord avec Suzy Dracopoulos quand elle parle de la nécessité de ne pas centrer la valeur uniquement sur la vie humaine. Je pense qu'on ne peut respecter véritablement la vie humaine que si l'on respecte au maximum la vie en général tout en sachant tout ce que comporte de cruauté et de barbarie une vie humaine par rapport au monde vivant.

Je conclus en disant que, là-dessus, il y a un problème qui dépasse les scientifiques. Il y avait un homme d'État français qui disait pendant la Première Guerre mondiale : « La guerre est une affaire trop sérieuse pour être laissée entre les mains des militaires. » La science est une affaire trop sérieuse pour être laissée uniquement entre les mains des scientifiques. Je dirai de plus que la science est devenue trop dangereuse pour être laissée aux mains des hommes d'État et des États. Autrement dit, la science est devenue un problème civique, un problème des citoyens. Nous devons aller aux citoyens. Il est inadmissible que ces problèmes demeurent en vase clos ; il est inadmissible que ces problèmes soient ésotériques. Nous sommes dans une époque, je le répète, nous ne sommes pas à l'époque de la solution, ce n'est pas l'époque messianique, c'est l'époque de saint Jean Baptiste c'est-à-dire de celui qui essaie d'annoncer et de préparer le message. Nous n'avons pas le message. Ce que nous pouvons faire c'est poser les problèmes, c'est formuler les contradictions, c'est proposer la morale provisoire.

7

L'ancienne et la nouvelle transdisciplinarité

Nous savons de plus en plus que les disciplines se referment et ne communiquent pas les unes avec les autres. Les phénomènes sont de plus en plus morcelés, sans qu'on arrive à concevoir leur unité. C'est pourquoi on dit de plus en plus : « Faisons de l'interdisciplinaire ». Mais l'interdisciplinarité n'arrive pas plus à contrôler les disciplines que l'O.N.U. ne contrôle les nations. Chaque discipline entend d'abord faire reconnaître sa souveraineté territoriale, et, au prix de quelques maigres échanges, les frontières se confirment au lieu de s'effondrer.

Il faut donc aller plus loin, et ici apparaît le terme de « transdisciplinaire ». Faisons une première remarque. Le développement de la science occidentale depuis le XVIIe siècle n'a pas seulement été un développement disciplinaire, *mais aussi un développement transdisciplinaire.* Il faut dire, non seulement les sciences, mais aussi « la » science, parce qu'il y a une unité de méthode, un certain nombre de postulats implicites en toutes disciplines, comme le postulat d'objectivité, l'élimination du problème du sujet, l'utilisation des mathématiques comme un langage et un mode d'explication commun, la recherche de la formalisation, etc. *La science n'aurait jamais été la science si elle n'avait été transdisciplinaire.* De plus, l'histoire de la science est traversée par de grandes unifications transdisciplinaires que jalonnent les noms de Newton, Maxwell, Einstein, le rayonnement de philosophies sous-jacentes (empirisme, positivisme, pragmatisme) ou d'impérialismes théoriques (marxisme, freudisme).

Mais ce qui est important, c'est que les principes transdisciplinaires fondamentaux de la science, la mathématisation, la formalisation, sont précisément ceux qui ont permis de développer le cloisonnement disciplinaire. Autrement dit, l'unité a toujours été hyper-abstraite, hyper-formalisée, et elle ne peut faire communiquer les diverses dimensions du réel qu'en abolissant ces dimensions, c'est-à-dire en unidimensionnalisant le réel.

Le vrai problème n'est donc pas de « faire du transdisciplinaire » mais « quel transdisciplinaire faut-il faire » ? Ici, il faut considérer le statut moderne du savoir. Le savoir est-il fait d'abord pour être réfléchi, médité, discuté, critiqué par des esprits humains responsables, ou bien est-il fait pour être stocké dans des banques informationnelles et computé par des instances anonymes et supérieures aux individus ? Ici, il faut voir qu'une révolution est en train de s'opérer sous nos yeux. Alors que le savoir, dans la tradition grecque classique jusqu'à l'ère des Lumières et jusqu'à la fin du XIXᵉ siècle, était effectivement fait pour être compris, pensé, réfléchi, aujourd'hui nous, individus, nous nous voyons privés du droit à la réflexion.

Dans ce phénomène de concentration où les individus sont dépossédés du droit de pensée, il se crée une surpensée qui est une sous-pensée, car il lui manque quelques-unes des propriétés de réflexion et de conscience propres à l'esprit, au cerveau humain. Comment resituer alors le problème du savoir ? On se rend compte que le paradigme qui soutient notre connaissance scientifique est incapable de répondre, puisque la science s'est fondée sur l'exclusion du sujet. Il est certain que le sujet existe par la façon qu'il a de filtrer les messages du monde extérieur, en tant qu'être ayant un cerveau inscrit dans une culture, une société donnée. Dans nos observations les plus objectives il entre toujours une composante subjective.

Aujourd'hui, le problème du retour du sujet est un problème fondamental, à l'ordre du jour. Mais à ce moment-là, il faut se poser le problème de cette disjonction totale objet/sujet où le monopole du problème du sujet est livré à la spéculation philosophique.

Nous avons besoin de penser/repenser le savoir, non pas

sur la base d'une petite quantité de connaissances comme aux XVIIe-XVIIIe siècles, mais dans l'état actuel de prolifération, dispersion, parcellisation des connaissances. Mais comment faire ?

Ici, il y a un problème préalable à toute transdisciplinarité, celui des paradigmes ou principes déterminant/contrôlant la connaissance scientifique. Comme nous le savons bien depuis Thomas Kuhn, auteur de *La Structure des révolutions scientifiques*, le développement de la science s'effectue non par accumulation des connaissances, mais par transformation des principes organisant la connaissance. La science ne fait pas que s'accroître, elle se transforme. C'est pourquoi, comme disait Whitehead, la science est plus changeante que la théologie. Or, je crois profondément que nous vivons sur des principes que nous avons identifiés de façon absolue à la science, et qui en fait correspondent à son âge « classique » du XVIIIe à la fin du XIXe siècle, et ce sont ces principes qu'il faut transformer.

Ces principes, ils ont été, en quelque sorte, formulés par Descartes : c'est la dissociation entre le sujet *(ego cogitans)*, renvoyé à la métaphysique, et l'objet *(res extensa)*, relevant de la science. L'exclusion du sujet s'est effectuée sur la base que la concordance entre expérimentations et observations par divers observateurs permettait d'arriver à une connaissance objective. Mais on a du coup ignoré que les théories scientifiques ne sont pas le pur et simple reflet des réalités objectives, mais sont les coproduits des structures de l'esprit humain et des conditions socioculturelles de la connaissance. C'est pourquoi on est arrivé à la situation actuelle où la science est incapable de se penser scientifiquement elle-même, incapable de déterminer sa place, son rôle dans la société, incapable de prévoir si ce qui sortira de son développement contemporain est l'anéantissement, l'asservissement ou l'émancipation.

La disjonction sujet/objet est l'un des aspects essentiels d'un paradigme plus général de disjonction/réduction, par quoi la pensée scientifique, soit disjoint des réalités inséparables sans pouvoir envisager leur lien, soit les identifie par réduction de la réalité la plus complexe à la réalité la moins complexe. Ainsi, physique, biologie, anthropo-sociologie sont devenues des sciences totalement disjointes, et quand on a voulu ou quand on veut les associer, c'est par réduction du biologique au physico-chimique, de l'anthropologique au biologique.

Il nous faut donc, pour promouvoir une nouvelle transdisciplinarité, un paradigme qui certes permette de distinguer, séparer, opposer, donc disjoindre relativement ces domaines scientifiques, mais qui puisse les faire communiquer sans opérer la réduction. Le paradigme que j'appelle de simplification (réduction/disjonction) est insuffisant et mutilant. Il faut un paradigme de complexité, qui à la fois disjoigne et associe, qui conçoive les niveaux d'émergence de la réalité sans les réduire aux unités élémentaires et aux lois générales.

Considérons les trois grands domaines : physique, biologie, anthropo-sociologie. Comment les faire communiquer ? Je suggère de les faire communiquer en circuit : premier mouvement : il faut enraciner la sphère anthropo-sociale dans la sphère biologique, car il n'est pas sans problème ni sans conséquence que nous soyons des êtres vivants, des animaux sexués, des vertébrés, des mammifères, des primates. De même, il faut enraciner la sphère vivante dans la *physis,* car si l'organisation vivante est originale par rapport à toute organisation physico-chimique, c'est une organisation physico-chimique, issue du monde physique et en dépendant. Mais opérer enracinement n'est pas opérer *réduction :* il ne s'agit nullement de réduire l'humain à des interactions physico-chimiques, il s'agit de reconnaître les niveaux d'émergence.

De plus, il faut opérer le mouvement en sens inverse : la science physique n'est pas le pur reflet du monde physique, elle est une production culturelle, intellectuelle, noologique, dont les développements dépendent de ceux d'une société et des techniques d'observation/expérimentation produites par cette société. L'énergie n'est pas un objet visible, c'est un concept produit pour rendre compte de transformations et d'invariances physiques, et qui était inconnu avant le XIXe siècle. Donc, nous devons aller du physique au social et aussi à l'anthropologique, car toute connaissance dépend des conditions, possibilités et limites de notre entendement, c'est-à-dire de notre esprit/cerveau d'*homo sapiens.* Il faut donc enraciner la connaissance physique, et également biologique, dans une culture, une société, une histoire, une humanité. Dès lors, vous créez la possibilité de communications entre sciences, et la science transdisciplinaire est la science qui pourra se développer à partir de ces communications, étant donné que l'anthropo-social renvoie au biologique, qui renvoie au physique, qui renvoie à l'anthropo-social.

Alors, dans mon livre *La Méthode,* j'essaie de considérer les conditions de formation de ce circuit, d'où son caractère « encyclopédant », puisque je mets en cycle pédagogique *(agkuklios paidea)* ces sphères jusqu'alors non communicantes. Mais ce caractère encyclopédant est comme la roue extérieure qui entraîne une roue intérieure, celle de l'articulation théorique à partir de quoi une théorie complexe de l'organisation essaie de s'autoconstituer, avec l'aide notamment des concepts cybernétiques, systémiques, mais en les critiquant et en essayant d'aller au-delà. Et cette roue intérieure, elle, elle s'efforce de faire mouvoir le moyeu, ce qui remue à peine, mais où un tout petit mouvement peut entraîner un très grand changement, c'est-à-dire le centre paradigmatique d'où dépendent les théories, l'organisation, et même la perception des faits.

Comme vous le voyez, le but de ma recherche de méthode n'est pas de trouver un principe unitaire de toutes connaissances, ce serait une nouvelle réduction, la réduction à un principe maître, abstrait, qui effacerait toute la diversité du réel, ignorerait les béances, incertitudes et apories que provoque le développement des connaissances (lequel comble des béances, mais en rouvre d'autres, résout des énigmes, mais révèle des mystères). C'est la communication sur la base d'une pensée complexe. A la différence d'un Descartes qui partait d'un principe simple de vérité, c'est-à-dire identifiait la vérité aux idées claires et distinctes, et par là pouvait proposer un discours de la méthode de quelques pages, je fais un très long discours à la recherche d'une méthode qui ne se révèle par aucune évidence première, et doit s'élaborer dans l'effort et le risque. La mission de cette méthode n'est pas de donner les formules programmatiques d'une « saine » pensée. Elle est d'inviter à penser soi-même dans la complexité. Ce n'est pas de donner la recette qui enfermerait le réel dans une boîte, c'est de nous fortifier dans la lutte contre la maladie de l'intellect — l'idéalisme —, qui croit que le réel peut se laisser enfermer dans l'idée et qui finit par considérer la carte de l'I.G.N. comme étant le territoire, et contre la maladie dégénérative de la rationalité, qui est la rationalisation, laquelle croit que le réel peut s'épuiser dans un système cohérent d'idées.

8

L'erreur de sous-estimer l'erreur

L'erreur est liée à la vie et donc à la mort

L'erreur est un problème premier, originel, prioritaire, sur lequel il y a encore beaucoup à penser.

Tout d'abord, il me semble que *la définition première de l'erreur ne se situe pas par rapport à la vérité;* et cela en vertu de la théorie qui a été absolument indispensable pour que la génétique moderne et la biologie moléculaire puissent trouver leurs concepts; en effet, si l'on considère que les gènes sont des unités moléculaires porteuses d'information, d'un message codé, que l'organisation vivante ne peut fonctionner qu'en fonction de l'information inscrite dans l'A.D.N. et qui est communiquée aux protéines, dès lors il est évident que l'organisation vivante apparaît comme une machine non seulement informationnelle, mais aussi communicationnelle et surtout computationnelle, car l'être vivant (fût-il le plus modeste comme la bactérie) compute, c'est-à-dire fait non seulement des calculs, mais aussi des opérations qui obéissent à une certaine logique, à certaines règles, notamment celles qui tendent à maintenir vivant l'organisme.

Le mot « computation » est ici un mot clé. Huppert fait une remarque très pertinente : « Comment peut-on qualifier d'erreur ce qui se produit quand il y a une réplication non totalement identique des gènes, au moment de la reproduction? Peut-être peut-on parler d'accident, mais pourquoi parler d'erreur? » Il n'est pas en effet de « vérité » qui serve de mesure à cette erreur, sinon la projection que nous faisons d'une orthodoxie organisationnelle selon laquelle le patrimoine que possède la lignée doit être intégralement reproduit, pour éviter la dégradation ou la mort. Effectivement, nous pouvons, sans trop d'arbitraire, projeter cette idée, puisque nous savons qu'un certain nombre d'accidents génétiques, de non-reproductions identiques, de lésions dans le système informationnel peuvent véritablement s'accompagner de dégradations ; et, dans ce sens-là, il est permis de parler d'erreurs. Si l'on considère que tout vivant est par organisation un être computant, il est évident que tout être computant se trouve devant ce double problème de l'erreur : d'une part, la computation correcte de son propre patrimoine informationnel (ce qu'on appelle le programme), et d'autre part, le traitement correct des données qui se présentent dans son environnement. D'un côté, son patrimoine informationnel contient son « savoir-vivre » et, de l'autre, son « devoir-vivre » se trouve dans son environnement.

La computation de l'être vivant n'est pas analogue à celle d'un ordinateur, par tout un ensemble de traits et particulièrement celui-ci : l'erreur de computation d'un ordinateur peut tout au plus entraîner des effets négatifs pour le programmateur, pour la personne qui utilise l'ordinateur, mais l'ordinateur ne va pas en être affecté ! Par contre, la computation de l'être vivant est une computation à la première personne ; la machine vivante se produit elle-même, produit ses propres éléments, s'auto-organise sans cesse, sans trêve, en fonction d'un *computo*, c'est-à-dire : « Je compute en fonction de moi-même, je compute pour vivre, je vis en computant. » Dès lors, si nous ne pouvons pas définir l'erreur par rapport à une vérité qui n'existe pas (puisque la vérité est un concept proprement humain), nous pouvons par contre définir l'erreur par rapport à la vie, celle-ci conçue sous la forme de computation permanente. A chaque instant, la vie connaît le risque d'erreur, et c'est pour cela qu'il y a d'innombrables processus et mécanismes, déjà chez les procaryotes, les bactéries, pour réparer l'A.D.N. (qui sans cesse se détériore), c'est-à-dire corriger les risques d'erreur en rétablissant l'information originelle.

Ce qui est déjà valable à ce niveau de l'organisation vivante l'est évidemment davantage au niveau des êtres qui ont développé leur appareil neuro-cérébral en fonction de leurs besoins de survie dans un environnement aléatoire et dangereux. L'appareil neuro-cérébral sert évidemment à computer le monde extérieur et à décider d'une stratégie dans un univers aléatoire. Et il est certain que, dans le monde animal, où règne la prédation, tant les proies que les prédateurs ont intérêt à ne pas se tromper. Ils ont donc à affronter ce problème bien connu qui est celui du bruit : tout ce qui nous semble un bruit de fond (donc bruit insignifiant pour nous) cache peut-être quelque chose dont nous pourrions extraire une information; le bruit du vent, le bruit d'une feuille, ce craquement-là peut-être indique l'avance sournoise de l'ennemi. Dans le domaine animal, ruses, tromperies, leurres, ont pour fonction d'induire l'autre en erreur, tandis que la stratégie consiste à éviter et à corriger au maximum et au plus tôt ses erreurs.

L'erreur est liée à la vie, et donc à la mort. A tous les niveaux, une trop grande quantité d'erreurs entraîne la mort. Leslie Orgel et quelques autres avaient même avancé la théorie selon laquelle la mort, au moins pour les unicellulaires, était le résultat d'une accumulation d'erreurs dans le fonctionnement de l'être-machine, erreurs provenant d'aléas quantiques ou d'accidents provoqués par les rayons cosmiques traversant les organismes. Nous avons là un problème très important : vie et mort impliquent toujours le problème de l'erreur.

La vie comporte d'innombrables processus de détection, de refoulement de l'erreur, et le fait extraordinaire est que la vie comporte aussi des processus d'utilisation de l'erreur, non seulement pour corriger ses propres erreurs, mais pour favoriser l'apparition de la diversité et la possibilité d'évolution. Il arrive en effet que « l'erreur », au moment de la duplication reproductrice, apparaisse comme féconde par rapport à la répétition de la norme ou orthodoxie génétique, qui serait la « vérité » (avec beaucoup de guillemets) d'une espèce, lorsqu'elle détermine l'apparition de qualités nouvelles qui elles-mêmes vont caractériser une nouvelle espèce. Dès lors, l'erreur par référence à l'ancienne orthodoxie devient norme, c'est-à-dire « vérité » (guillemets) de la nouvelle.

Prenons un autre exemple : nous disposons d'un système immunologique qui réagit pour chasser toute intrusion étrangère et qui, à ce titre, s'emploie à rejeter le cœur que l'on greffe dans l'organisme pour le sauver. Ce système compute correctement l'intrusion étrangère et réagit en conséquence. Il ne fait pas d'erreur à ce titre. Mais, par référence à notre méta-niveau où existent évidemment une chirurgie, une société, une culture, et où ce cœur étranger arrive justement pour faire vivre l'organisme, il y a erreur fatale, qui tient à la non-communication entre les deux niveaux d'organisation.

Il arrive aussi que le système immunologique soit induit en erreur par un antigène étranger qui, comme un ennemi arborant l'uniforme de l'assiégé, pénètre dans la place. Il nous arrive, à nous aussi, dans notre vie personnelle, politique, sociale, d'accueillir en ami ou en sauveur celui qui nous apporte l'asservissement ou la mort.

La plus grande source d'erreur réside dans l'idée de vérité

Cela dit, il ne s'agit nullement de réduire le problème de l'erreur humaine au problème biologique (ou vivant) de l'erreur. Il faut dire que le domaine de l'erreur humaine est beaucoup plus vaste et comporte des développements tout à fait nouveaux. Certes, l'homme-prédateur induit en erreur, et sa ruse prolonge et développe la ruse animale : l'hominisation s'est effectuée non seulement à travers le développement de l'outillage de chasse, mais aussi par l'apparition et le perfectionnement de tromperies d'un caractère nouveau, l'imitation du cri des animaux, l'utilisation de pièges, etc. Mais il est certain que le phénomène proprement humain, en ce qui concerne l'erreur, est lié à l'apparition du langage, c'est-à-dire de la parole et de l'idée. On peut dire que la parole a permis une forme nouvelle et merveilleuse pour induire l'autre en erreur, à savoir le mensonge. Il est vrai que l'idée — qui nous est nécessaire pour traduire la réalité du monde extérieur, c'est-à-dire communiquer avec ce monde extérieur — est en même temps ce qui nous induit à nous tromper sur ce monde extérieur. Effectivement, l'esprit humain ne reflète pas le monde : il le traduit à travers tout un système neuro-cérébral où ses sens captent un certain nombre de stimuli, qui sont transformés en messages et codes à travers les réseaux nerveux, et c'est l'esprit-cerveau qui produit ce que l'on appelle des représentations, des notions et des idées par lesquelles il perçoit et conçoit le monde extérieur. Nos idées ne sont pas des reflets du réel, mais des traductions du réel. Ces traductions ont pris forme de mythologies, de religions, d'idéologies, de théories. Dès lors, comme toute traduction comporte risque d'erreur, les traductions mythologiques, religieuses, idéologiques, théoriques ont fait surgir sans cesse dans l'humanité d'innombrables erreurs. En contrepartie, c'est dans l'univers des idées que fait irruption enfin le problème de la vérité. Mais la vérité émerge d'abord sous une forme absolue ; pas seulement sous la forme absolue des croyances religieuses ou mythologiques, mais aussi sous la forme absolue des idées dogmatiques. L'apparition de l'idée de vérité aggrave le problème de l'erreur, car quiconque se croit possesseur de vérité devient insensible aux erreurs qui peuvent se trouver dans son système d'idées et évidemment prendra pour mensonge ou erreur tout ce qui contredira sa vérité. L'idée de vérité est la plus grande source d'erreur qui puisse jamais être considérée ; l'erreur fondamentale réside dans l'appropriation monopoliste de la vérité. Il ne suffit pas de dire : « La vérité ne m'appartient pas, c'est moi qui appartiens à la vérité. » C'est là une façon pseudo-modeste pour dire : « C'est l'absolu qui parle par ma bouche ! »

Tous les problèmes de l'origine de la science ont trait à la dédogmatisation de la vérité. La conception médiévale de la vérité ne se croyait pas arbitraire. Elle ne disposait pas seulement, comme fondement, de la révélation divine : la scolastique médiévale (tout au moins celle qui avait intégré l'aristotélisme) pensait que sa conception était rationnelle ; toutes les observations qui contredisaient sa vision étaient dénoncées comme irrationnelles ! C'est au nom de ce qu'on croit être la rationalité — mais qui n'est autre que la rationalisation (c'est-à-dire le système d'idées auto-justifiées) — que l'on refuse le jugement des données ; l'émergence d'une idée nouvelle, par le scandale qu'elle entraîne au sein d'un système clos, par la ruine qu'elle menace d'y introduire, est perçue comme irrationnelle, puisqu'elle va détruire ce que le système croyait être sa propre rationalité. C'est pourquoi, du reste, les premières découvertes scientifiques semblèrent tout à fait irrationnelles.

Le jeu de l'erreur et de la vérité

Nous en arrivons ici au double problème de la vérité qu'il est impératif de distinguer ; il y a la vérité des théories scientifiques qui pense avoir son fondement, sa justification et sa preuve dans l'univers des phénomènes, c'est-à-dire soit par observations faites par des observateurs différents, soit par expérimentations faites par des expérimentateurs différents ; cette vérité *de facto* est tout à fait distincte de cette autre vérité (bien qu'elle porte le même nom) qui se réfère à des orthodoxies, des normes, des finalités, des croyances que l'on pense saines, bonnes, justes, nécessaires et vitales pour la société. A ce moment-là, il est évident que le problème ne se pose pas du tout au niveau de la vérification. Le problème se pose au niveau des systèmes de valeurs, et le problème se complique, ce type de vérité échappe à la réfutation. Mais de toute façon, toute déviance, toute contradiction par rapport à la norme apparaît toujours, du point de vue de cette vérité, comme erreur. Autrement dit, tout ce qui surgit de nouveau par rapport au système de croyances ou de valeurs établies apparaît toujours et nécessairement comme une déviance et risque d'être écrasé comme erreur. Or, en fait, l'histoire a évolué à travers ces erreurs relatives — qu'elles soient idéologiques, politiques, religieuses ou scientifiques —, et c'est ici, effectivement, qu'on peut parler d'errances ou de *jeu de l'erreur et de la vérité.*

Le problème de la fécondité de l'erreur ne peut pas se concevoir sans une certaine vérité dans la théorie qui a produit de l'erreur ; par exemple, l'histoire de Christophe Colomb cherchant l'Inde et trouvant l'Amérique. Pourquoi s'est-il trompé ? Parce qu'il se fondait sur une théorie vraie qui est que la Terre est ronde ; un autre qui aurait pensé que la Terre était plate n'aurait jamais confondu l'Amérique avec l'Inde. C'est la poursuite de la découverte de l'Univers qui allait permettre de rectifier l'erreur de Colomb, c'est-à-dire de confirmer la théorie qui avait été la source de cette erreur. Nous voyons bien qu'en effet, il y a un certain jeu, nullement arbitraire, de l'erreur et de la vérité.

Où est la vérité de la science?

Mais venons-en au problème de la vérité scientifique, qui fut un problème central — et le reste encore aujourd'hui — parce que longtemps, et aujourd'hui encore pour beaucoup d'esprits, notre conception de la science était identifiée à la vérité. La science semblait enfin le seul lieu de certitude, de vérité certaine, par rapport au monde des mythes, des idées philosophiques, des croyances religieuses, des opinions. La vérité de la science semblait indubitable, puisqu'elle se fondait sur des vérifications, sur des confirmations, sur une multiplication d'observations, qui confirmaient toujours les mêmes données. Sur cette base, une théorie scientifique constituant une construction logique, et la cohérence logique semblant refléter la cohérence même de l'Univers, la science ne pouvait être que vérité. Pourtant, on pouvait déjà se poser la question de savoir comment il se faisait que (comme l'avait dit Whitehead) la science soit beaucoup plus changeante que la théologie.

Le problème a une première réponse extrêmement claire : la théologie, se fondant sur de l'invérifiable, peut avoir une très grande stabilité; par contre, la science fait surgir sans cesse des données nouvelles qui contredisent et rendent obsolète la théorie en place. L'apparition de données nouvelles nécessite des théories plus larges ou différentes. Ces nouvelles données surgissent de façon « non-stop », car le mouvement de la science moderne est en même temps un mouvement de perfectionnement des instruments d'observation et d'expérimentation (depuis la lunette de Galilée jusqu'au radiotélescope et aux instruments de détection à l'usage des satellites et des voyageurs de l'espace). On l'a bien vu pour l'exploration de Saturne : les observations qui avaient été relevées antérieurement n'étaient pas fausses;

elles étaient totalement insuffisantes et par là induisaient des théories erronées.

Il n'y a pas simplement le problème des données qui changent les théories, mais la vision même des théories change. Karl Popper a dit que les théories ne sont pas induites des phénomènes, mais sont des constructions de l'esprit plus ou moins bien appliquées sur le réel, c'est-à-dire des systèmes déductifs. Autrement dit, une théorie n'est jamais, en tant que telle, un « reflet » du réel. Dès lors, une théorie scientifique est admise non pas parce qu'elle est vraie, mais parce qu'elle résiste à la démonstration de sa fausseté. Popper conçoit ainsi l'histoire des théories scientifiques en analogie avec la sélection naturelle : ce sont les théories les mieux adaptées à l'explication des phénomènes qui survivent, jusqu'à ce que le monde des phénomènes relevant de l'analyse s'élargisse et nécessite de nouvelles théories. Ici, Popper a renversé la problématique de la science; on croyait que la science progressait par accumulation de vérités : il a montré que la progression se fait surtout par élimination d'erreurs dans la recherche de la Vérité.

Thomas Kuhn a bien montré dans son livre, *La Structure des révolutions scientifiques,* que la science évolue non seulement « progressivement », non seulement « sélectivement », mais aussi « révolutionnairement », par révolutions au niveau des principes d'explication, ou *paradigmes,* qui commandent notre vision du monde : ce n'est pas seulement la vision du monde qui s'élargit encore et encore, c'est la structure même de la vision du monde qui se transforme. Ainsi notre univers ne s'est pas seulement élargi depuis Copernic et Laplace : il s'est transformé dans sa substance et son être. Par ailleurs, la logique des théories scientifiques ne comporte plus en elle une preuve intrinsèque de vérité. Le grand mathématicien Hilbert avait rêvé de donner un fondement absolu aux théories scientifiques sur la base de leur formalisation et de leur axiomatisation. Or, le théorème de Gödel a démontré qu'un système logique formalisé complexe avait au moins une proposition qui ne pouvait être démontrée, proposition indécidable qui mettait en cause la consistance même du système. Ainsi, on ne peut prouver logiquement la vérité d'un système théorique et la logique devient dès lors insuffisante. Ce théorème de limitation n'est pas désespérant. Gödel en effet (comme Tarsky qui, en même temps, sémantisait la logique ou logifiait la sémantique) a montré que si un système ne peut trouver sa preuve en lui-même, il peut susciter l'élaboration d'un métasystème qui établisse cette preuve : mais le métasystème lui-même comporterait ses propres failles, et le jeu de la recherche de la vérité devient un jeu véritablement ouvert et indéfini.

Je n'entre pas dans toutes les discussions sur Science et Vérité. Je veux seulement souligner que la science progresse parce qu'elle a des règles du jeu, qui concernent la vérification empirique et logique. Elle progresse aussi parce qu'elle est un champ dans lequel s'entre-combattent des théories et, derrière ces théories, des postulats métaphysiques et des idéologies « de derrière la tête ».

Deux conséquences découlent de cette vision.

D'une part, un chercheur des sciences les plus nobles (soit les sciences exactes) n'est pas plus intelligent qu'un chercheur des sciences basses (soit la sociologie, par exemple), voire même qu'un simple citoyen ; le premier a seulement des possibilités meilleures de vérification, et les contraintes des règles du jeu permettent de sélectionner les théories les plus rigoureuses.

D'autre part, il faut cesser de rêver à une science pure, une science libérée de toute idéologie, une science dont la vérité serait aussi absolue que la vérité du « 2 + 2 = 4 », c'est-à-dire une science « vraie » une fois pour toutes ; au contraire, il faut qu'il y ait des conflits d'idées à l'intérieur de la science, et la science comporte de l'idéologie. Toutefois, la science n'est pas une pure et simple idéologie car, animée par l'obsession de l'objectivité, elle noue un commerce permanent avec le monde et elle accepte la validité des observateurs et expérimentateurs, quelles que soient leur race, couleur, opinions, etc. Si, en effet, la science noue un commerce particulier avec la réalité du monde des phénomènes, sa vérité cependant, en tant que science, ne réside pas dans ses théories, mais bien dans les règles du jeu de la vérité et de l'erreur.

Erreur et évolution historique

Venons-en au domaine de l'histoire humaine et des sociétés. L'histoire événementielle du siècle dernier (c'est-à-dire l'histoire faite de règnes, de trahisons, de complots, de conjurations, de batailles, etc.) a fait place à une histoire de plus en plus « sociologisée », avec ses déterminismes (forces économiques, démographiques, etc.), dont on apprécie de mieux en mieux le rôle dans les processus d'évolution historique.

Mais la vision historique est mutilée, donc erronée, si elle ne prend en compte que des déterminismes matériels et exclut le sujet vivant, son *computo* et son *cogito* : il faut en effet inclure, dans le réel social « objectif », en même temps que l'acteur / décideur, la perception subjective d'une situation et l'élaboration subjective d'une stratégie. Le Pouvoir même, dans une société, n'est pas une force anonyme : ceux qui occupent le pouvoir sont les décideurs politico-sociaux, c'est-à-dire les détenteurs de la computation politico-sociale. Ainsi, Napoléon III décide de déclarer la guerre à la Prusse, pensant évidemment qu'il ne va en faire qu'une bouchée ; or, quelques mois après, les Prussiens sont à Paris ; il y a donc là une erreur manifeste de computation / décision / stratégie.

La computation, la décision, la stratégie jouent à tous les niveaux : ceux des pouvoirs, de l'opinion, des partis politiques, des classes sociales. Ce ne sont pas de purs rapports de forces qui règlent le destin des plus grands empires ni des plus grandes civilisations ; je ne pense pas seulement à l'Empire perse qui, après avoir essuyé une « raclée » locale par deux fois, a hésité à traverser le Bosphore..., ce qui a permis l'éclosion de la civilisation athénienne et, avec elle, l'apport de quelques idées nouvelles, dont celle de démocratie. Il y a même des erreurs plus profondes, des erreurs tragiques sur la nature de l'Autre, et qui conduisent au désastre. Je pense surtout à la conquête du Pérou et du Mexique, deux formidables civilisations, l'une et l'autre plus évoluées que celle de leurs conquérants, et qui ont été vaincues par un tout petit groupe — qui possédait évidemment l'arme à feu ; mais ce n'est pas le seul facteur déterminant. Les vaincus se sont surtout trompés sur la nature de leurs conquérants ; ils ont hésité : « Sont-ils des dieux ou des hommes ? » Ils se sont trompés sur les capacités de ruse de leurs « hôtes » étrangers : c'est ainsi que Pizarre a pu recevoir dans son camp Atahualpa et sa cour, puis décapiter d'un seul coup l'immense empire inca.

Il est curieux que le rôle de ces erreurs sur la nature de l'Autre soit de plus en plus occulté dans les conceptions historiques dominantes. C'est qu'elles occultent les acteurs-sujets computant / décidant qui, dans les situations aléatoires du jeu historique, sont soumis au risque d'erreurs, y compris d'erreur fatale ; pensons à Munich, à ce pacte que les gouvernements anglais et français ont conclu avec l'Allemagne de Hitler, pensons à ces idées qui pouvaient très bien se défendre : « Si on calme Hitler, si on lui donne ce qu'il veut, il va devenir civilisé et entrer dans la Société des Nations » ; il est certain que ceux qui ont fait ce calcul se sont lourdement trompés et ont aggravé les risques de guerre qu'ils voulaient exorciser. Munich ne fut pas seulement faiblesse, ce fut aussi erreur.

Il y a un principe — qui s'applique à toute décision et à toute action politico-sociale — que j'appelle principe *socio-écologique de l'action :* il énonce qu'une action se définit non tant par rapport à ses intentions, mais surtout par rapport à sa dérive. Dès qu'une action entre dans le contexte des inter-rétroactions politiques et sociales, elle peut inverser son sens et même revenir, en boomerang, assommer celui qui l'a déclenchée. Combien de fois n'a-t-on pas vu des actions de nature réactionnaire précipiter des processus révolutionnaires, et vice versa ? L'exemple classique est celui du déclenchement de la Révolution française : la réaction aristocratique, en voulant reprendre au pouvoir monarchique des prérogatives que ce dernier lui avait dérobées à l'époque de Louis XIV, précipita par la convocation des états généraux sa propre mort en tant que classe.

Il existe des lemmings socio-historiques qui se suicident, et je crois que le rôle de l'aveuglement dans l'histoire est un facteur qui ne saurait être sous-estimé. Aussi, c'est une très grande erreur politico-sociale que de refouler le problème de l'erreur ; il est erroné d'ignorer la gravité du problème de l'erreur. Comme le dit André Boué, ce qui est grave dans l'erreur, ce n'est pas de faire des erreurs (sans cesse, nous en faisons), mais c'est de ne pas les éliminer. J'ajouterai qu'il y a une erreur gravissime : *celle de l'insensibilité à la problématique de l'erreur.* Dans le domaine de la politique existe aussi une dualité dans la problématique de la vérité : il y a d'un côté la vérité sur les données ; on dit : « Là, il y a un paradis socialiste », ou : « Là, il y a un enfer communiste. » Nous avons eu des erreurs du style : « La Chine, c'est l'émancipation », opposé à : « La Chine, c'est l'esclavage. » Il est tout de même important de connaître ce qui se passe réellement et nous ne sommes pas totalement désarmés, tant que nous disposons de sources contradictoires d'informations dans ces domaines. Cela pour les vérités et erreurs de fait. Mais il y a d'un autre côté le problème de la vérité par rapport aux finalités, aux normes, et cela met en cause les choix fondamentaux ; il faut savoir que nous faisons ces choix, mais nous devons savoir aussi, à ce moment, que la vérité normative, éthique, politique n'est pas du tout de même nature que celle qui constate qu'une table est une table.

Vérité, errance et itinérance

Nous avons découvert que la vérité est non pas inaltérable mais fragile, et je crois que cette découverte, comme celle du scepticisme, est l'une des plus grandes, des plus belles, des plus émouvantes de l'esprit humain. A un moment donné, on se rend compte que l'on peut mettre en doute toutes les vérités établies. Mais, en même temps, le scepticisme illimité comporte son autodestruction, puisque la proposition « il n'y a pas de vérité » est en fait une métavérité sur l'absence de vérité ; et c'est une métavérité qui a le même caractère dogmatique et absolu que les vérités condamnées au nom du scepticisme.

Tout ne se réduit pas à l'alternative « vérité et erreur » ; le problème de l'erreur commence avec la computation ; le problème de la vérité commence avec la cogitation (c'est-à-dire penser avec des idées) ; avant la cogitation et la computation, non seulement il n'y avait pas de vérité, mais il n'y avait pas non plus d'erreur ! Je dirai que le monde est peut-être un vaste bruit de fond autour du problème de la vérité et de l'erreur ; et, dès que notre logique va aux horizons, elle rencontre ce bruit. Ainsi le temps et l'éternité sont des notions aussi insatisfaisantes l'une que l'autre : s'il y a une éternité, qu'en est-il du temps ? S'il y a du temps, qu'y avait-il avant le temps ?... L'infiniment petit, l'infiniment grand ; le monde est-il illimité, infini ? Notre logique défaille aux horizons du monde, qui sont les horizons de la pensée. Elle fonctionne dans une bande moyenne. Le bruit de fond est tout autour de nous. Et nous, nous sommes des êtres qui avons produit cette chose merveilleuse et horrible qui a nom vérité. Mais je dirai qu'il ne faut pas mettre de la vérité partout. Il y a bien des choses dans le monde qui sont infra- ou supra-vérité. Le monde lui-même sans doute...

Il y a des choses qui sont à la fois au-dessus, au-dessous, en dehors de la vérité, comme l'amour, et qui ont leur valeur, leur force et leur mystère ; le monde a son mystère et l'amour a sa sublimité. Ce qu'on peut dire, c'est que nous, en tant qu'êtres computants et cogitants, vivants, sociaux et culturels, nous ne pouvons pas échapper à la double problématique de l'erreur et de la vérité : pour nous, les éléments et événements de l'univers sont traduits en informations et en messages ; le mot traduction est capital ; la computation est aussi une traduction ; c'est là qu'arrivent tous les risques d'erreurs ; plus il y a d'information, plus il y a de communication, plus il y a d'idées, et plus il y a de risques d'erreurs ; mais aussi, plus il y a de complexité, et plus on a la possibilité de transformer des erreurs et de les rendre créatives.

Il est intéressant de voir que le problème de l'erreur transforme le problème de la vérité mais ne le détruit pas ; la vérité n'est pas niée, mais le chemin de la vérité est une recherche sans fin ; à chacun de choisir ; les chemins de la vérité passent par l'essai et l'erreur ; la recherche de la vérité ne peut se faire qu'à travers l'errance et l'itinérance ; l'itinérance implique que c'est une erreur de chercher la vérité sans chercher l'erreur (Carlo Suarès). On peut aussi dire plus : il est très difficile de transmettre une expérience vécue, et les chemins de la recherche de la vérité passent par l'expérience, qui peut être mortelle, de l'erreur.

Dans le domaine théorique, les vérités les mieux fondées sont celles qui sont fondées sur cette négativité, c'est-à-dire celles qui sont les anti-erreurs ; c'est là où l'anti-erreur devient une vérité ; c'est bien le sens de l'idée popperienne et c'est bien la grandeur de l'aventure scientifique, qui s'effectue et continue malgré la tendance de dogmatisme à se reformer, malgré les phénomènes de carriérisme, d'ambition, d'égocentrisme ; puisque les scientifiques sont comme les autres, y compris dans leur domaine, c'est ce jeu de la vérité et de l'erreur qui permet de détruire les erreurs ; certes, souvent il faut attendre la mort de ceux qui se sont trompés pour qu'arrive la nouvelle vérité. Je dirai de plus que les vérités sont « bio-dégradables » ; toute vérité dépend de conditions de formation ou d'existence ; si tous les humains meurent, il n'y aura plus de vérité ; tout l'acquis du patrimoine historique disparaîtra ; les vérités resteront virtuelles comme elles étaient avant l'apparition de l'humanité. Seules les pseudo-vérités sont non bio-dégradables ; elles sont inaltérables, comme de la matière plastique, rien ne peut les atteindre, ni les faits, ni les événements. Quelle est la différence entre la théorie et la doctrine ? C'est que la théorie est ouverte et accepte de risquer sa propre mort dans la réfutation, alors que la doctrine se referme et a trouvé sa preuve une fois pour toutes dans sa source qui devient dogme : l'autorité des pères fondateurs ; c'est pourquoi le dogme récite sans cesse en litanie les paroles de ses pères fondateurs ! Ce qui est intéressant, c'est que les mêmes théories peuvent tantôt être ouvertes au dialogue, tantôt se refermer en doctrines dogmatiques ; il en est ainsi de la psychanalyse comme du marxisme ; cela ne tient pas à la nature des idées, mais à la façon dont les systèmes se ferment et répondent par la « citationnite » permanente et sempiternelle aux faits que l'on met sous le nez des détenteurs de ces vérités.

J'ai dit que la vérité de la science n'était pas dans ses théories mais dans le jeu qui permettait l'affrontement de ces théories, dans le jeu de la vérité et de l'erreur ; la science ne possède pas la vérité, mais joue à un jeu de la vérité et de l'erreur ; on peut dire la même chose, sur le plan sociopolitique, de la démocratie : la démocratie n'est pas seulement le moins mauvais de tous les systèmes ; il a ceci de particulier qu'il n'a pas de vérité ; il n'est pas propriétaire d'une vérité ! Dans les autres systèmes, il y a au sommet les chefs, prêtres, rois, etc., qui ont le livre sacré qu'ils interprètent, eux et eux seuls, et sont ainsi les détenteurs monopolistes de la vérité ; la démocratie n'a pas de vérité, mais le propre d'une démocratie est qu'elle permet plus ou moins que se joue le jeu de la vérité et de l'erreur ; c'est le propre de « l'invention démocratique », comme dit très justement Claude Lefort, l'ouverture maximale pour que se joue ce jeu, offrant ainsi les possibilités multiples et antagonistes de l'information, de l'opinion, de l'organisation des partis, etc. Ainsi, ce qui pour moi est sacré, ce n'est pas ma vérité, c'est la sauvegarde du jeu de la vérité et de l'erreur.

9

Pour une raison ouverte

Je proposerai d'abord quelques définitions. J'appelle *raison* une méthode de connaissance fondée sur le calcul et la logique (à l'origine, *ratio* veut dire calcul), employée pour résoudre des problèmes posés à l'esprit, en fonction des données caractérisant une situation ou un phénomène. La *rationalité* est l'établissement d'une adéquation entre une cohérence logique (descriptive, explicative) et une réalité empirique.

Le *rationalisme* est : 1° une vision du monde affirmant l'accord parfait entre le rationnel (cohérence) et la réalité de l'univers ; elle exclut donc du réel l'irrationnel et l'a-rationnel ; 2° une éthique affirmant que les actions humaines et les sociétés humaines peuvent et doivent être rationnelles dans leur principe, leur conduite, leur finalité.

La *rationalisation* est la construction d'une vision cohérente, totalisante de l'univers, à partir de données partielles, d'une vision partiale, ou d'un principe unique. Ainsi, la vision d'un seul aspect des choses (rendement, efficacité), l'explication en fonction d'un facteur unique (l'économique ou le politique), la croyance que les maux de l'humanité sont dus à une seule cause et un seul type d'agents, constituent autant de rationalisations. La rationalisation peut, à partir d'une proposition de départ totalement absurde ou fantasmatique, édifier une construction logique et en déduire toutes les conséquences pratiques.

L'aventure de la raison occidentale, depuis le XVIIe siècle, a produit, parfois simultanémant et indistinctement, rationalité, rationalisme, rationalisations.

I. LE RATIONALISME CLASSIQUE ET SA NÉGATION

Le développement de la science occidentale, aux XVIe et XVIIe siècles, constitue une recherche de rationalité (par opposition aux explications mythologiques et aux révélations religieuses) ; mais il apparaît aussi comme une rupture de la rationalisation aristotélo-scolastique, par affirmation du primat de l'expérience sur la cohérence.

La scolastique médiévale était une rationalisation qui empêchait tout recours à l'expérience. Ou bien l'expérience confirmait l'idée et elle était inutile, ou bien elle la contredisait et elle était erronée. La percée scientifique a été le fait d'esprits à la fois expérimentaux, calculateurs et mystiques, comme Kepler ; l'essor premier de la science est une vaste dérationalisation du savoir, qui semblait jusqu'alors fondé sur l'*organon* aristotélicien. « On ne peut affirmer que tout au long de l'histoire, le rationalisme ait été la principale force progressiste au sein de la société. Il le fut indubitablement en certaines occasions ; en d'autres non, comme au XVIIe siècle en Europe, par exemple, où ce furent les théologiens mystiques qui vinrent largement en aide aux hommes de science » (Needham).

En fait, la science a progressé dans la double tension entre empirisme et rationalisme, où la primauté donnée à l'expérience brise les théories rationalisatrices, mais où à chaque nouvelle dérationalisation succède un effort nouveau d'intelligibilité, qui entraîne une nouvelle tentative de re-rationalisation.

A la fin du XVIIIe siècle, les succès de la physique permettent de concevoir un univers déterministe totalement intelligible au calcul. Un démon idéal, imaginé par Laplace, pourrait déduire tout état présent ou futur de cet univers. Dès lors, le rationalisme dispose d'une vision du monde comportant identité du réel, du rationnel, du calculable, et d'où ont été éliminés tout désordre, toute subjectivité.

La raison devient le grand mythe unificateur du savoir, de l'éthique et de la politique. Il faut vivre selon la raison, c'est-à-dire répudier les appels de la passion, de la foi ; et comme dans le concept de raison il y a le principe d'économie, la vie selon la raison est conforme aux principes utilitaires de l'économie bourgeoise. Mais aussi, la société exige d'être organisée selon la raison, c'est-à-dire selon l'ordre, l'harmonie. Une telle raison est alors profondément libérale : puisque l'homme est supposé naturellement raisonnable, alors on peut opter non seulement pour le despote éclairé (raisonnable pour tous ses sujets qui sont encore de grands enfants pas assez rationalisés), mais aussi pour la démocratie et la liberté qui permettront à la raison collective de s'exprimer, à la raison individuelle (brimée et persécutée par la religion et la superstition) de s'épanouir.

Or il va y avoir dislocation de la grande harmonie humaniste rationnelle, libérale. Le culte de la déesse Raison va être lié à la Terreur, et les destins de la raison et de la liberté cesseront d'être indissolubles. Surtout, se produisent des refus et reflux (romantisme) du rationalisme.

Il n'y a pas seulement la résistance de la religion révélée, mais aussi le refus du caractère abstrait et impersonnel du rationalisme.

L'être humain est posé comme être de sentiment et de passion (Rousseau) et comme sujet irréductible à toute rationalité (Kierkegaard). D'autre part, il y a autre chose dans l'univers que des lois mécaniques. La vie n'est pas « raisonnable » ou rationnelle (Schopenhauer, puis Nietzsche). Le romantisme est une recherche en deçà de la raison, au-delà de la raison.

Ces critiques du rationalisme demeurent. Mais une nouvelle critique, interne, surgit du cœur de la rationalité. Selon cette critique, proprement contemporaine, la raison n'est plus seulement dénoncée comme trop raisonnable ; elle est dénoncée comme déraisonnable. La crise moderne de la rationalité, c'est la détection et la révélation de la déraison au sein de la raison.

II. LES AMBIGUÏTÉS DE LA RATIONALITÉ ET DE LA RATIONALISATION AU SEIN DU RATIONALISME

A partir du développement des techniques et de la vision rationaliste du monde, se développent des idéologies et des processus rationalisateurs, qui éliminent ce qui, dans le réel, leur est irréductible. Ainsi, l'économisme devient idéologie rationalisatrice. Tout ce qui, dans l'histoire humaine, est « bruit et fureur », tout ce qui résiste à la réduction passe au broyeur du principe d'économie-efficacité. D'où la tendance à tout expliquer en fonction des intérêts économiques (par exemple, on a pu expliquer les camps d'extermination hitlériens par le souci qu'avaient les grandes firmes industrielles allemandes de faire du savon bon marché avec la graisse des déportés...).

Plus amplement, le développement économico-techno-bureaucratique des sociétés occidentales tend à instituer une rationalisation « instrumentale », où efficacité et rendement semblent apporter l'accomplissement de la rationalité sociale. Dès lors, la « société industrielle » apparaît comme synonyme de rationalité par rapport aux autres sociétés considérées comme infra-rationnelles.

La déshumanisation de la raison

Le rationalisme des Lumières était humaniste, c'est-à-dire qu'il associait syncrétiquement le respect et le culte de l'homme, être libre et raisonnable, sujet de l'univers, et l'idéologie d'un univers intégralement rationnel. Aussi ce rationalisme humaniste s'est-il présenté comme une idéologie d'émancipation et de progrès.

Effectivement, dans sa lutte permanente contre le mythe et la religion, il a porté en lui la promotion du savoir empiriquement fondé et vérifiable. Le principe d'universalité du rationalisme, joint à l'exaltation de l'idée d'homme, a été le ferment de l'émancipation des esclaves et des opprimés, de l'égalité, des droits de l'homme-citoyen, du droit des peuples à disposer d'eux-mêmes. La confiance dans *homo sapiens*, l'homme-sujet raisonnable (vidé de toute affectivité, de toute « irrationalité »), a permis d'universaliser le principe de liberté.

Certes, ces principes universels étaient « abstraits », c'est-à-dire qu'ils se constituaient sur l'ignorance et l'occultation des différences culturelles, individuelles. Et ils pouvaient conduire, inconsciemment, à promouvoir une homogénéisation, broyeuse des différences, ou bien au mépris du différent comme inférieur (les populations « primitives », arriérées, sous-développées, qui ne sont pas encore assez « adultes », pas encore dignes du statut d'*homo sapiens*, donc encore indignes de la liberté, des droits civiques, de l'*Habeas corpus*). Mais tant que l'humanisme restait, tant qu'il reste accolé au rationalisme, tant que cet humanisme a un aspect quasi mystique, unissant en lui l'amour de l'humanité, la passion de la justice, de l'égalité, tant que joue fortement le ferment critique, le rationalisme (humaniste critique) est une idéologie principalement émancipatrice.

Or partout où s'estompe ou se dissout l'idée humaniste (devenant de plus en plus fragile), partout où se retire le ferment critique, la rationalisation close dévore la raison. Les hommes cessent d'être conçus comme individus libres ou sujets. Ils doivent obéir à l'apparente rationalité (de l'État, de la bureaucratie, de l'industrie).

La rationalisation industrielle

Nous pouvons maintenant considérer le panorama historique de la rationalisation industrielle (*cf.* notamment les œuvres de Georges Friedmann). La rationalisation a d'abord considéré le travailleur, non comme une personne, mais comme une force physique de travail. A l'intérieur de l'entreprise, les premières rationalisations du travail ont été des décompositions purement physiques et mécaniques des gestes efficaces, ignorant volontairement et systématiquement le travailleur.

Puis on s'est rendu compte que la décomposition de plus en plus poussée des tâches, la parcellisation du travail, apparemment rationnelles sur le plan physico-mécanique, conduisaient à une baisse de rendement au-delà d'un certain seuil ; en même temps, des expériences montraient qu'en tenant compte d'un résidu irrationnel appelé facteur humain (le plaisir ou le déplaisir du travailleur) et en favorisant certaines satisfactions du facteur humain, on pouvait accroître le rendement. Dès lors, le travail commence à s'humaniser, mais parce que le principe d'économie et de rendement se déplace, qu'il se corrige, une fois que preuve est faite que la rationalisation doit tenir compte de la personne du travailleur.

Dès lors, l'organisation du travail se transforme : idée de *job-enlargement,* idée de participation du travailleur aux bénéfices, idée de cogestion, et finalement idée d'autogestion, qui apparaît comme une idée rationnelle si elle accroît l'économie, le rendement, l'ordre. Effectivement, l'idée d'auto-gestion est enfin l'idée supérieure parce qu'elle brise la rationalisation en y introduisant pleinement le sujet humain, mais elle devient méta-économique. Chaque progrès de la rationalité s'est fait donc en réaction à la rationalisation et en réintroduisant l'apparemment irrationnel : l'homme sujet.

On peut dire que l'industrialisation, l'urbanisation, la bureaucratisation, la technologisation se sont effectuées selon les règles et les principes de la *rationalisation,* c'est-à-dire la manipulation sociale, la manipulation des individus traités en choses au profit des principes d'ordre, d'économie, d'efficacité. Cette rationalisation a pu être parfois tempérée par l'humanisme, par le jeu pluraliste des forces sociales et politiques et par l'action syndicale des rationalisés. Autrement dit, la brutalité effrénée de la rationalisation a pu être parfois tempérée, puis contenue et partiellement refoulée en Occident. Mais elle a déferlé sur la planète. Au déferlement même de l'impérialisme occidental, il n'y a pas eu de frein, étant donné qu'on avait affaire à des êtres jugés encore non « mûrs » rationnellement. Et les colonisés, pour se libérer, ont adopté le modèle rationalisateur du dominant.

Alors que la raison humaniste était libérale, la rationalisation technicienne apparaît comme une violence, un « arraisonnement », selon la formule de Heidegger. On voit que science, technique, raison constituent des moments, des visages d'une « mise à la question » du monde naturel, sommé d'obéir au calcul ; et la technique issue de l'expérimentation et de l'application scientifiques est un processus de manipulation généralisée, pour agir non seulement sur la nature, mais aussi sur la société.

L'auto-destruction de la raison

Dès lors, l'association entre le principe d'arraisonnement (violence, manipulation) et d'économie (rendement, efficacité) conduit à l'auto-destruction de la raison. C'est du cœur de la rationalité critique (voir les travaux de l'École de Francfort) que surgit la dénonciation de la « raison instrumentale » devenue maîtresse (Marcuse) et imposant sa conception unidimensionnelle. C'est la découverte que cette rationalisation est devenue dictatoriale et totalitaire. « La raison se comporte à l'égard des choses comme un dictateur à l'égard des hommes ; il les connaît dans la mesure où il peut les manipuler » (Horkheimer-Adorno). « La raison est plus totalitaire que n'importe quel système » (*ibid.*).

Il suffit donc que les hommes soient considérés comme des choses pour qu'ils deviennent manipulables à merci, soumis à la dictature rationalisée moderne qui trouve son apogée dans le camp de concentration. Certes, le totalitarisme moderne ne peut se concevoir sans un mythe profond et obscur, qui vient d'en deçà de la raison. Mais il est précisément rationalisation en ce qu'il construit l'idéologie logique de ce mythe et qu'il applique toutes les puissances techniques de rationalisation au service de ce mythe. Dans ce sens, c'est bien la raison devenue « folle » qui constitue une des sources du totalitarisme moderne (l'autre étant une religion politico-sociale). C'est alors que, comme le disait Husserl, triomphe « le rationalisme des pyramides ».

La raison, avons-nous vu, possède, tapi au cœur d'elle-même, un irrationalisé occulte ; la raison devient folle quand cet irrationalisé occulte se déchaîne, devient maître et guide de la raison, donc lorsque le déploiement de la raison se transmute en déchaînement irrationnel et que, dans cette transmutation, il y a, selon la parole de Horkheimer-Adorno, autodestruction de la raison.

Effectivement, quand sombrent l'humanisme et la vertu critique, il y a déchaînement d'une force implacable d'ordre et d'homogénéisation.

La raison devient folle lorsqu'elle devient à la fois pur instrument du pouvoir, des puissances et de l'ordre et, en même temps, *fin* du pouvoir et des puissances ; c'est-à-dire lorsque la rationalisation devient non seulement l'instrument des processus barbares de la domination, mais lorsqu'elle est en même temps elle-même vouée à l'instauration d'un ordre rationalisateur, où tout ce qui perturbe cet ordre devient dément ou criminel.

Ainsi, dans cette logique, on produit non seulement une bureaucratie pour la société, mais aussi une société pour cette bureaucratie ; non seulement on produit une technocratie pour le peuple, mais aussi on construit un peuple pour cette technocratie ; non seulement on produit un objet pour le sujet, mais aussi, selon la phrase de Marx, à laquelle on peut donner aujourd'hui des prolongements nouveaux et multiples, « on produit un sujet pour l'objet ».

Et la folie éclate quand tous ces processus de rationalisation irrationnelle deviennent, médiatement ou immédiatement, des processus qui mènent à la mort.

La particularité occidentale de la raison universelle

Enfin, ultime autocritique rationnelle — qui atteint le cœur même du principe rationaliste dans sa validité fondamentale —, la raison universelle apparaît comme une rationalisation de l'ethnocentrisme occidental. L'universalité apparaît alors comme le camouflage idéologique d'une vision limitée et partielle du monde et d'une pratique conquérante, destructrice des cultures non occidentales. Dès lors, la raison du XVIIIe siècle apparaît non seulement comme force d'émancipation universelle, mais aussi comme principe justifiant l'asservissement opéré par une économie, une société, une civilisation sur les autres.

Ainsi donc, la nouvelle crise de la raison est une crise de

l'intérieur, née de la révolte de la rationalité contre la rationalisation. Elle met en lumière soudain, au cœur de la rationalisation, la présence tantôt accompagnatrice, tantôt dominatrice, tantôt devenant ivre, folle et destructrice, de la *déraison*. Ce n'est plus seulement la suffisance et l'insuffisance de la raison qui sont en cause, c'est l'irrationalité du rationalisme et de la rationalisation. Cette irrationalité peut dévorer la raison sans que celle-ci s'en rende compte (et, dans ce sens, des protestations dites « irrationalistes » ont été et demeurent raisonnables par rapport à un rationalisme ivre).

III. LA SCIENCE CONTEMPORAINE ET LA RATIONALITÉ

Nous l'avons dit, le développement de la science, loin de s'identifier au développement du rationalisme, correspond à un processus instable de dérationalisations et re-rationalisations, constituant les aventures de la rationalité dans les terres inconnues et obscures du réel. Du reste, dans les pays anglo-saxons, l'idéologie scientifique a été beaucoup plus empiriste ou pragmatique que rationaliste.

Le nouveau cours scientifique, depuis un siècle, fait éclater le cadre d'une rationalité étroite. On observe l'irruption du désordre (hasard, aléa) dans les sciences physiques (thermodynamique, micro-physique, théorie de l'univers) ; l'irruption d'apories (ou antinomies logiques) au cœur de la connaissance micro-physique et de la connaissance anthropo-sociologique (comment l'homme peut-il être son propre objet, comment trouver un point de vue universel quand on fait partie d'une société particulière ?) ; et l'irruption corrélative du problème du sujet observateur-concepteur dans les sciences physiques et humaines.

L'histoire de la science apparaît non comme un progrès continu et cumulatif, mais comme une série de révolutions dérationalisantes, entraînant chacune une nouvelle rationalisation (Kuhn).

La vision épistémologique de Popper indique que l'on peut prouver la fausseté, non la vérité d'une théorie scientifique.

La vision épistémologique de l'École de Francfort (notamment Adorno) nous indique que l'on ne peut escamoter les conditions historiques, sociales et culturelles de la production du savoir scientifique ; ce qui conduit à relativiser la valeur universelle de la scientificité.

Un débat est ouvert sur la possibilité d'un contrôle épistémologique vérificateur. Feyerabend (*Against Method*) prône « l'anarchisme épistémologique » : aucune théorie n'a de privilège de vérité sur les autres ; chacune fonctionne plus ou moins, et leur concurrence est la seule condition du progrès scientifique.

A la suite des travaux de Gödel et Tarski, une brèche inrefermable se constitue dans la cohérence logique des systèmes formalisateurs doués d'un minimum de complexité.

IV. POUR UNE RAISON OUVERTE

Il nous semble aujourd'hui rationnellement nécessaire de répudier toute « déesse » raison, c'est-à-dire toute raison absolue, close, auto-suffisante. Il nous faut considérer la possibilité d'une évolution de la raison.

La raison est évolutive

La raison est un phénomène évolutif qui ne progresse pas de façon continue et linéaire, comme le croyait l'ancien rationalisme, mais par mutations et réorganisations profondes. Piaget avait bien vu ce caractère « génétique » de la raison : « L'idée a fini par s'imposer à une petite minorité de chercheurs... que la raison elle-même ne constitue pas un invariant absolu, mais s'élabore par une suite de constructions opératoires, créatrices de nouveautés et précédées par une série ininterrompue de constructions préopératoires tenant à la coordination des actions et remontant éventuellement jusqu'à l'organisation morphogénétique et biologique en général » (J. Piaget, *Biologie et Connaissance,* p. 118).

L'intérêt de cette citation de Piaget est triple. En premier lieu, elle déréifie la raison, qui devient une réalité évolutive (*cf.* à ce propos, toujours dans le même livre, p. 115). En second lieu, elle pose le caractère « kuhnien » de cette évolution, c'est-à-dire que les « constructions opératoires, créatrices de nouveautés » correspondent à des changements de paradigmes. Enfin, elle raccorde la raison à l'organisation biologique : la raison doit, dans ce sens, cesser d'être mécaniste pour devenir vivante et, du coup, bio-dégradable.

Critique et dépassement de la raison close

La raison close rejette comme inassimilables des pans énormes de réalité, qui deviennent alors l'écume des choses, de pures contingences. Ainsi ont été rejetés : le problème de la relation sujet/objet dans la connaissance ; le désordre, le hasard ; le singulier, l'individuel (qu'écrase la généralité abstraite) ; l'existence et l'être, résidus irrationalisables. Tout ce qui n'est pas soumis au strict principe d'économie et d'efficacité (ainsi la fête, le potlatch, le don, la destruction somptuaire sont tout au plus rationalisés comme formes balbutiantes et débiles de l'économie, de l'échange). La poésie, l'art, qui peuvent être tolérés ou entretenus comme divertissement, ne sauraient avoir valeur de connaissance et de vérité, et se trouve rejeté, bien entendu, tout ce que nous nommons tragique, sublime, dérisoire, tout ce qui est amour, douleur, humour...

Seule une raison ouverte peut et doit reconnaître l'irrationnel (hasards, désordres, apories, brèches logiques) et travailler avec l'irrationnel ; la raison ouverte est, non pas refoulement, mais dialogue avec l'irrationnel.

La raison ouverte peut et doit reconnaître l'*a-rationnel.* Pierre Auger a fait remarquer qu'on ne pouvait se borner au diptyque rationnel-irrationnel. Il faut ajouter l'*a*-rationnel : l'être et l'existence ne sont ni absurdes ni rationnels ; ils sont.

Elle peut et doit reconnaître également le sur-rationnel (Bachelard). Sans doute toute création et toute invention comportent quelque chose de sur-rationnel, que la rationalité peut éventuellement comprendre après la création, mais jamais avant. Elle peut et doit reconnaître qu'il y a des phénomènes à la fois irrationnels, rationnels, *a*-rationnels, sur-rationnels, comme peut être l'amour...

Par là, une raison ouverte devient le seul mode de communication entre le rationnel, l'*a*-rationnel, l'irrationnel.

La raison complexe

La raison close était simplificatrice. Elle ne pouvait affronter la complexité de la relation sujet-objet, ordre-désordre. La raison complexe peut reconnaître ces relations fondamentales. Elle peut reconnaître en elle-même une zone obscure, irrationalisable et incertaine. La raison n'est pas totalement rationalisable...

La raison complexe ne conçoit plus en opposition absolue, mais en opposition relative, c'est-à-dire aussi en complémentarité, en communications, en échange des termes jusqu'alors antinomiques : intelligence et affectivité ; raison et déraison. *Homo* n'est pas seulement *sapiens*, mais *sapiens/demens.*

Il s'agit aujourd'hui, devant le déferlement des mythologies et des rationalisations, de sauvegarder la rationalité comme attitude critique et volonté de contrôle logique, mais en y ajoutant l'autocritique et la reconnaissance des limites de la logique. Et, surtout, « la tâche est d'élargir notre raison pour la rendre capable de comprendre ce qui, en nous et dans les autres, précède et excède la raison » (Merleau-Ponty). Rappelons-le : le réel excède toujours le rationnel. Mais la raison peut se développer et se complexifier. « La transformation de la société qu'exige notre temps s'avère inséparable de l'auto-dépassement de la raison » (Castoriadis).

RÉPONSES AUX QUESTIONS

Je remercie les membres de cette Académie des observations ou des questions qui viennent d'être formulées. Elles sont importantes et difficiles. J'y répondrai en suivant l'ordre dans lequel elles ont été présentées ou posées.

Les précisions apportées par M. Mousnier étaient en effet nécessaires. J'ai opposé très grossièrement la science naissante à la scolastique — que j'ai présentée d'une manière simplifiée. M. Mousnier a tout à fait raison de me faire remarquer que l'histoire de cette époque est complexe et nuancée.

M. Mousnier a évoqué la Terreur. Je n'ai pas voulu dire qu'elle est la conséquence logique du culte de la Raison. Je n'irai pas jusqu'à dire non plus que toute situation de guerre engendre la terreur.

Assurément une situation de guerre explique le plus souvent que s'établisse un régime de contraintes, de soumission, de répression. Mais la terreur révolutionnaire obéit aussi à une logique interne qui se développe implacablement dans ces circonstances mêmes. Il me semble, dans ce sens, que ce soit un des avatars du culte de la Raison que d'apporter la guillotine. Il en va ainsi dans le très beau roman de l'écrivain cubain Alejo Carpentier, *Le Siècle des Lumières*.

La Terreur instaurée en France en 1793 était pensée, mise en place conformément à une logique. Robespierre disait : nous nous sauverons par la vertu et la terreur. La Terreur robespierriste signifie que le réel doit obéir au rationnel. Dans ce sens, la Terreur apparaît comme l'autre visage du culte de la Raison. Mais cet aspect n'a pu s'instituer que dans des conditions de guerre, d'encerclement, d'état de siège de la patrie en danger (1793).

Je réponds ici à une remarque de M. Piettre au sujet de la philosophie des Lumières. Ce que nous en savons aujourd'hui nous la montre porteuse des virtualités les plus diverses et d'une profonde ambivalence. Certaines de ces virtualités ont pris corps, et ont dénaturé la pensée qui les avait fait naître. Il en va souvent ainsi; c'est le sort de toute grande philosophie; et nos actions, nos intentions nous échappent sitôt qu'elles s'inscrivent dans le jeu aléatoire des causes et des effets. Ainsi l'idée d'autodestruction de la raison est une idée importante que j'ai trouvée développée par Adorno et par Horkheimer.

La troisième observation porte sur un point que je n'ai peut-être pas formulé très clairement, mais qui avait retenu mon attention. Elle rejoint les observations faites par M. Alquié. La difficulté consiste à définir clairement ce dont on veut parler. Aussi me suis-je efforcé de distinguer raison, rationalité, rationalisme et rationalisation. Rationalité et rationalisation procèdent du même mouvement originel : c'est le besoin de trouver de la cohésion dans l'univers. Mais la rationalisation consiste à vouloir enfermer l'univers dans une cohérence logique pauvre ou artificielle, de toute façon insuffisante.

Ainsi, la raison devient déraisonnable quand elle exagère. En traitant cette question, je n'ai pas cessé de penser que le véritable ennemi de la raison était à l'intérieur d'elle-même et que le poison avait la même source que le remède.

M. Massé a évoqué des ensembles et sous-systèmes. Je fais miennes les vues qu'il a développées. S'agissant de notre système économique, on peut bien sûr distribuer les bons et les mauvais points. Mais on peut aussi être sensible à la constante ambivalence des processus et des résultats. De même réalise-t-on qu'à certains moments se produisent de véritables permutations de sens : ainsi un bien-être qui jusque-là avait été tenu pour le produit principal d'une activité, par exemple industrielle, peut devenir un sous-produit par rapport à des nuisances ou pollutions peu désirables qui deviennent les produits principaux, alors qu'ils n'en étaient précédemment que les sous-produits. Ainsi en est-il de la relation entre rationalité et rationalisation. Je suis quant à moi très sensible à cette sorte d'ambivalence, en constante évolution. Elle me retient plus que la permanence de règles logiques. Je crois donc que nous sommes profondément d'accord, M. Massé et moi.

Les questions les plus difficiles m'ont sans doute été posées par M. Alquié. A un certain niveau, sans doute ce que j'ai appelé la raison « close » peut-il être nommé aussi doctrine. J'appellerai doctrine tout système d'idées qui se clôt sur lui-même et se ferme à tout ce qui le conteste de l'extérieur. Un tel système ne peut « digérer » les idées ou les données qui lui sont contraires ; il les rejette comme s'il y était allergique. Cette « clôture » caractérise la doctrine.

Pour parler de l' « ouverture » de la raison, je serai nuancé. Je suis d'accord avec M. Alquié pour dire que la raison consiste dans une méthode. Mais méthode et doctrine me paraissent correspondre à deux sortes de réalités. La première est l'univers des paradigmes comme les nomme Kuhn, qui désigne ainsi ces sortes de principes qui, au fond, règlent le discours, la pensée et l'action. La seconde est l'univers des systèmes théoriques. Ils peuvent être plus ou moins « ouverts » suivant qu'à la façon dont Popper l'entend ils se prêtent plus ou moins à la falsification, suivant qu'ils se prêtent continuellement ou non à une remise en cause. Alors, à mes yeux, la raison ouverte n'est pas seulement méthode. C'est une aptitude à élaborer des systèmes d'idées, mais des systèmes qui ne sont pas donnés pour définitivement établis et qui peuvent être remodelés.

Il me faut défendre aussi l'idée d'une raison évolutive. Au niveau des méthodes, je partage les vues de M. Alquié. Toute computation obéit à des principes fondamentaux. Il y a une sorte d'invariance de la raison. Mais la raison s'inscrit aussi dans des figures, dans des corps d'idées que règlent plus ou moins les paradigmes dominants propres à telle ou telle époque. Ainsi, à une époque, le souci du rendement, de l'efficacité ordonnera un *corpus* d'idées. C'est en ce sens-là que j'ai dit que nous pouvons changer de *corpus*, nous séparer de paradigmes qui contrôlaient la raison. Et j'ai avancé l'idée de complexité.

M. Piettre enfin évoque les symboles. Ils se situent en deçà ou au-delà de la raison. La pensée symbolique a des liens avec la pensée mythique. C'est un sujet dont je ne puis parler. Je dirai seulement que l'ancien rationalisme la rejetait comme un produit de la superstition. Le mythe était fable. Je suis persuadé que nous avons à réinterroger les pensées symboliques, mythologiques traditionnelles. Nous devons élaborer des façons nouvelles de les interroger, en y cherchant du sens au lieu de simples curiosités d'archives.

DEUXIÈME PARTIE

Pour la pensée complexe

1

Le défi de la complexité

La problématique de la complexité demeure marginale, et dans la pensée scientifique, et dans la pensée épistémologique, et dans la pensée philosophique. Quand vous considérez les grands débats de l'épistémologie anglo-saxonne entre Popper, Kuhn, Lakatos, Feyerabend, Hanson, Holton, etc., il est question de la rationalité, il est question de la scientificité, il est question de la non-scientificité, il n'est pas question de la complexité ; aussi les bons disciples français de ces philosophes, pensant que la complexité n'est pas dans les traités de leurs maîtres, en concluent que la complexité n'existe pas. Du point de vue épistémologique, il y a pourtant une exception, et de taille. C'est Gaston Bachelard, qui a considéré la complexité comme un problème fondamental, puisque, selon lui, il n'y a rien de simple dans la nature, il n'y a que du simplifié. Mais cette idée clé n'a pas été particulièrement développée par Bachelard et est restée une idée isolée. La complexité n'est apparue curieusement que dans une lignée marginale entre l'*engineering* et la science, dans la cybernétique, la théorie des systèmes. Le premier grand texte sur la complexité vient de Warren Weaver qui annonçait que le XIXe siècle, siècle de la complexité désorganisée (il pensait évidemment au deuxième principe de la thermodynamique), devait faire place au XXe siècle, qui serait celui de la complexité organisée. Eh bien, modestement, remettons cela pour le XXIe siècle. Donc, comme la complexité n'a été traitée que marginalement, ou par des auteurs marginaux, comme moi-même, elle suscite nécessairement des malentendus fondamentaux.

Le premier malentendu consiste à concevoir la complexité comme recette, comme réponse, au lieu de la considérer comme défi et comme incitation à penser ; on croit alors que la complexité doit être un substitut efficace à la simplification mais qui, comme la simplification, va permettre de programmer et de clarifier.

Ou bien au contraire, on conçoit la complexité comme l'ennemie de l'ordre et de la clarté, et dans ces conditions la complexité apparaît comme une recherche vicieuse de l'obscurité. Or, je le répète, le problème de la complexité est avant tout l'effort pour concevoir un incontournable défi que le réel lance à notre esprit.

Le deuxième malentendu consiste à confondre la complexité et la complétude.

Or, le problème de la complexité n'est pas celui de la complétude, mais celui de l'incomplétude de la connaissance. Dans un sens, la pensée complexe essaie de tenir compte de ce dont se débarrassent en l'excluant les types de pensée mutilants que j'appelle simplificateurs et par là elle lutte non contre l'incomplétude mais contre la mutilation. Ainsi par exemple, si nous essayons de penser le fait que nous sommes des êtres à la fois physiques, biologiques, sociaux, culturels, psychiques et spirituels, il est évident que la complexité est ce qui essaie de concevoir l'articulation, l'identité et la différence de tous ces aspects, alors que la pensée simplifiante, soit disjoint ces différents aspects, soit les unifie par une réduction mutilante. Donc, dans ce sens-là, il est évident que l'ambition de la complexité est de rendre compte des articulations qui sont brisées par les coupures entre disciplines, entre catégories cognitives et entre types de connaissance. En fait, l'aspiration à la complexité tend à la connaissance multidimensionnelle. Elle n'est pas de donner toutes informations sur un phénomène étudié mais de respecter ses diverses dimensions : ainsi, comme je viens de le dire, il ne faut pas oublier que l'homme est un être biosocioculturel, et que les phénomènes sociaux sont à la fois économiques, culturels, psychologiques, etc. Cela étant dit, la pensée complexe, tout en aspirant à la multidimensionnalité, comporte en son cœur un principe d'incomplétude et d'incertitude.

De toute façon, la complexité surgit comme difficulté, comme incertitude et non pas comme clarté et comme réponse. Le problème est de savoir s'il y a une possibilité de répondre au défi de l'incertitude et de la difficulté. Beaucoup ont longtemps cru et peut-être croient encore que le défaut des sciences humaines et sociales est de ne pouvoir se débarrasser de la complexité apparente des phénomènes humains pour s'élever à la dignité des sciences naturelles qui, elles, posaient des lois simples, des principes simples et faisaient régner l'ordre du déterminisme dans leur conception. Or nous voyons aujourd'hui qu'il y a crise de l'explication simple dans les sciences biologiques et physiques : dès lors, ce qui semblait être les résidus non scientifiques des sciences humaines, l'incertitude, le désordre, la contradiction, la pluralité, la complication, etc., fait aujourd'hui partie d'une problématique générale de la connaissance scientifique.

Cela dit, on ne peut arriver à la complexité par une définition préalable ; il nous faut suivre des cheminements tellement divers que l'on peut se demander s'il y a des complexités et non pas une complexité.

Je dois donc préalablement et d'une façon non complexe (puisque cela prendra la forme d'une sorte d'énumération ou de catalogue) indiquer les différentes avenues qui conduisent au « défi de la complexité ».

La première avenue, le premier chemin est celui de l'irréductibilité du hasard ou du désordre. Le hasard et le désordre ont jailli dans l'univers des sciences physiques d'abord avec l'irruption de la chaleur, qui est agitation-collision-dispersion des atomes ou molécules, puis avec l'irruption des indéterminations microphysiques, enfin dans l'explosion originaire et la dispersion actuelle du cosmos.

Comment définir le hasard qui est un ingrédient inévitable de tout ce qui nous apparaît comme désordre ? Le mathématicien Chaïtin l'a défini comme une *incompressibilité algorithmique,* c'est-à-dire comme irréductibilité et indéductibilité, à partir d'un algorithme, d'une séquence de nombres ou d'événements. Mais le même Chaïtin disait qu'on ne peut absolument pas prouver une telle incompressibilité; autrement dit, nous ne pouvons prouver si ce qui nous semble hasard n'est pas dû à notre ignorance.

Ainsi, d'une part, nous devons constater que le désordre et le hasard sont présents dans l'univers et actifs dans son évolution, d'autre part, nous ne pouvons résoudre l'incertitude qu'apportent les notions de désordre et de hasard; le hasard lui-même n'est pas certain d'être hasard. L'incertitude demeure, y compris en ce qui concerne la nature de l'incertitude que nous apporte le hasard.

La deuxième avenue de la complexité est la transgression, dans les sciences naturelles, des limites de ce que l'on pourrait appeler l'abstraction universaliste qui éliminait la singularité, la localité et la temporalité. Ainsi, la biologie actuelle ne conçoit plus du tout l'espèce comme un cadre général dont l'individu est un cas singulier. Elle conçoit l'espèce vivante comme une singularité qui produit des singularités. La vie elle-même est une organisation singulière parmi les types d'organisation physico-chimique existants. Plus encore, les découvertes de Hubble sur la dispersion des galaxies et la découverte du rayonnement isotrope venant de tous les horizons de l'univers ont amené la résurrection d'un cosmos singulier qui aurait une histoire singulière où surgirait notre propre histoire singulière.

De même, la localité devient une notion physique déterminante : l'idée de localité se trouve nécessairement réintroduite dans la physique einsteinienne par le fait que les mesures ne peuvent être faites que dans un lieu donné et sont effectivement relatives à la situation même où elles sont faites. Dans les sciences biologiques, le développement de la discipline écologique montre que c'est dans le cadre localisé des écosystèmes que se développent et que vivent les individus singuliers. Donc, nous ne pouvons plus chasser le singulier et le local par l'universel : nous devons au contraire les lier.

La troisième avenue est celle de la complication. Le problème de la complication a surgi à partir du moment où l'on a vu que les phénomènes biologiques et sociaux présentaient un nombre incalculable d'interactions, d'interrétroactions, un fabuleux enchevêtrement qui ne pouvait être computé même par le plus puissant ordinateur, d'où le paradoxe de Niels Bohr disant : « Les interactions qui maintiennent en vie l'organisme d'un chien sont celles qu'il est impossible d'étudier *in vivo*. Pour les étudier correctement, il faudrait tuer le chien. »

La quatrième avenue s'est ouverte, lorsqu'on a commencé à concevoir une mystérieuse relation complémentaire et pourtant logiquement antagoniste entre les notions d'ordre, de désordre et d'organisation. C'est bien là ce principe « *order from noise* », formulé par Heinz von Foerster en 1959, qui s'opposait au principe classique « *order from order* » (l'ordre naturel obéissant aux lois naturelles) et au principe statistique « *order from disorder* », (où un ordre statistique, au niveau des populations, naît de phénomènes désordonnés-aléatoires au niveau des individus). Le principe « *order from noise* » signifie que des phénomènes ordonnés (je dirais organisés) peuvent naître d'une agitation ou d'une turbulence désordonnée. Ainsi, les travaux de Prigogine ont montré que des structures tourbillonnaires cohérentes pouvaient naître de perturbations qui devraient apparemment se résoudre en turbulences. C'est dans ce sens qu'émerge à notre entendement le problème d'une relation mystérieuse entre l'ordre, le désordre et l'organisation.

La cinquième avenue de la complexité est celle de l'organisation. Ici apparaît une difficulté logique ; l'organisation est ce que constitue un système à partir d'éléments différents ; elle constitue donc une unité en même temps qu'une multiplicité. La complexité logique de *l'unitas multiplex* nous demande de ne pas dissoudre le multiple dans l'un, ni l'un dans le multiple.

Ce qui est intéressant, de plus, c'est qu'un système est en même temps plus et moins que ce que l'on pourrait appeler la somme de ses parties. Quelque chose de moins dans quel sens ? Eh bien, c'est que cette organisation fait subir des contraintes qui inhibent des potentialités qui sont dans chaque partie, ce qui s'opère en toute organisation, y compris sociale où les contraintes juridiques, politiques, militaires et autres font qu'il y a beaucoup de nos potentialités qui sont inhibées ou réprimées. Mais, en même temps, le tout organisé est quelque chose de plus que la somme des parties, parce qu'il fait surgir des qualités qui n'existeraient pas dans cette organisation ; ces qualités sont « émergentes », c'est-à-dire qu'elles sont constatables empiriquement, sans être déductibles logiquement ; ces qualités émergentes rétroagissent au niveau des parties et peuvent les stimuler à exprimer leurs potentialités. Ainsi, nous voyons bien comment l'existence d'une culture, d'un langage, d'une éducation, propriétés qui ne peuvent exister qu'au niveau du tout social, reviennent sur les parties pour permettre le développement de l'esprit et de l'intelligence des individus.

A ce premier niveau de complexité organisationnelle, il nous faut ajouter un niveau de complexité propre aux organisations biologiques et sociales. Ces organisations sont complexes, parce qu'elles sont à la fois acentriques (c'est-à-dire fonctionnant de façon anarchique par interactions spontanées), polycentriques (qui ont plusieurs centres de contrôle ou organisations) et centriques (qui disposent en même temps d'un centre de décision).

Ainsi, nos sociétés historiques contemporaines s'auto-organisent à la fois à partir d'un centre de commandement-décision (État, gouvernement), de plusieurs centres d'organisation (autorités provinciales, municipales, entreprises, partis politiques, etc.) et aussi des interactions spontanées entre groupes et individus.

Il y a quelque chose de plus étonnant encore dans le domaine de la complexité. C'est le principe que l'on pourrait dire hologrammatique ; l'hologramme est l'image physique dont les qualités de relief, de couleur et de présence tiennent au fait que chacun de ses points contient presque toute l'information de l'ensemble qu'il représente. Eh bien, nous avons ce type d'organisation dans nos organismes biologiques ; chacune de nos cellules, y compris la plus modeste comme une cellule de notre épiderme, contient l'information génétique de notre être global. (Évidemment, il n'y a qu'une petite partie de cette information qui est exprimée dans cette cellule, le reste étant inhibé.) Dans ce sens, on peut dire que non seulement la partie est dans le tout, mais que le tout est dans la partie.

Il en est de même, mais de tout autre façon, dans nos sociétés. Dès la naissance, la famille nous apprend le langage, les premiers rites et les premières nécessités sociales à commencer par la propreté et le bonjour ; l'introduction de la culture se continue à travers l'école, à travers l'éducation. Et vous avez même ce principe éminemment ironique mais combien significatif que « nul n'est censé ignorer la loi », c'est-à-dire que le tout de la législation pénale et répressive doit être en principe présent dans l'esprit de l'individu. Ainsi, d'une certaine façon, le tout de la société est présent dans la partie — l'individu — y compris dans nos sociétés qui souffrent d'une hyperspécialisation dans le travail. Ce qui veut dire aussi qu'on ne peut plus considérer un système complexe selon l'alternative du réductionnisme (qui veut comprendre le tout à partir uniquement des qualités des parties) ou du « holisme », non moins simplificateur, qui néglige les parties pour comprendre le tout. Pascal le disait déjà : « Je ne peux comprendre un tout que si je connais particulièrement les parties, mais je ne peux comprendre les parties que si je connais le tout. » Cela veut dire qu'on abandonne un type d'explication linéaire pour un type d'explication en mouvement, circulaire, où l'on va des parties au tout, du tout aux parties pour essayer de comprendre un phénomène. L'élucidation, par exemple, du tout peut se faire à partir d'un point particulier qui concentre en lui, à un moment donné, le drame ou la tragédie du tout. Ainsi, par exemple, ce qu'a fait Pierre Chaunu. En étudiant les statistiques démographiques de l'Europe occidentale, il a vu soudain dans les années 1950 une chute brutale de la démographie dans la ville de Berlin. La plupart des démographes y voyaient un cas d'exception dû au statut exceptionnel de Berlin. Chaunu a pressenti que Berlin était le point critique particulier qui annonçait le déclin démographique général. Ainsi, l'intelligibilité des phénomènes globaux ou généraux a besoin de circuits, de va-et-vient et de navettes entre les points singuliers et les ensembles.

Nous devons lier le principe hologrammatique à un autre principe de complexité, et qui est le principe d'organisation récursive. L'organisation récursive est l'organisation dont les effets et les produits sont nécessaires à sa propre causation et à sa propre production. C'est très exactement le problème de l'autoproduction et de l'auto-organisation. Ainsi, une société est produite par les interactions entre individus, mais ces interactions produisent un tout organisateur, lequel rétroagit sur les individus pour les coproduire en tant qu'individus humains, ce qu'ils ne seraient pas s'ils ne disposaient pas de l'éducation, du langage et de la culture. Ainsi le processus social est une boucle productive ininterrompue où en quelque sorte les produits sont nécessaires à la production de ce qui les produit. Les notions d'effet et de cause étaient déjà devenues complexes avec l'apparition de la notion de boucle rétroactive de Norbert Wiener (où l'effet revient de façon causale sur la cause qui le produit) ; les notions de produit et de producteur deviennent des notions encore plus complexes qui se renvoient l'une à l'autre. Ceci est vrai pour le phénomène biologique le plus évident : le cycle de la reproduction sexuelle produit des individus, mais ces individus sont nécessaires pour la continuation de ce cycle de reproduction. Autrement dit, la reproduction produit des individus qui produisent le cycle de reproduction. Dès lors, la complexité n'est pas seulement un phénomène empirique (hasard, aléa, désordres, complications, enchevêtrements au sein de phénomènes) ; la complexité est aussi un problème conceptuel et logique qui brouille les démarcations et les frontières bien nettes entre les concepts comme « producteur » et « produit », « cause » et « effet », « un » et « multiple ».

Et voici la septième avenue vers la complexité, l'avenue de la crise des concepts clos et clairs (clôture et clarté étant complémentaires), c'est-à-dire la crise de la clarté et de la séparation dans l'explication. Là effectivement, il y a rupture avec la grande idée cartésienne que la clarté et la distinction des idées sont un signe de leur vérité, c'est-à-dire qu'il ne peut y avoir de vérité qui ne puisse s'exprimer de façon claire et nette. Aujourd'hui, nous voyons que des vérités apparaissent dans des ambiguïtés et dans une apparente confusion. Ainsi Mauro Ceruti a parlé de la fin du rêve d'établir une démarcation claire et distincte entre science et non-science. Mais ce n'est qu'un cas particulier de la crise des démarcations absolues ; il y a aussi la crise de la démarcation nette entre l'objet, surtout l'être vivant, et son environnement. C'était pourtant cette idée que la science expérimentale avait pu imposer avec succès, puisqu'elle pouvait prendre un objet, l'arracher à son environnement, le situer dans un environnement artificiel qui est celui de l'expérience, le modifier et contrôler ses modifications pour le connaître.

Cela fonctionnait effectivement au niveau d'une connaissance de manipulation, mais devenait de moins en moins pertinent au niveau d'une connaissance de compréhension : on s'en est rendu compte, notamment en ce qui concerne l'étude des animaux et particulièrement des chimpanzés. Les chimpanzés étudiés en laboratoire étaient examinés comme des individus isolés et subissaient des tests, qui en fait ne révélaient pas leur comportement, mais un comportement de prisonnier et de manipulé. Toutes ces études expérimentales occultaient totalement la réalité qu'ont découverte les éthologues, à commencer par une simple ex-dactylo, Jannette Lawick-Goodal, qui, au cours d'années d'observation, a découvert les relations extrêmement complexes entre chimpanzés ainsi que leurs aptitudes techniques, cynégétiques et intellectuelles jusqu'alors totalement méconnues.

Il ne suffit pas de ne pas isoler un système auto-organisé de son environnement. Il faut lier très intimement auto-organisation et éco-organisation dans la notion clé d'auto-éco-organisation. Ainsi, l'organisation des êtres vivants porte en son sein l'ordre cosmique de la rotation de la Terre autour du Soleil, marqué par l'alternance du jour et de la nuit et par celle des saisons ! Nous alternons veille et sommeil et l'accroissement de la durée du jour ou celui de la température déclenchent, au printemps, l'éveil végétal et la sexualité animale.

Plus encore, la compréhension de l'autonomie nous pose un problème de complexité. L'autonomie n'était pas concevable dans le monde physique et biologique tant que la science ne connaissait que des déterminismes extérieurs aux êtres. Le concept d'autonomie ne peut se concevoir qu'à partir d'une théorie des systèmes à la fois ouverts et clos ; un système qui travaille a besoin d'énergie fraîche pour survivre et doit donc puiser cette énergie dans son environnement. Dès lors, l'autonomie se fonde sur la dépendance à l'égard de l'environnement et le concept d'autonomie devient un concept complémentaire à celui de dépendance bien qu'il lui soit aussi antagoniste. Par ailleurs, un système autonome ouvert doit être en même temps clos, afin de préserver son individualité et son originalité. Ici encore, nous avons un problème conceptuel de complexité. Dans l'univers des choses simples, il faut « qu'une porte soit ouverte ou fermée » mais dans l'univers complexe, il faut qu'un système autonome soit à la fois ouvert et clos. Il faut être dépendant pour être autonome. La proposition n'est évidemment pas réversible et la prison ne donne pas la liberté !

La huitième avenue de la complexité, c'est le retour de l'observateur dans son observation. Dans les sciences sociales, c'est d'une façon tout à fait illusoire que l'on croyait éliminer l'observateur. Le sociologue n'est pas seulement dans la société ; conformément à la conception hologrammatique, la société est aussi en lui ; il est possédé par la culture qu'il possède. Comment pourrait-il, lui, trouver le point de vue solaire, le point de vue divin d'où il jugerait sa propre société et les autres sociétés ? Ce fut la carence lamentable de l'anthropologie du début de ce siècle où les anthropologues comme Lévy-Bruhl pensaient que ce qu'ils appelaient « primitifs » étaient des adultes infantiles qui n'avaient qu'une pensée mystique et magique. Mais alors — la question fut posée par Wittgenstein entre autres — comment se fait-il qu'ils soient capables de fabriquer — avec quelle astuce technique et quelle intelligence ? — des flèches réelles, et comment sont-ils capables de les envoyer et de tuer véritablement l'animal tout en pratiquant des envoûtements et des rites magiques ? L'erreur de Lévy-Bruhl venait de son occidentalocentrisme rationalisateur d'observateur inconscient de sa propre place dans le devenir historique et de sa particularité sociologique ; il se croyait naïvement au centre de l'univers et au sommet de la raison !

D'où cette règle de complexité : l'observateur-concepteur doit s'intégrer dans son observation et dans sa conception. Il doit essayer de concevoir son *hic et nunc* socioculturel. Tout ceci n'est pas seulement le retour à la modestie intellectuelle, c'est aussi le retour à l'aspiration authentique à la vérité. Le problème de l'observateur n'est pas limité aux sciences anthropo-sociales ; il concerne désormais les sciences physiques ; ainsi l'observateur perturbe l'observation microphysique (Heisenberg) ; toute observation comportant acquisition d'information se paie en énergie (Brillouin) ; enfin, la cosmologie elle-même réintroduit l'homme du moins dans le principe appelé « anthropique » — non pas d'entropie, mais d'« anthropos » — selon lequel la théorie de la formation de l'univers doit rendre compte de la possibilité de la conscience humaine et, bien entendu, de la vie (Brandon Carter).

Dès lors, nous pouvons formuler le principe de la réintégration du concepteur dans la conception : *la théorie, quelle qu'elle soit et de quoi qu'il s'agisse, doit rendre compte de ce qui rend possible la production de cette théorie elle-même, et si elle ne peut en rendre compte, elle doit savoir que le problème demeure posé.*

Plus encore : la complexité est à l'origine même des théories scientifiques, y compris les théories les plus simplificatrices. Tout d'abord, comme l'ont diversement établi Popper, Holton, Kuhn, Lakatos, Feyerabend, il y a un noyau non scientifique dans toute théorie scientifique. Popper a mis l'accent sur les « présupposés méta-physiques » et Holton a mis en relief les *themata* ou thèmes obsessionnels, qui animent l'esprit des grands scientifiques, à commencer par le déterminisme universel qui est à la fois postulat métaphysique et thème obsessionnel. Lakatos a indiqué qu'il y a dans ce qu'il appelle les programmes de recherche un « noyau dur » indémontrable, et Thomas Kuhn, dans *La Structure des révolutions scientifiques,* révèle que les théories scientifiques sont organisées à partir de principes qui ne relèvent absolument pas de l'expérience, qui sont les paradigmes.

Autrement dit, et c'est là un paradoxe étonnant, la science se développe, non seulement malgré ce qu'il y a de non scientifique en elle, mais aussi grâce à ce qu'il y a de non scientifique en elle.

A tout cela s'ajoute un problème clé qui est le problème de la contradiction. La logique classique avait valeur de vérité absolue et générale, et, dès qu'on arrivait à une contradiction, la pensée devait faire marche arrière, la contradiction était le signal d'alarme qui indiquait l'erreur. Or Bohr a marqué, à mes yeux, un événement d'importance épistémologique capital quand il a, non pas par fatigue, mais par conscience des limites de la logique, arrêté le grand match entre la conception corpusculaire et la conception ondulatoire de la particule, en déclarant qu'il fallait accepter la contradiction entre les deux notions devenues complémentaires, puisque les expériences conduisaient rationnellement à cette contradiction.

De même, quand on pense au « big bang » cosmique, on ne remarque guère que c'est la démarche empirico-rationnelle qui conduit à l'irrationalité absolue. En effet, puisqu'on constatait une dispersion des galaxies, il fallait supposer une concentration originaire, et puisqu'on découvrait aux horizons de l'univers le témoignage fossile d'une explosion, il fallait supposer que cette explosion était à l'origine même de cet univers. Autrement dit, c'est pour des raisons logiques qu'on arrive à cette absurdité logique où le temps naît du non-temps, l'espace du non-espace et l'énergie du rien.

Dès lors, le dialogue avec la contradiction est ouvert. Nous sommes amenés à établir une relation à la fois complémentaire et contradictoire entre les notions fondamentales qui nous sont nécessaires pour concevoir notre univers.

Par ailleurs, on est arrivé à un autre type de limitation de la logique. Le théorème de Gödel et la logique de Tarski montraient conjointement qu'aucun système explicatif ne peut s'expliquer totalement lui-même (Tarski) et qu'aucun système formalisé complexe ne peut trouver en lui sa propre preuve. Plus largement, un grand problème est ouvert pour la pensée complexe : est-ce qu'on peut substituer des logiques polyvalentes à la logique bivalente dite aristotélicienne ? Faut-il transgresser cette logique ? Dans quelles conditions ? On ne peut ni échapper à cette logique ni s'y enfermer ; il faut la transgresser mais y revenir. Autrement dit, la logique classique est un outil rétrospectif, séquentiel et correctif qui nous permet de corriger notre pensée séquence par séquence, mais dès qu'il s'agit de son mouvement même, de son dynamisme même et de la créativité qui existe dans toute pensée, eh bien, effectivement, la logique peut tout au plus servir de béquille, jamais de jambes.

Ainsi, le roc de la vieille conception simple de l'univers se trouve miné non pas par une taupe (vous connaissez l'expression célèbre de la « vieille taupe » qui chemine et mine l'ancien monde), mais par plusieurs taupes différentes qui convergent vers la complexité. Autrement dit, les diverses complexités que j'ai évoquées (la complication, le désordre, la contradiction, la difficulté logique, les problèmes de l'organisation, etc.), tout ceci tisse la complexité : *complexus*, c'est ce qui est tissé ensemble ; c'est le tissu venu de fils différents et qui sont devenus un. Autrement dit, tout cela s'entrecroise et s'entretisse pour former l'unité de la complexité ; mais l'unité du *complexus* ne détruit pas la variété et la diversité des complexités qui l'ont tissé.

Ici nous arrivons au *complexus* du *complexus*, à ce noyau en quelque sorte de la complexité où se rencontrent les complexités. Au premier abord la complexité arrive comme brouillard, comme confusion, comme incertitude, comme incompressibilité algorithmique, incompréhension logique et irréductibilité. Elle est obstacle, elle est défi. Puis, quand on avance dans ces avenues de la complexité, on se rend compte qu'il y a deux noyaux liés, un noyau empirique et un noyau logique. Le noyau empirique comporte, d'un côté, les désordres et les aléas, de l'autre côté, les complications, les enchevêtrements, les multiplications proliférantes. Le noyau logique, c'est, d'une part, les contradictions que nous devons nécessairement affronter, d'autre part, les indécidabilités internes à la logique.

La complexité semble négative ou régressive puisque c'est la réintroduction de l'incertitude dans une connaissance qui était partie triomphalement à la conquête de la certitude absolue. Il faut faire son deuil de cet absolu. Mais l'aspect positif, l'aspect progressif qui peut avoir la réponse au défi de la complexité, c'est le départ pour une pensée multidimensionnelle.

Quelle est l'erreur de la pensée formalisante quantifiante qui a dominé les sciences ? Ce n'est pas du tout d'être une pensée formalisante et quantifiante, ce n'est pas du tout de mettre entre parenthèses ce qui n'est pas quantifiable et formalisable. C'est d'avoir fini par croire que ce qui n'était pas quantifiable et formalisable n'existait pas où n'était que l'écume du réel. Rêve délirant car rien n'est plus fou que la cohérence abstraite.

Il faut retrouver le chemin d'une pensée multidimensionnelle qui bien sûr intègre et développe formalisation et quantification, mais ne s'y enferme pas. La réalité anthropo-sociale est multidimensionnelle ; elle comporte toujours une dimension individuelle, une dimension sociale et une dimension biologique. L'économique, le psychologique, le démographique, qui correspondent à des catégories disciplinaires spécialisées, sont autant de faces d'une même réalité ; ce sont des aspects qu'il faut évidemment distinguer et traiter comme tels, mais il ne faut pas les isoler et les rendre non communiquants. C'est cela l'appel vers la pensée multidimensionnelle. Il faut, enfin et surtout, trouver le chemin d'une pensée dialogique.

Le terme dialogique veut dire que deux logiques, deux principes sont unis sans que la dualité se perde dans cette unité : d'où l'idée d'« unidualité » que j'ai proposée dans certains cas ; ainsi l'homme est un être uniduel, à la fois totalement biologique et totalement culturel.

Le trois aussi peut être un. La théologie catholique l'a montré dans la trinité où les trois personnes n'en font qu'une tout en étant distinctes et séparées. Bel exemple de complexité théologique où le fils regénère le père qui le génère et où les trois instances s'entregénèrent. C'est autrement, mais de façon également difficile, qu'il faut concevoir la dialogique sur terre. La science elle-même obéit à la dialogique. Pourquoi ? Parce qu'elle n'a cessé de marcher sur quatre pattes différentes. Elle marche sur la patte de l'empirisme et sur la patte de la rationalité, sur celle de l'imagination et sur celle de la vérification. Or il y a toujours dualité et conflit entre les visions empiriques, qui, à la limite, sont purement pragmatiques et les visions rationalistes qui, à la limite, deviennent rationalisatrices et rejettent hors de la réalité ce qui échappe à leur systématisation. Ainsi, rationalité et empirisme maintiennent une dialogique féconde entre la volonté de la raison de saisir tout le réel et la résistance du réel à la raison. En même temps, il y a complémentarité et antagonisme entre l'imagination qui fait les hypothèses, et la vérification, qui les sélectionne. Autrement dit, la science se fonde sur la dialogique entre imagination et vérification, empirisme et rationalisme.

Et c'est parce qu'il y a dialogique complexe permanente, à la fois complémentaire et antagoniste, entre ces quatre pattes de la science, que celle-ci a progressé. Le jour où elle marcherait sur deux pattes ou deviendrait unijambiste, la science s'effondrerait. Autrement dit, la dialogique comporte l'idée que les antagonismes peuvent être stimulateurs et régulateurs.

Le mot dialogique n'est pas un mot qui permet d'éviter les contraintes logiques et empiriques comme l'a été si souvent le mot dialectique. Ce n'est pas un mot passe-partout qui escamote toutes difficultés comme les dialecticiens l'ont fait pendant des années. Le principe dialogique est au contraire l'affrontement de la difficulté du combat avec le réel.

Au principe dialogique, il faut joindre le principe hologrammatique où, d'une certaine façon, comme dans un hologramme, le tout est dans la partie qui est dans le tout. Ainsi, d'une certaine façon, la totalité de notre information génétique est dans chacune de nos cellules, et la société en tant que « tout » est présente dans nos esprits *via* la culture qui nous a formés et informés. D'une autre façon encore, on peut dire « le monde est dans notre esprit, lequel est dans notre monde ». Notre esprit-cerveau « produit » le monde qui a produit l'esprit-cerveau. Nous produisons la société qui nous produit. Ainsi, le principe hologrammatique est lié au principe récursif dont je vous ai parlé.

Le défi de la complexité nous fait renoncer à jamais au mythe de l'élucidation totale de l'univers, mais il nous encourage à poursuivre l'aventure de la connaissance qui est dialogue avec l'univers. Le dialogue avec l'univers, c'est la rationalité même. On a cru que la raison devait éliminer tout ce qui est irrationalisable, c'est-à-dire l'aléa, le désordre, la contradiction, afin d'enfermer le réel à l'intérieur d'une structure d'idées cohérentes, théorie ou idéologie. Or la réalité déborde de toute part de nos structures mentales : « Il y a plus de choses sur la terre et dans le ciel que dans toute notre philosophie », avait depuis longtemps remarqué Shakespeare. Le but de notre connaissance est d'ouvrir, non de fermer le dialogue avec cet univers. C'est-à-dire : pas seulement lui arracher ce qui peut être clairement déterminé, avec précision et exactitude, comme le furent les lois de la nature, mais aussi entrer dans le jeu du clair-obscur qui est celui de la complexité.

La complexité ne nie pas les formidables acquis de ce qu'ont pu être, par exemple, l'unité des lois newtoniennes, l'unification de la masse et de l'énergie, l'unité du code biologique. Mais ces unifications ne suffisent pas pour concevoir l'extraordinaire diversité des phénomènes et le devenir aléatoire du monde. Dès lors, la connaissance complexe permet d'aller plus avant dans le monde concret et réel des phénomènes. On a souvent dit que la science expliquait du visible complexe par de l'invisible simple : mais elle dissolvait totalement alors le visible complexe, et c'est avec celui-ci aussi que nous sommes affrontés.

Le problème de la complexité n'est pas de formuler des programmes que les esprits peuvent mettre dans leur ordinateur mental. La complexité n'est pas un trousseau de clés que l'on peut remettre à toute personne méritante qui a engrammé les travaux sur la complexité.

La complexité appelle la stratégie. Il n'y a que la stratégie pour s'avancer dans l'incertain et l'aléatoire. L'art de la guerre est stratégique, parce que c'est un art difficile qui doit répondre non seulement à l'incertitude des mouvements de l'ennemi, mais aussi à l'incertitude sur ce que pense l'ennemi, y compris sur ce qu'il pense que nous pensons. La stratégie est l'art d'utiliser les informations qui surviennent dans l'action, de les intégrer, de formuler soudain des schémas d'action et d'être apte à rassembler le maximum de certitudes pour affronter l'incertain.

La complexité n'a pas de méthodologie, mais elle peut avoir sa méthode. Ce qu'on appelle méthode est un *memento*, un « pense-bête ». Finalement, quelle était la méthode de Marx ? C'était d'inciter à percevoir les antagonismes de classe dissimulés sous les apparences d'une société homogène. Quelle était la méthode de Freud ? C'était d'inciter à voir l'inconscient caché sous le conscient et de voir le conflit à l'intérieur du moi. La méthode de la complexité nous demande de penser sans jamais clore les concepts, de briser les sphères closes, de rétablir les articulations entre ce qui est disjoint, d'essayer de comprendre la multidimensionnalité, de penser avec la singularité, avec la localité, avec la temporalité, de ne jamais oublier les totalités intégratrices. C'est la tension vers le savoir total, et en même temps la conscience antagoniste que, comme l'a dit Adorno, « la totalité est la non-vérité ». La totalité est à la fois vérité et non-vérité, et c'est cela la complexité : la conjonction de concepts qui se combattent entre eux.

La complexité est difficile; quand vous vivez un conflit intérieur, le conflit peut être tragique; ce n'est pas par hasard si de grands esprits ont frôlé la folie, je pense à Pascal, je pense à Hölderlin, je pense à Nietzsche, je pense à Artaud. Il s'agit donc de convivre avec cette complexité, avec cette conflictualité, en essayant de ne pas y sombrer et de ne pas se briser. L'impératif de complexité, dans ce sens, c'est l'utilisation stratégique de ce que j'appelle la dialogique.

L'impératif de la complexité c'est aussi de penser organisationnellement; c'est de comprendre que l'organisation ne se résout pas à quelques principes d'ordre, à quelques lois; l'organisation nécessite une pensée complexe extrêmement élaborée. Une pensée d'organisation qui ne comprend pas la relation auto-éco-organisatrice, c'est-à-dire la relation profonde et intime avec l'environnement, qui ne comprend pas la relation hologrammatique entre les parties et le tout, qui ne comprend pas le principe de récursivité, une telle pensée est condamnée à la platitude, à la trivialité, c'est-à-dire à l'erreur...

Je suis persuadé qu'un des aspects de la crise de notre siècle est l'état de barbarie de nos idées, l'état de pré-histoire de l'esprit humain qui est encore dominé par les concepts, les théories, les doctrines qu'il a produits, exactement comme nous avons pensé que les hommes archaïques étaient dominés par leurs mythes et par leur magie. Nos prédécesseurs avaient des mythologies plus concrètes. Nous subissons, nous, le contrôle de puissances abstraites.

Dès lors, l'établissement de dialogues entre nos esprits avec leurs productions réifiées en idées et systèmes d'idées, est une chose indispensable pour affronter les problèmes dramatiques de la fin de ce millénaire. Notre besoin de civilisation comporte le besoin d'une civilisation de l'esprit. Si nous pouvons encore oser espérer quelques améliorations en quelques changements dans les rapports des humains entre eux (je veux dire pas seulement entre empires, pas seulement entre nations mais entre personnes, entre individus et même entre soi et soi), alors ce grand saut civilisationnel et historique comporte aussi, à mes yeux, le saut vers la pensée de la complexité.

2

Ordre, désordre, complexité

Au premier regard, le ciel étoilé nous frappe par son désordre. C'est un fouillis d'étoiles, dispersées au hasard. Mais, au second regard, apparaît un ordre cosmique, imperturbable — chaque nuit, apparemment depuis toujours, et pour toujours, le même ciel étoilé, chaque étoile à sa place, chaque planète accomplissant son cycle impeccable. Mais, vient un troisième regard : il vient parce qu'il y a injection d'un nouveau et formidable désordre dans cet ordre ; nous voyons un univers en expansion, en dispersion, les étoiles y naissent, y explosent, y meurent. Ce troisième regard nous demande de concevoir ensemble ordre et désordre, il y a besoin d'une binocularité mentale, puisque nous voyons un univers qui s'organise tout en se désintégrant.

En ce qui concerne la vie, il y a aussi le problème de trois regards : au premier regard, c'était la fixité des espèces, se reproduisant impeccablement, de façon répétitive au long des siècles, des millénaires, dans un ordre immuable. Et puis, au deuxième regard, il nous apparaît qu'il y a évolution et révolutions. Comment ? Par irruption du hasard, mutation au hasard, accidents, perturbations géoclimatiques et écologiques. Et puis nous voyons qu'il y a des gaspillages énormes, des destructions, des hécatombes, pas seulement dans l'évolution biologique (la plupart des espèces ayant disparu), mais dans les interactions au sein des écosystèmes, et nous voici confrontés à la nécessité d'un troisième regard, c'est-à-dire de penser ensemble ordre et désordre, pour concevoir l'organisation et l'évolution vivantes.

En ce qui concerne l'histoire humaine, à l'inverse, le premier regard ne fut pas celui de l'ordre, mais celui du désordre. L'histoire fut conçue comme une succession de guerres, d'attentats, d'assassinats, de complots, de batailles, ce fut une histoire shakespearienne, marquée par le *sound and fury*. Mais vint le deuxième regard, à partir notamment du siècle dernier, où l'on découvre des déterminismes infrastructurels, où l'on cherche les lois de l'histoire, où les événements deviennent épiphénoménaux, et, très curieusement, depuis le siècle dernier, les sciences anthropo-sociales, dont l'objet est, pourtant, extrêmement aléatoire, s'efforcent de réduire l'aléa et le désordre, en établissant, ou en croyant établir des déterminismes économiques, démographiques, sociologiques. A la limite, Durkheim et Halbwachs réduisent le suicide, qui apparemment est l'acte le plus contingent et le plus singulier, à ses déterminations socio-culturelles.

Mais il est impossible, aussi bien dans le domaine de la connaissance du monde naturel que dans celui de la connaissance du monde historique ou social, de réduire notre vision soit au désordre, soit à l'ordre. Historiquement, la conception de l'idiot shakespearien (c'est-à-dire *life is a tale, told by an idiot, full of sound and fury, signifying nothing*) n'est pas idiote — elle révèle une vérité de l'histoire. Par contre, la vision d'une histoire intelligente, c'est-à-dire d'une histoire qui obéit à des lois rationnelles, elle, devient *idiote*. Il nous faut donc, dans l'histoire comme dans la vie, concevoir les errances, les déviations, les gaspillages, les pertes, les anéantissements, et pas seulement de richesses, et pas seulement de vie, mais aussi de savoir, de savoir-faire, de talents, de sagesse.

Double problème partout : celui de la nécessaire et difficile mixture, confrontation, de l'ordre et du désordre. Le développement de toutes les sciences naturelles s'est fait, depuis le milieu du siècle dernier, à travers la destruction de l'ancien déterminisme et dans l'affrontement de la difficile relation *ordre et désordre*. Les sciences naturelles découvrent et tentent d'intégrer l'aléa et le désordre, alors qu'elles étaient déterministiques au départ et par postulation, tandis que, plus complexes par leurs objets, mais plus arriérées dans leur conception de la scientificité, les sciences humaines essayaient d'expulser le désordre. La nécessité de penser ensemble, dans leur complémentarité, dans leur concurrence et dans leur antagonisme, les notions d'ordre et de désordre nous pose très exactement le problème de penser la complexité de la réalité physique, biologique et humaine. Mais pour cela, à mon sens, il est nécessaire de concevoir un quatrième regard, un nouveau regard, c'est-à-dire un regard portant sur notre regard, comme l'a très bien dit Heinz von Foerster. Il nous faut regarder la façon dont nous concevons l'ordre, regarder la façon dont nous concevons le désordre, et nous regarder nous-mêmes regardant le monde, c'est-à-dire nous inclure dans notre vision du monde.

Je suis obligé, de façon très sommaire, d'essayer de parler de l'ordre, qui n'est pas un concept simple et monolithique car la notion d'ordre dépasse, par la richesse et par la variété de ses formes, ce qui était l'ancien déterminisme. En effet, l'ancien déterminisme concevait l'ordre sous l'aspect uniquement de loi anonyme, impersonnelle et suprême, régissant toute chose dans l'univers, loi qui par là même constituait la vérité de cet univers.

Il y a non seulement dans la notion d'ordre l'idée de loi du déterminisme, mais aussi l'idée de détermination, c'est-à-dire de contrainte, et, à mon avis, la notion de contrainte est plus radicale ou fondamentale que l'idée de loi. Mais il y a aussi éventuellement ou diversement dans l'idée d'ordre les idées de stabilité, de constance, de régularité, de répétition, il y a l'idée de structure : autrement dit, le concept d'ordre déborde de beaucoup l'ancien concept de loi.

Cela veut dire que l'ordre s'est complexifié, et s'est complexifié comment ? Premièrement, il y a plusieurs formes d'ordre. Deuxièmement, l'ordre n'est plus anonyme et général, il est lié à des singularités : son universalité même est singulière puisque notre univers est désormais conçu comme un univers singulier, qui a eu une naissance et un développement singuliers, et ce qu'on peut y appeler *l'ordre* est le fruit de contraintes singulières, propres à cet univers.

D'autre part, nous savons très bien que ce que nous appelons *l'ordre vivant* est lié à des êtres vivants singuliers, et les espèces vivantes nous apparaissent comme des productrices/reproductrices de singularités. Donc, l'ordre n'est plus antinomique de la singularité, et cet ordre nouveau rompt avec l'ancienne conception qui disait : *Il n'est de science que du général.* Enfin, aujourd'hui, l'ordre est désormais lié à l'idée d'interaction. En effet, les grandes lois de la nature sont devenues des lois d'interaction, c'est-à-dire ne peuvent opérer que s'il y a des corps qui interagissent, autrement dit ces lois dépendent des interactions, lesquelles dépendent de ces lois.

Mais, surtout, nous voyons que, avec la notion de structure, l'idée d'ordre appelle une autre idée, qui est l'idée d'organisation. En effet, l'ordre singulier d'un système peut être conçu comme la structure qui l'organise. De fait, l'idée de système est l'autre face de l'idée d'organisation. Je crois donc que l'idée de structure est à mi-chemin entre l'idée d'ordre et l'idée d'organisation. Or *l'organisation ne peut pas être réduite à l'ordre, encore qu'elle comporte et produise de l'ordre.* En effet, une organisation constitue et maintient un ensemble ou « tout » non réductible aux parties, parce que disposant de qualités émergentes et de contraintes propres et comportant rétroaction des qualités émergentes du « tout » sur les parties. Par là même, les organisations peuvent établir leurs constances propres et c'est le cas des organisations actives, des machines, des auto-organisations, enfin des êtres vivants ; elles peuvent établir leur *régulation* et produire leurs stabilités. Donc, les organisations produisent de l'ordre, tout en étant coproduites par des principes d'ordre, et cela est vrai pour tout ce qui est organisé dans l'univers : les noyaux, les atomes, les étoiles, les êtres vivants. Ce sont des organisations spécifiques qui produisent leur constance, leur régularité, leur stabilité, leurs qualités, etc. Ainsi, l'idée enrichie d'ordre non seulement ne dissout pas l'idée d'organisation, mais nous invite à reconnaître cette idée d'organisation.

Enfin, l'idée enrichie d'ordre appelle le dialogue avec l'idée de désordre ; ce qui s'est passé, effectivement, avec le développement des statistiques, et des diverses méthodes de calcul tenant compte de l'aléa. J'y reviendrai. Ce que je veux dire en conclusion à ce catalogue succinct des composants divers de l'idée de l'ordre, c'est que l'idée enrichie d'ordre, puisqu'elle appelle les idées d'*interaction* et d'*organisation,* puisqu'elle ne peut expulser le désordre, est une idée beaucoup plus riche, effectivement, que l'idée de déterminisme. Mais, en s'enrichissant, le concept d'ordre s'est relativisé. Complexification et relativisation vont de pair. Il n'y a plus d'ordre absolu, inconditionnel, éternel, non seulement sur le plan biologique, puisque nous savons que l'ordre biologique est né il y a deux ou trois milliards d'années sur cette planète et mourra tôt ou tard, mais pas davantage dans l'univers stellaire, galactique et cosmique.

Venons-en au désordre. Là aussi, je dirai que la conception moderne du désordre est beaucoup plus riche que l'idée du hasard, encore qu'elle la comporte toujours. Je dirai même que l'idée du désordre est plus riche encore que l'idée d'ordre, parce qu'elle comporte nécessairement un pôle objectif et un pôle subjectif. Au pôle objectif — qu'est-ce que le désordre ? — eh bien, ce sont les agitations, dispersions, collisions qui sont liées à tout phénomène calorifique ; ce sont aussi les irrégularités et les instabilités ; ce sont les déviances qui apparaissent dans un processus, le perturbent, le transforment ; ce sont les chocs, les rencontres aléatoires, les événements, les accidents ; ce sont les désorganisations ; ce sont les désintégrations ; ce sont, en termes de langage informationnel, *les bruits, les erreurs.* Mais, il faut penser aussi que l'idée de désordre a un pôle subjectif, qui est celui de l'imprédictabilité ou de la relative indéterminabilité. Le désordre, pour l'esprit, se traduit par de l'incertitude. Et, j'y reviendrai, on ne doit pas occulter ce second aspect du problème du désordre.

Que dirons-nous, très rapidement aussi, du désordre ? C'est un macro-concept qui enveloppe des réalités très différentes, mais comportant toujours de l'aléa. Ce que l'on peut dire aussi, c'est que le désordre a envahi l'univers. Certes, le désordre n'a pas totalement remplacé l'ordre dans l'univers, mais il n'y a plus un secteur de l'univers où il n'y ait du désordre. Le désordre est dans l'énergie (chaleur). Le désordre est dans le tissu subatomique de l'univers. Le désordre est à l'origine accidentelle de notre univers. Le désordre est au cœur flamboyant des étoiles. Le désordre est inséparable de l'évolution de notre univers. Le désordre omniprésent n'est pas seulement opposé mais étrangement coopératif avec l'ordre pour créer de l'organisation : en effet, les rencontres aléatoires, lesquelles supposent agitation, donc désordre, furent génératrices des organisations physiques (noyaux, atomes, astres) et du ou (des) premier(s) être(s) vivant(s). Le désordre coopère à la génération de l'ordre organisationnel. Simultanément, le désordre, présent à l'origine des organisations, les menace sans cesse de désintégration. Cette menace vient, soit de l'extérieur (accident destructeur), soit de l'intérieur (accroissement d'entropie). J'ajoute que l'auto-organisation, qui caractérise les phénomènes vivants, comporte en elle un processus permanent de désorganisation qu'elle transforme en processus permanent de réorganisation, jusqu'à la mort finale évidemment.

L'idée de désordre appelle non seulement l'idée d'organisation, elle appelle aussi, très souvent, l'idée d'environnement. Vous connaissez la façon classique d'exorciser le hasard ou le désordre : c'est de définir le hasard comme une rencontre de séries déterministes indépendantes. Mais le fait de la rencontre suppose un milieu ayant des caractères aléatoires : il constitue par là même un fait de désordre pour les séries déterministes affectées et peut provoquer des désordres, des perturbations dans lesdites séries. Et, plus largement, quand vous considérez l'histoire de la vie, on voit que des perturbations minimes dans l'axe de rotation de la planète Terre autour du Soleil peuvent provoquer des déplacements climatiques, des glaciations, ou au contraire des inondations, des tropicalisations, et toutes ces transformations climatiques entraînent des transformations énormes en ce qui concerne la faune et la flore, et ces transformations énormes, qui, elles-mêmes, entraînent des disparitions massives d'espèces végétales et animales, créent des conditions nouvelles pour qu'apparaissent et se développent de nouvelles espèces. Autrement dit, un désordre à peine perceptible au niveau planétaire se traduit par des effets absolument massifs qui transforment l'environnement, les conditions de vie, et affectent tous les êtres vivants : de fait, l'idée de désordre est non seulement inéliminable de l'univers, elle est nécessaire pour le concevoir dans sa nature et dans son évolution.

J'ai dit que l'idée d'aléa appelle toujours à l'une de ses polarisations l'observateur/concepteur humain, chez qui il provoque de l'incertitude. C'est cette introduction de l'incertitude qui est enrichissante. Pourquoi ?

On ne peut pas savoir si l'incertitude que nous apporte un phénomène qui nous paraît aléatoire tient à l'insuffisance des ressources ou des moyens de l'esprit humain, laquelle insuffisance l'empêche de trouver l'ordre caché derrière le désordre apparent, ou bien si elle tient au caractère objectif de la réalité même. Nous ne savons pas si le hasard est un désordre objectif, ou, simplement, le fruit de notre ignorance. C'est dire que le hasard comporte de l'incertitude sur sa propre nature, de l'incertitude sur la nature de l'incertitude. Chaïtin démontre qu'on peut définir le hasard comme *incompressibilité algorithmique*. Mais il démontre également qu'on ne peut pas le prouver : pour démontrer qu'une série spécifique de digits relève du hasard, « on doit prouver qu'il n'est pas de plus petit programme pour le calculer ». Or, cette preuve requise ne peut être trouvée.

Ainsi, le hasard ouvre la problématique incertaine de l'esprit humain devant la réalité et devant sa propre réalité. Le déterminisme ancien était une affirmation ontologique sur la nature de la réalité. Le hasard introduit la relation de l'observateur à la réalité. Le déterminisme ancien excluait l'organisation, l'environnement, l'observateur. L'ordre enrichi ainsi que le désordre réintroduisent les uns et les autres. Ils demandent l'un et l'autre à la science d'être moins simplifiante et moins métaphysique. Car le déterminisme était un postulat métaphysique, une affirmation transcendante sur la réalité du monde.

Il est à peine nécessaire d'insister ici sur la misère de l'ordre seul, comme sur la misère du désordre seul. Un univers strictement déterministe, qui ne serait qu'ordre, serait un univers sans devenir, sans innovation, sans création. Mais un univers qui ne serait que désordre n'arriverait pas à constituer de l'organisation, donc serait inapte à la conservation du nouveau, et par là même à l'évolution et au développement. Un monde absolument déterminé, de même qu'un monde absolument aléatoire, sont pauvres et mutilés, le premier incapable d'évoluer et le second incapable même de naître.

Or, ce qui est extraordinaire, c'est que la vision pauvre du monde déterministe a pu s'imposer pendant deux siècles comme dogme absolu, comme vérité de la nature. Et pourquoi ? Elle n'a pu s'imposer qu'en fonction de la scission paradigmatique entre sujet et objet qui s'est instituée à partir du XVIIe siècle. C'est parce que l'indétermination, la contingence, la liberté ont pu être totalement ventilées sur le sujet, sur l'esprit humain, sur l'homme, eux-mêmes sujets exclus de la science, que le déterminisme s'est imposé de façon absolue dans la science classique. Et le déterminisme n'a pu s'imposer de façon absolue qu'en fonction de cette scission au sein d'une vision expérimentaliste, qui extrait ses objets de leurs environnements, donc qui exclut l'environnement. A partir du moment où vous isolez l'objet de son environnement, afin d'isoler sa nature, les causes et les lois qui le régissent de toute perturbation extérieure, du même coup effectivement vous arrivez à créer *in vitro* un isolement purement déterministe. Mais ce déterminisme pur exclut la réalité qui environne.

On peut concevoir que le déterminisme universel fut un besoin subjectif lié à un certain moment du développement scientifique. Aujourd'hui encore, beaucoup de scientifiques rêvent aux « paramètres cachés » qui dissoudraient les apparentes indéterminations ou incertitudes. Mais cette idée même d'un paramètre caché trahit le Paraclet caché, le célèbre Dieu caché de notre métaphysique occidentale.

Enfin, il faut dire qu'un monde absolument déterministe et un monde absolument aléatoire excluent totalement, l'un et l'autre, l'esprit humain qui les observe, et qu'il faut bien essayer de placer quelque part.

Il nous faut donc mêler ces deux mondes qui pourtant s'excluent, si nous voulons concevoir notre monde. Leur inintelligible mélange est la condition d'une relative intelligibilité de l'univers. Il y a certainement contradiction logique dans l'association ordre et désordre, mais moins absurde que la vision débile d'un univers qui ne serait qu'ordre ou qui ne serait que livré au dieu *hasard*. Disons qu'ordre et désordre seuls, isolés, sont métaphysiques, alors qu'ensemble ils sont physiques.

Donc, il nous faut apprendre à penser ensemble ordre et désordre. Nous savons vitalement travailler avec le hasard, c'est ce que l'on appelle la *stratégie*. Nous avons appris, statistiquement, de façon diverse, à travailler avec l'aléa. Il faut aller plus loin. La science en gestation s'applique au dialogue de plus en plus riche avec l'aléa, mais pour que ce dialogue soit de plus en plus profond, il faut savoir que l'ordre est relatif et relationnel et que le désordre est incertain. Que l'un et l'autre peuvent être deux faces d'un même phénomène : une explosion d'étoiles est physiquement déterminée et obéit aux lois de l'ordre physico-chimique ; mais, en même temps, elle constitue un accident, une déflagration, une désintégration, de l'agitation et de la dispersion ; donc, du désordre.

Pour établir le dialogue entre ordre et désordre, il nous faut quelque chose de plus que ces deux notions : il nous faut les associer avec d'autres notions, d'où l'idée du tétragramme :

ordre —— désordre

interaction —— organisation

Cela veut dire quoi ? Cela veut dire que nous avons besoin de concevoir l'univers à partir d'une dialogique entre ces termes, chacun s'appelant l'un l'autre, chacun ayant besoin de l'autre pour se constituer, chacun inséparable de l'autre, chacun complémentaire de l'autre, tout en étant antagoniste avec l'autre. Et ce tétragramme nous permet de concevoir que l'ordre de l'univers s'autoproduit en même temps que s'autoproduit cet univers, à partir des interactions physiques qui produisent de l'organisation mais aussi du désordre. Ce tétragramme est nécessaire pour concevoir les morphogenèses, car c'est dans les turbulences et dans la diaspora que se sont constitués les particules, les noyaux, et les astres ; c'est dans la forge furieuse des étoiles que se sont constitués les atomes : et l'origine de la vie, c'est remous, tourbillons et éclairs. Ce sont donc les morphogenèses, mais aussi les transformations, les complexifications, les développements, les dégradations, les destructions, les décadences, que le tétragramme nous permet de concevoir. Mais ce tétragramme, ce n'est pas du tout le chiffre sacré : ce n'est pas le J.H.V.H. biblique, il ne nous donne pas la clé de l'univers, il n'est pas maître de l'univers, il ne commande pas, c'est simplement une formule paradigmatique qui nous permet de concevoir le jeu de formations et transformations, et qui nous permet de ne pas oublier la complexité de l'univers. Cette formule, loin d'être la clé de l'univers, nous permet de dialoguer avec le mystère de l'univers, car aujourd'hui l'ordre a cessé d'éclairer toutes choses : c'est devenu un problème. *L'ordre est aussi mystérieux que le désordre.* De même en ce qui concerne la vie : on était stupéfait par la mort ; aujourd'hui, on sait que la mort correspond à la normalité des interactions physiques : ce qui est physiquement stupéfiant, c'est que l'organisation vivante, que l'ordre vivant existent.

Je passe très rapidement sur la nécessité d'établir une dialogique entre organisation et environnement, objet et sujet. J'en viens au point principal de ma pré-conclusion : c'est qu'il nous faut reconnaître le champ réel de la connaissance. Le champ réel de la connaissance, ce n'est pas l'objet pur, mais l'objet vu, perçu et co-produit par nous. L'objet de la connaissance, ce n'est pas le monde, mais la communauté nous-monde, parce que notre monde fait partie de notre vision du monde, laquelle fait partie de notre monde. Autrement dit, l'objet de la connaissance, c'est la phénoménologie, et non pas la réalité ontologique. Cette phénoménologie est notre réalité d'êtres dans le monde. Les observations faites par des esprits humains comportent la présence inéliminable d'ordre, de désordre et d'organisation dans les phénomènes microphysiques, macrophysiques, astrophysiques, biologiques, écologiques, anthropologiques, etc. Notre monde réel est celui d'un univers dont l'observateur ne pourra jamais éliminer le désordre et dont il ne pourra jamais s'éliminer lui-même. Et j'en arrive rapidement à ma conclusion.

Le premier point, c'est qu'il faut renverser une conception de la connaissance scientifique qui s'était imposée après Newton. Après Newton, la connaissance certaine était devenue l'objet de la science. La connaissance scientifique devenait recherche de la certitude. Or, aujourd'hui, la présence de la dialogique de l'ordre et du désordre nous montre que la connaissance doit essayer de négocier avec l'incertitude. Cela veut dire du même coup que le but de la connaissance n'est pas de découvrir le secret du monde, ou l'équation maîtresse, mais de dialoguer avec le monde. Donc, premier message : « Travaille avec l'incertitude. » Le travail avec l'incertitude trouble beaucoup d'esprits mais il en exalte d'autres : il nous incite à penser aventureusement et à contrôler notre pensée. Il nous incite à critiquer le savoir établi qui, lui, s'impose comme certain. Il nous incite à nous auto-examiner et à tenter de nous autocritiquer nous-mêmes.

Contrairement à l'apparence, le travail avec l'incertitude est une incitation à la rationalité : un univers qui n'était qu'ordre n'était pas un univers rationnel : c'était un univers rationalisé, c'est-à-dire censé obéir aux modèles logiques de notre esprit. C'était, en ce sens-là, un univers totalement idéaliste. Or, l'univers ne peut être totalement rationalisé — il y a quelque chose qui est irrationalisable. Et qu'est-ce que la rationalité ? C'est le contraire de la rationalisation, encore qu'elle est issue de la même source : c'est le dialogue avec l'irrationalisé, voire l'irrationalisable.

Troisième point : le travail avec l'incertitude incite à la pensée complexe : l'incompressibilité paradigmatique de mon tétragramme (ordre/désordre/interaction/organisation) nous montre qu'il n'y aura jamais un maître mot — une formule maîtresse, une idée maîtresse — qui commandera l'univers. Et la complexité, ce n'est pas seulement penser l'un et le multiple ensemble, c'est aussi penser ensemble l'incertain et le certain, le logique et le contradictoire, et c'est l'inclusion de l'observateur dans l'observation.

Le dernier mot sera une ouverture dans le domaine politique. Certes, il n'y a pas de leçon directe à tirer, à partir des notions physiques ou biologiques d'ordre et de désordre, dans le domaine social, humain, historique et politique. Pourquoi ? Parce qu'au niveau anthropo-social, le désordre peut signifier la liberté ou le crime, et que le mot de désordre est insuffisant pour nous parler des phénomènes humains de ce niveau-là : le mot d'*ordre*, lui, peut signifier *contrainte* ou, au contraire, auto-régulation. Toutefois, s'il n'y a aucun message direct à tirer de ce que je viens de dire sur le désordre et sur l'ordre en société, il y a pourtant une invitation indirecte à rompre avec la mythologie ou l'idéologie de l'ordre. La mythologie de l'ordre n'est pas seulement dans l'idée réactionnaire où toute innovation, toute nouveauté signifie dégradation, danger, mort : elle est aussi dans l'utopie d'une société transparente, sans conflit et sans désordre.

3

L'inséparabilité de l'ordre et du désordre

Tout d'abord, je voudrais dire que les notions d'ordre et de désordre sont des notions apparemment simples et évidentes, qui pourraient être définies sans équivoque ni obscurité. Or, l'ordre et le désordre sont en fait des mots-valises comportant chacun beaucoup de compartiments ; de plus, ce ne sont pas des valises ordinaires : ce sont de ces valises que les contrebandiers ou les trafiquants de devises aiment à utiliser, c'est-à-dire des valises qui comportent un double ou triple fond.

Ainsi, la définition de l'ordre comporte plusieurs niveaux. A un premier niveau, celui des phénomènes qui nous apparaissent dans la nature physique, biologique ou sociale : l'ordre se manifeste sous forme de constance, de stabilité, de régularité, de répétition. Et de là, on peut arriver à un deuxième niveau qui serait celui de la nature de l'ordre : la détermination, la contrainte, la causalité, la nécessité qui font obéir les phénomènes aux lois qui les gouvernent. Ce qui nous conduit à un troisième niveau plus profond où l'ordre signifie cohérence, cohérence logique, possibilité de déduire ou d'induire, donc de prédire. Ainsi l'ordre nous révèle un univers assimilable par l'esprit qui, corrélativement, trouve dans l'ordre le fondement de ses vérités logiques.

A ce troisième niveau profond, l'ordre s'identifie à la rationalité conçue comme harmonie entre l'ordre de l'esprit et l'ordre du monde. On peut dire en quelque sorte qu'il y a un pentagone de rationalité où l'ordre est un élément clé. Le pentagone de rationalité est constitué par les cinq notions : ordre, déterminisme, objectivité, causalité et enfin contrôle. La connaissance des lois de la nature permet de prédire et contrôler les phénomènes : par là, on retrouve cette idée fondamentale d'une science dont la mission est de faire de l'homme le maître et possesseur de la nature et par l'esprit et par l'action.

On voit que ce pentagone de rationalité fonde l'idée d'ordre et se fonde sur elle. Mais ce qui est très curieux, c'est qu'il est d'origine théologique, magique et politique. Whitehead a dit : « L'ordre de l'univers est un concept dérivé de la croyance religieuse dans la rationalité du Dieu qui a mis en mouvement un parfait univers pour démontrer son omniscience. » Et il a ajouté : « La croyance en la réduction de cet ordre en formulation mathématique est dérivée de la vision pythagoricienne que le mystère de l'univers est révélé à travers les nombres. »

Donc Whitehead pose l'origine théologique et magique de l'idée d'ordre. Nous pouvons y joindre une origine politique : l'idée d'ordre universel s'épanouit en Occident au moment de la souveraineté des monarchies de droit divin. Je ne veux pas énoncer ici un déterminisme sociologique stupide qui déduirait l'idée d'ordre physique de l'ordre politique du monarque absolu. Je veux suggérer qu'il y a un halo, un arrière-fond politique de l'ordre monarchique, de l'ordre social derrière l'idée d'ordre physique. Je ne vous dis pas que l'idée d'ordre physique est une « superstructure idéologique » de l'ordre politique. Je dis que l'ordre politique lui a été un milieu de formation favorable.

Pour les fondateurs de la science moderne que sont Descartes et Newton, l'ordre de la nature s'explique à partir de la perfection divine. Cela ne veut pas dire pour autant que les tenants de l'ordre de la nature soient des théologiens inconscients ou refoulés. C'est plus complexe. Car il y a eu une mutation très profonde qui s'est opérée dans la science aux XVIIIe et XIXe siècles et qui, justement, a été l'élimination de Dieu et le surmaintien de l'ordre. Il fallait d'autant plus sauver l'ordre que Dieu était éliminé. Mais l'ordre est devenu alors le substitut de Dieu dans un univers parfait qui n'était plus justifié par Dieu.

Ainsi, Laplace se passe consciemment et volontairement de Dieu pour concevoir la naissance de l'univers et il fait l'hypothèse géniale de la nébuleuse primitive. Vous connaissez sa réponse à Napoléon qui lui demandait où il mettait Dieu dans son système : « Sire, je n'ai pas besoin de cette hypothèse. » Une fois constitué, l'univers de Laplace est non dégradable, dépourvu de tout désordre, parfait. N'y a-t-il pas, dans cet ordre parfait, un héritage souterrain de la rationalisation théologique de l'univers ?

De toute façon, nous venons de voir que la notion d'ordre n'est pas simple, qu'elle cache des soubassements métaphysiques, et que ceux-ci gardent des traces théologiques.

Prenons la notion de désordre. Elle comporte, elle aussi, plusieurs niveaux. A un premier niveau phénoménal, le désordre est un concept-valise englobant les irrégularités, les inconstances, les instabilités, les agitations, les dispersions, les collisions, les accidents — qui se produisent aussi bien au niveau des particules microphysiques qu'au niveau des galaxies ainsi qu'au niveau des automobiles, puisque moi-même je suis arrivé de l'aéroport de Genève dans un taxi qui s'est tamponné avec une autre voiture. Le désordre comprend également les déviances qui risquent de perturber les régulations organisationnelles, et plus largement, concerne tout phénomène entraînant ou constituant la désorganisation, la désintégration, la mort. Le désordre, enfin, là où il y a activité d'information et de communication, est le bruit qui parasite le message, c'est l'erreur. Voici pour le premier niveau empirique de définition du désordre.

Et puis, il y a un deuxième niveau où apparaît l'ingrédient commun à tous ces désordres : l'aléa ou hasard. L'aléa et le hasard peuvent être définis. Le mathématicien Chaïtin a montré qu'on pouvait définir le hasard par rapport à un ordinateur. Relève du hasard toute séquence qui ne peut être conçue à partir d'un algorithme et nécessite dès lors d'être décrite dans sa totalité. Le hasard se définit donc comme incompressibilité algorithmique. C'est dans le même sens que Thom a défini le hasard dans son article où il déclarait la guerre au hasard : « Ce qui ne peut être simulé par aucun mécanisme, ni déduit par aucun formalisme. » Par là, nous arrivons au troisième niveau où le hasard nous prive de loi et de principe pour concevoir un phénomène. Dès lors, nous plongeons dans les profondeurs obscures qui, pour certains comme Thom, sont obscurantistes. En effet, le hasard insulte la cohérence et la causalité ; il défie le pentagone de rationalité que je viens de définir. Il apparaît comme irrationalité, incohérence, démence, porteur de destruction, porteur de mort. Et alors que l'ordre est ce qui permet la prédiction, c'est-à-dire la maîtrise, le désordre est ce qui apporte l'angoisse de l'incertitude devant l'incontrôlable, l'imprédictible, l'indéterminable. Et même lorsque nous réussissons à dire : « Vous savez le hasard, dans le fond, ce n'est que la rencontre de séries déterministes », le désordre et l'incertitude apparaissent dans cette rencontre même. Si un pot de fleurs pour des raisons déterminées tombe sur la tête d'un passant qui lui-même passe sous la fenêtre d'où tombe le pot de fleurs pour des raisons déterminées, il s'agit quand même d'un accident. Celui-ci désorganise l'existence du passant, qui, au lieu d'aller à son travail, ira à l'hôpital. La rationalisation *a posteriori* qui explique l'accident, n'élimine pas l'accident lui-même, c'est-à-dire son caractère désorganisateur, incertain et aléatoire dans une existence organisée et dans un ordre urbain.

La notion de désordre apporte un malaise. L'esprit est impuissant devant un phénomène désordonné. Pire encore : le désordre entraîne la dégradation et la ruine dans l'univers comme dans la société. Le désordre, c'est ce qui doit être chassé. Et aussi nous avons assisté dans l'histoire de la pensée et de la société humaines à un refoulement permanent du désordre — et bien entendu, du hasard. Il y a eu le refoulement préscientifique. Ainsi, le caractère propre de l'astrologie est d'exclure le hasard et l'accident. Tout ce qui arrive, en une vie singulière, apparemment livrée à l'aléa, dépend de la conjonction nécessaire des planètes depuis la naissance. L'astrologie n'est pas le comble de l'irrationalité, c'est le comble de la rationalisation, c'est-à-dire du déterminisme physique et de l'exclusion du désordre. Et du reste, selon les études remarquables de Piaget sur le développement de la pensée chez l'enfant, le hasard n'apparaît qu'après l'âge de sept ou huit ans, après que l'enfant a surmonté l'explication magique, où tout a une cause explicable, y compris par sortilège. Les choses arrivent parce qu'il y a un esprit, un sorcier, un mauvais sort, une fée, etc. Autrement dit, le hasard n'est pas une idée infantile, c'est une idée tardive, c'est une conquête du développement intellectuel au détriment de la rationalisation. Et c'est la rationalisation, elle, qui est primitive, c'est elle qui est magique.

Il n'y a pas que le refoulement préscientifique du désordre et du hasard. De très puissantes forces de refoulement ont joué dans la pensée scientifique classique. D'abord la force de la logique. Nous avons besoin de cohérence pour comprendre le monde. La force aussi de ce que j'appelle le paradigme de simplification, qui a régné longtemps et règne encore souvent dans l'entendement des scientifiques. Pour ce paradigme, la réalité profonde de l'univers est d'obéir à une loi simple et d'être constituée d'unités élémentaires simples. La complexité, c'est-à-dire la multiplicité, l'enchevêtrement, le désordre mêlé à l'ordre, le foisonnement des singularités, tout cela n'est qu'apparence. Derrière cette complexité apparente, il y a un ordre simple qui rend compte de tout. J'y viendrai. Or, ce refoulement du désordre a un caractère métaphysique. Il pose l'existence d'un arrière-monde parfait et ordonné caché derrière les bombes atomiques, les guerres en Syrie, au Liban, au Tchad, les avions coréens qui explosent, les crises, les bruits et les fureurs de l'univers apparent. Derrière les apparences, le vrai univers est ordonné et rationnel.

La résistance au désordre n'est pas seulement métaphysique ; elle est aussi morale. Il faut repousser le désordre des sens, le désordre des pulsions, les désordres politiques. Il faut refouler le désordre dans la société, car le désordre c'est le crime, c'est l'anarchie, c'est le chaos.

Donc, le désordre a été fort efficacement refoulé par le pentagone de rationalité comme subjectivité ignorante, comme débilité, incapacité d'accéder à la raison scientifique. Seulement le malheur, c'est que l'histoire de la science moderne depuis la moitié du XIXe siècle est aussi l'histoire de l'irruption des désordres dans un savoir qui pensait les avoir liquidés. C'est tout d'abord, au milieu du siècle dernier, l'irruption du deuxième principe de la thermodynamique, qui est à la fois un principe irréversible de dégradation de l'énergie, un principe de désordre, c'est-à-dire d'agitation et dispersion calorifique, et un principe de désorganisation qui affecte tôt ou tard tous les systèmes organisés. Le second principe ruine l'idée du mouvement perpétuel, c'est-à-dire d'un univers physique mécaniquement parfait et inaltérable. Il montre que notre univers porte en lui un principe inéluctable de corruption. Le monde en devenir, dès lors, n'est plus seulement voué au progrès ; il porte, liées à ce progrès même, la mort et la décadence.

On a discuté, on discute toujours, on continuera à discuter ce principe de décadence et de corruption. C'est parce qu'il nous introduit à une vision paradoxale de notre univers, qui semble voué à des dynamiques contraires et pourtant inséparables de désordre, d'ordre et d'organisation ; effectivement, c'est en se désintégrant que l'univers s'organise.

Une seconde irruption du désordre s'effectue au début de ce siècle, avec l'apparition, puis le développement de la physique quantique. Celle-ci ne fait que ruiner l'idée d'un déterminisme de base pour lui substituer une relative indétermination. Elle introduit l'incertitude et la contradiction, c'est-à-dire le désordre, dans l'esprit du physicien ; l'incertitude vient de l'impossibilité de déterminer à la fois mouvement et position d'une particule ; la contradiction vient de l'impossibilité de concevoir logiquement la particule qui apparaît contradictoirement tantôt comme onde, tantôt comme corpuscule. Niels Bohr concrétise un moment très important dans l'histoire de la pensée moderne en déclarant qu'il ne faut pas vouloir surmonter l'incertitude et la contradiction, mais les affronter et travailler avec/contre elles (théorie dite de la complémentarité).

Enfin, à partir des années soixante, le désordre fait irruption dans le cosmos. La découverte du processus de diaspora des galaxies, puis celle d'un bruit de fond dans l'univers, ont fortifié l'hypothèse d'une déflagration originaire dite « big-bang ». Ainsi donc, le cosmos serait généré par un extraordinaire événement thermique, et serait né dans agitation, collision et dispersion ! Du coup, l'ancien déterminisme mécaniste s'écroule : il n'était concevable que pour un univers sans commencement, sans chaleur, sans évolution innovatrice et, nous le verrons, sans observateur.

L'idée de désordre est non seulement inéliminable de l'univers, elle est aussi nécessaire pour le concevoir dans sa nature et son évolution. Quand on réfléchit, on voit qu'un univers déterministe et qu'un univers aléatoire sont chacun totalement impossibles. Un monde uniquement aléatoire serait évidemment dépourvu d'organisation, de soleils, de planètes, d'êtres vivants, d'êtres pensants. Un univers qui serait totalement déterministe serait dépourvu d'innovation donc d'évolution. Cela veut dire qu'un monde absolument déterministe, un monde absolument aléatoire sont deux mondes pauvres et mutilés. L'un incapable de naître — le monde aléatoire — et le second incapable d'évoluer. Il nous faut donc mêler ces deux mondes qui pourtant s'excluent logiquement. Il nous faut les mêler pour concevoir notre monde. Et ce mélange inintelligible est la condition de notre relative intelligibilité de l'univers. Il y a effectivement contradiction logique dans l'association de l'idée d'ordre et de désordre. Mais l'acceptation de cette contradiction est moins absurde que son rejet, qui conduit à des débilités.

En fait, depuis justement le XIXe siècle, il y a complémentarité des deux notions antagonistes d'ordre et de désordre dans la statistique qui désormais s'applique à tous phénomènes thermodynamiques ou microphysiques. Toute statistique comporte une vision à deux étages ; à l'étage des individus, c'est l'aléa, le désordre, les collisions ; à l'étage des populations, ce sont les régularités, les probabilités, les nécessités. Bien entendu, la restauration de l'ordre et de la prédiction au niveau statistique n'élimine pas le désordre et l'imprédictibilité au niveau individuel. Nous pouvons, par exemple, faire une prédiction statistique assez précise des accidents et des morts de la route pour les week-ends ou les fêtes de Pâques. Mais nul ne peut dire qui va mourir au cours de ces accidents de la route, à commencer par ceux qui en sont les victimes.

Donc l'ordre qui est restauré au deuxième degré n'est pas l'ordre ontologique qui régnait dans l'ancien univers déterministe, c'est un ordre de probabilité. Nous voyons, du coup, qu'il y a une association *de facto* entre l'ordre et le désordre. Sous un certain angle, les équations de la mécanique quantique sont déterministes en tant qu'elles déterminent des états probables, mais elles sont indéterministes quant aux prédictions sur la position ou sur le mouvement. A l'échelle macrophysique une explosion d'étoiles est déterminée par les conditions qui la provoquent, mais en elle-même elle constitue un accident, une déflagration, une désintégration, de l'agitation, de la dispersion, donc du désordre. La formation de l'atome de carbone au sein de la forge d'une étoile est quelque chose de terriblement aléatoire parce qu'il faut qu'au même moment trois noyaux d'hélium se rejoignent et s'unissent. Mais une fois qu'ils se rejoignent simultanément, il se produit toujours la même constitution de l'atome de carbone. Ainsi le même événement est, sous un angle, aléatoire et, sous un autre angle, déterminé. Par ailleurs, nous disposons de méthodes de calcul pour étudier des phénomènes partiellement aléatoires. La théorie des jeux est une très grande théorie parce qu'elle a réussi à intégrer l'aléa, sans pourtant le résorber, dans la détermination des choix et des décisions.

Ainsi, désormais dans tous les secteurs, la pensée scientifique envisage les combinaisons, je dirais même la dialogique entre ordre et désordre, hasard et nécessité. Et ici, l'intéressant est que cette combinaison, cette dialogique constitue la complexité même. *Complexus* = ce qui est tissé ensemble. Notre univers phénoménal est inséparablement tissé d'ordre, de désordre et d'organisation. Ces notions sont à la fois complémentaires, et, en ce qui concerne ordre et désordre, antagonistes, voire contradictoires. Cela nous indique que la complexité est une notion logique, qui unit l'un et le multiple dans l'*unitas multiplex* du *complexus*, le complémentaire et l'antagoniste dans l'unité dialogique, ou, comme certains préfèrent, dialectique. Accéder à la complexité signifie dès lors accéder à la binocularité mentale et abandonner la pensée borgne.

Ce que je viens de dire indique qu'abandonner l'ordre ancien n'est pas se vouer au désordre et à ses pompes : c'est dans l'imagination échauffée du grand mathématicien Thom que Monod, Prigogine, Stengers, Atlan et moi-même faisons l'apologie « outrageuse » du désordre. Ces auteurs, qui m'ont influencé, parlent, comme von Foerster, d'un « principe d'ordre à partir du bruit », du hasard organisateur (Atlan), d'ordre par fluctuations (Prigogine). Pour ma part, je ne privilégie ni l'ordre, ni le désordre, mais je montre leur inséparabilité tout en apportant dans l'association l'idée jusqu'alors sous-estimée d'*organisation*. Car, s'il devait être étonnant pour les tenants de l'ordre qu'il y ait du désordre dans l'univers, s'il devait être étonnant pour les tenants du désordre qu'il y ait de l'ordre, le plus étonnant sans doute est qu'il y ait de l'organisation, qui semble bien due à des phénomènes de désordre (rencontres au hasard) et d'ordre (lois physico-chimiques.) L'étonnant est qu'il y ait eu, à partir des premiers instants de l'univers, dans des conditions d'agitation intense, liaisons organisationnelles entre particules formant des noyaux, puis rencontre entre noyaux et électrons constituant des atomes; l'étonnant est que les interactions gravitationnelles, concentrant de plus en plus des nuages de matière, aient produit les étoiles et que celles-ci, au lieu d'exploser au moment de l'allumage, se soient au contraire organisées pour accomplir des vies de milliards d'années. L'étonnant de l'univers c'est que, né d'une déflagration, il ne se soit pas purement et simplement dispersé, comme le champignon d'une explosion thermonucléaire et qu'au contraire il ait produit son organisation en se désintégrant.

L'ordre de la Nature n'est plus constitué de lois anonymes gouvernant de façon supérieure et extérieure les corps de l'univers. Il se forme en même temps que se forment les premiers corps matériels, les particules; il se développe en même temps que se produisent les interactions nucléaires électro-magnétiques, gravitationnelles entre les corps. L'ordre, le désordre et l'organisation se développent ensemble, à la fois conflictuellement et coopérativement, de toute façon, inséparablement.

On se rend compte aujourd'hui que l'ancien ordre éternel du cosmos n'était en fait que l'ordre organisationnel temporaire de notre système solaire. On se rend compte que cet ordre organisationnel est le produit d'agitations, de turbulences et de tourbillonnements. La thermodynamique prigoginienne a établi que des états éloignés de l'équilibre, dissipateurs d'énergie, pouvaient créer, non seulement du désordre, mais de l'organisation. Ainsi, comme dans l'exemple des tourbillons de Benard, il se constitue une organisation de type tourbillonnaire fondée sur une rotation des éléments constitutifs générant une forme constante. Le tourbillon est effectivement organisateur. Tourbillonnaires sont les galaxies et tourbillonnaire le processus qui aboutit à la formation de l'étoile. Nous-mêmes, dans un sens, sommes des tourbillons organisés de façon complexe : rotation tourbillonnaire sanguine, du cœur au cœur, à travers notre organisme, rotation ininterrompue des molécules de nos cellules, rotation de nos cellules qui meurent et sont remplacées par d'autres, et nous-mêmes sommes emportés dans le tourbillon des générations qui recommencent le même cycle de vie en se déplaçant dans le temps... Comme vous le savez, la seule façon d'imaginer l'origine de la vie, c'est de concevoir, à travers turbulences, orages, décharges électriques, la rencontre tourbillonnaire heureuse entre macromolécules hétérogènes, aptes à se symbiotiser pour constituer une nouvelle entité, elle-même rotative, puisque générant des produits nécessaires à sa génération...

Ainsi, pour concevoir les morphogenèses fondamentales, il nous faut considérer turbulences, collisions, diaspora. C'est dans diaspora, turbulence, collision que se sont constitués les particules, les noyaux, les atomes. C'est dans une incandescence éruptive que se sont constitués les astres. C'est dans la forge furieuse du cœur des étoiles que se sont constitués les atomes de carbone nécessaires à l'étoile... Et c'est dans les remous, éclairs et tourbillons qu'est né, comme je viens de le mentionner, le premier être vivant. Depuis, tout ce qui est transformation, évolution, développement, complexification est toujours lié à des accidents, des dégradations, des destructions, des désintégrations, des décadences, des morts...

C'est pourquoi notre univers ne peut plus être soumis à un principe suprême d'ordre. Plutôt que de chercher *le* grand Principe Ordre ou Désordre, il nous faut considérer le tétragramme incompressible : ordre / désordre / interactions / organisation. On ne peut liquider l'un de ces termes. Nous avons toujours besoin, pour concevoir le monde des phénomènes, de concevoir un jeu combinatoire entre ordre / désordre / interactions / organisation...

Voici donc des notions : ordre, désordre, organisation. J'en ai parlé uniquement avec des exemples physiques ; mais ce sont des notions transdisciplinaires. Je veux dire que les traits par lesquels je les ai définies : constance, régularité, répétition, etc., pour l'ordre ; irrégularité, tourbillon, agitation, déviance pour le désordre, ces traits-là vous pouvez les retrouver au niveau biologique, au niveau social, au niveau humain. Mais les types d'ordre, les types de désordre, les types d'organisation sont différents du physique au biologique, du biologique à l'anthropo-social, et dans le champ anthropo-social, je dirais de société à société... Il y a donc unité (transdisciplinaire) et diversité, donc multiplicité (selon chaque domaine disciplinaire) des niveaux et problèmes d'ordre, de désordre, d'organisation. Or, il est très difficile de concevoir à la fois l'unité et la multiplicité — l'*unitas multiplex* — pour ceux qui vivent sous l'emprise de la simplification mentale, c'est-à-dire de l'absolu antagonisme entre l'un et le multiple, je veux dire ceux qui, considérant l'unité, sont aveugles à la multiplicité qu'elle contient, et ceux qui, considérant la multiplicité, sont aveugles à l'unité qui associe et articule...

Or, je crois qu'il faut et unifier et diversifier les problèmes d'ordre, désordre, organisation.

Ceci m'amène justement à la dialogique d'ordre/désordre/organisation propre aux phénomènes vivants. Je partirai ici de l'idée fondamentale que von Neumann formula dans sa théorie des automates autoreproducteurs. Von Neumann avait remarqué qu'une différence capitale entre les machines artificielles et les machines vivantes se manifestait dans leur comportement à l'égard du désordre. Les machines artificielles se dégradent très rapidement bien qu'elles soient constituées de composants extrêmement fiables. Les machines vivantes, bien que constituées de composants qui se dégradent très rapidement, les protéines, échappent pendant un temps à la dégradation : c'est que les cellules fabriquent des protéines neuves, que les organismes fabriquent des cellules neuves, alors que la machine artificielle est incapable de s'autoréparer et s'autorégénérer. La machine artificielle ne peut supporter les effets du désordre parce qu'elle ne dispose pas d'aptitudes à l'autoréparation et l'autorégénération. Par contre, les organisations vivantes, non seulement tolèrent un certain désordre, mais produisent les contre-processus de régénération, et, par là, tirent une bénéfice de rajeunissement des processus internes de dégradation et dégénérescence. Ainsi, l'organisation vivante tolère du désordre, produit du désordre, combat ce désordre et se régénère dans le processus même qui tolère, produit et combat le désordre.

Évidemment, c'est très difficile de concevoir un processus qui à la fois « tolère, produit, combat » du désordre. Cela dépasse l'entendement strictement logique. Mais ce processus est justement le propre de l'auto-organisation vivante. Donc, l'entendement doit essayer de s'adapter à la complexité de ce qui est.

D'autre part, le processus de l'évolution biologique est marqué par des accidents climatiques, des transformations écologiques, des mutations et réorganisations génétiques, qui peuvent apparaître comme des désordres par rapport aux équilibres, adaptations, homéostasies établis. Mais l'apparition de nouveaux équilibres écologiques, de nouvelles espèces nous montre l'extraordinaire aptitude à la vie à la réorganisation créatrice. Ce qui aurait dû causer la dégradation et la désintégration détermine au contraire le processus de riposte qui réorganise de façon nouvelle. Et, plus il y a complexification évolutive, plus il y a aptitude à tolérer, intégrer et combattre le désordre.

Le propre de l'organisation vivante n'est pas seulement de comporter et développer un désordre inconnu dans l'organisation seulement physico-chimique, il est corrélativement de produire et développer un ordre également inconnu dans cette organisation physico-chimique. Cet ordre nouveau est fondé sur ce qu'on appelle programme génétique et il se manifeste dans les constances, répétitions, régularités de la reproduction comme de l'homéostasie des organismes. Ainsi, c'est ensemble et de façon interdépendante que progressent l'organisation, l'ordre et le désordre vivants. Et effectivement, la vie constitue une organisation de type nouveau (auto-éco-organisation), un ordre de type nouveau, *L'Ordre biologique* (titre d'un livre d'André Lwoff), un désordre de type nouveau, là où il n'y avait que dégradations, transformations et désintégrations il y a désormais la mort.

Maintenant venons-en à la notion capitale de stratégie. La stratégie se développe avec le développement de l'appareil neurocérébral dans les espèces animales, notamment dans la ligne évolutive des vertébrés. La stratégie se définit par opposition au programme. Un programme constitue une séquence d'actions prédéterminées, qui ne peut s'accomplir que dans un environnement comportant très peu d'aléas ou désordres. La stratégie, elle, se fonde sur un examen des conditions à la fois déterminées, aléatoires, incertaines dans lesquelles va s'engager l'action en vue d'une finalité donnée. Le programme ne peut se modifier, il ne peut que s'arrêter en cas d'imprévu ou danger. La stratégie, elle, peut modifier le scénario d'actions prévues, en fonction des informations arrivant en cours de route, inventer de nouveaux scénarios. La stratégie peut même utiliser l'aléa à son profit, comme Napoléon utilisant le brouillard d'Austerlitz ; elle peut utiliser l'énergie ennemie comme le joueur de karaté qui fait sans effort basculer son adversaire. Les animaux pratiquent des stratégies d'attaque et de fuite, de feinte et d'esquive, de ruse et de leurre contre leurs proies ou leurs prédateurs. Nous-mêmes, humains, que ce soit sur le plan individuel pour obtenir un poste, un avantage, une jouissance, que ce soit sur le plan des entreprises, partis, syndicats, États, nous usons de stratégies plus ou moins raffinées ; c'est-à-dire que nous pensons nos actions en fonction de nos certitudes (ordre), de nos incertitudes (désordre, aléas) et de nos aptitudes à organiser notre pensée (stratégies cognitives, scénarios d'action), et nous effectuons l'action en modifiant éventuellement nos décisions ou voies en fonction des informations survenant au cours du processus. L'action, réfléchissons-y, n'est possible que s'il y a à la fois de l'ordre, du désordre et de l'organisation. Trop d'ordre asphyxie la possibilité d'action. Trop de désordres font chavirer l'action dans les tempêtes et celle-ci devient un pur pari au hasard.

Ainsi, nous devons effectuer un décapage ontologique. Il n'y a plus d'ordre absolu, inconditionnel, éternel, non seulement dans le monde vivant, mais aussi dans les étoiles, les galaxies, le cosmos. L'ordre n'est pas pour autant nié ; il doit être relativisé, relationné, complexifié. Il n'y a pas non plus de désordre absolu, inconditionnel, éternel ; le désordre doit toujours être relativisé, relationné, complexifié. J'ajoute maintenant qu'il y a une double et irréductible incertitude quant à la réalité ultime de l'ordre et du désordre.

Le déterminisme universel n'a jamais été prouvé ; c'est un postulat métaphysique qui a animé la recherche scientifique pendant deux siècles, et qui doit être reconnu aujourd'hui comme postulat. Le déterminisme universel ne peut être prouvé ni empiriquement, ni logiquement, ni mathématiquement. La tentative d'Einstein pour prouver par l'absurde, c'est-à-dire par l'irrationalité, l'inconsistance de la mécanique quantique, cette tentative s'est effondrée grâce à des expériences dont la plus concluante est l'expérience d'Aspect effectuée à Orsay.

Le hasard non plus ne peut être prouvé. Ni le hasard originel, ni même un hasard particulier. Chaïtin, dont j'ai cité l'article (« Randomness and the Mathematical Proof », *Scientific American,* 232, 5, mai 1975) a posé les conditions d'une preuve de l'existence du hasard : il faut démontrer qu'il n'est pas de plus petit programme pour calculer une série de digits se succédant apparemment au hasard ; or, dit Chaïtin, cette preuve requise ne peut être trouvée.

On est donc dans un univers dont on ne peut prouver la réalité ultime ou cachée ni de l'ordre, ni du hasard, c'est-à-dire du désordre. Et c'est ici qu'intervient l'expérience d'Aspect, dont les conséquences philosophiques sont à mon sens énormes. Cette expérience démontre que des particules qui ont interagi dans le passé sont en connexion instantanée, c'est-à-dire « communiquent » à des vitesses supérieures à celle de la lumière. C'est la remise en question du caractère absolu de nos notions d'espace et de temps. Ainsi, pour d'Espagnat, il nous faut supposer une inséparabilité cachée de toutes les choses séparées dans l'espace. Pour Costa de Beauregard, il nous faut abandonner l'irréversibilité ontologique du temps et supposer des communications avec le passé et l'avenir. Pour David Bohm et Jean-Pierre Vigier, il nous faut reconstituer totalement la notion de vide et y supposer des énergies infinies.

Si l'espace, le temps, l'espace-temps doivent être relativisés et désontologisés, alors ordre et désordre perdent du même coup leur sens ontologique. Nous retrouvons le problème posé par Kant. Celui-ci voyait dans l'espace et le temps des formes *a priori* de notre sensibilité, qui rendent cohérentes nos visions des phénomènes, mais sont aveugles à la réalité profonde, derrière les phénomènes, des « choses en soi » ou noumènes.

Aujourd'hui, après l'expérience d'Aspect, il semble bien que le monde ne s'épuise pas dans ses manifestations spatio-temporelles. Or, ce n'est que dans les dimensions spatio-temporelles qu'il peut y avoir ordre et désordre. Pour qu'il y ait ordre, il faut qu'il y ait distinction, séparation, propriétés constantes des entités séparées, relations stables entre entités séparées. Pour qu'il y ait désordre, il faut non seulement séparation mais aussi instabilités et inconstances.

A partir du moment où il y a une profondeur d'univers, où la distinction n'est plus possible et où la séparation n'existe plus, alors il devient évident que le réel ne s'épuise ni dans l'idée d'ordre, ni dans l'idée de désordre, ni dans celle d'organisation. Celles-ci nous sont indispensables pour concevoir le monde des phénomènes, mais non pas le mystère d'où naissent les phénomènes. Autrement dit, l'ordre et le désordre, comme la causalité, comme la nécessité, et j'ajoute, comme l'organisation, nous sont nécessaires pour concevoir notre monde phénoménal. On comprend que von Foerster ait pu écrire : « Le hasard et la nécessité ne s'appliquent pas au monde, mais à nos tentatives pour créer une description de celui-ci. » Ce qui nous ramène au problème de nos propres descriptions et de nos propres conceptions, qui avait été chassé par les visions objectivistes pour qui la connaissance reflète le réel, et pour qui la connaissance vraiment objective élimine le sujet connaissant. L'approfondissement du problème de l'ordre et du désordre nous confirme que le champ de la connaissance n'est jamais le champ de l'objet pur, mais celui de l'objet vu, perçu, co-produit par nous, observateurs/concepteurs. Le monde que nous connaissons n'est pas le monde sans nous, c'est le monde avec nous. D'où le paradoxe fondamental : *notre monde fait partie de notre vision du monde, laquelle fait partie de notre monde*. La vision dite objectiviste qui exclut l'observateur/concepteur de l'objet observé/conçu est métaphysique dans le sens le plus abstrait du terme. La connaissance ne peut être le reflet du monde, c'est un dialogue en devenir entre nous et l'univers. Notre monde réel est celui dont notre esprit ne pourra jamais éliminer le désordre et dont il ne pourra jamais s'éliminer lui-même.

Cela ne veut pas dire que nous soyons enfermés dans un solipsisme irrémédiable. Cela veut dire que notre connaissance est subjective/objective, qu'elle peut appréhender les phénomènes en combinant les principes du tétragramme ordre/désordre/interaction/organisation, mais qu'il demeure une incertitude insondable quant à la nature ultime de ce monde.

Ici, permettez-moi une parenthèse puisque la relativité des notions d'ordre et de désordre nous rouvre le problème : « Y a-t-il un arrière-monde ? Y a-t-il un infra-monde ? » Mon avis est que ce qui tisse notre monde n'est ni dicible, ni concevable. Du reste, les microphysiciens ont découvert, là où l'on croyait trouver la substance première et l'épaisseur de la matérialité, un vide conceptuel inouï. Alors certains ont cru voir dans ce vide la réalité absolue selon la vision du Tao où, en quelque sorte, le Vide devient la Plénitude même. Hegel avait déjà montré que l'être pur était en fait le pur non-être, mais que le non-être possédait en lui l'énergie infinie de la négativité...

Nous pouvons aussi poser le problème autrement. Qu'est-ce qui est originaire ? D'où viennent l'ordre et le désordre ? Gregory Bateson disait que les rédacteurs du premier chapitre de la Genèse avaient très bien compris ce problème. En effet, quand on considère cette Bible chère au pays de Calvin, on est frappé de voir que le Dieu originaire n'est pas le Dieu d'Ordre, J.H.V.H., qui arrive tardivement, sur le mont Sinaï, après l'exode du peuple juif ; ce n'est pas Adonaï, le Dieu Seigneur ou Souverain ; c'est une entité étrange nommée Elohím, singulier-pluriel, *unitas-multiplex* qui veut dire tourbillon d'esprits ou de forces constituant l'Unité procréatrice. C'est ce tourbillon génésique qui crée l'Univers. Et il crée comment ? Non pas d'abord en produisant, mais d'abord en séparant, déchirant, brisant l'unité indistincte et informe. Il sépare la terre du ciel. A l'origine biblique du monde donc, il y a tourbillon et séparation. A l'origine du mythe grec, le chaos précède et produit le cosmos. Le chaos, ce n'est pas le désordre, c'est l'unité génésique indistincte qui précède l'ordre et le désordre. Nous pouvons nous demander si la Genèse n'est pas ininterrompue, si le chaos ne continue pas à nourrir le cosmos ; nous pouvons nous demander en termes modernes s'il n'est pas quelque chose d'antérieur à toute distinction entre phénomènes comme à toute distinction entre ordre et désordre, et qui demeure à la source de la *physis* (*physis :* ce qui accède à l'être). On voit donc, j'espère, que plutôt que de prendre parti dans la dispute entre les brigades du maintien de l'ordre, qui ont trouvé une vigilante recrue en René Thom, et les fauteurs de désordre dans les sciences, il nous faut considérer les problèmes mystérieux que ne peuvent liquider quelques définitions formelles...

Venons-en maintenant au niveau des affaires humaines. J'ai dit qu'ordre, désordre, organisation sont des notions transdisciplinaires qui prennent un sens propre et non réductible dans ces affaires humaines. J'ai même supposé, au début de cet exposé, que l'idée d'ordre venait sans doute de l'expérience politico-mythologique de nos sociétés. Mais nous pouvons dire aussi que l'idée de désordre part de l'expérience historique continue de l'humanité. Depuis Thucydide et Tacite, et jusqu'au siècle dernier, les historiens ont vu une histoire de guerres, conspirations, meurtres, massacres, entrecoupée de quelques rares oasis paisibles. Mais, prenant un autre angle de vision, les historiens modernes ont pu justement découvrir des déterminismes infrastructurels, des processus économiques sous cette histoire en apparence shakespearienne. Effectivement, une histoire des déterminations s'est constituée dans ce siècle pour réagir contre l'histoire « événementielle » des grands hommes, princes, batailles, complots. Mais si cette histoire élimine l'aléa, la contingence, la bataille, le sort, le nez de Cléopâtre, le brouillard d'Austerlitz, la mort de Staline, sa rationalisation arrive à une absurdité pire que celle de l'histoire absurde.

On a pu élargir à l'histoire ce que Shakespeare disait de la vie : *A tale told by an idiot, full of sound and fury and signifying nothing*. Il exagère, Shakespeare. Mais si l'on croit que l'histoire est intelligente, qu'elle sait ce qu'elle veut, qu'elle nous conduit par le bout du nez vers le progrès, alors cette vision est encore plus idiote que celle de l'idiot shakespearien ! Ici encore, nous retrouvons à l'échelle humaine le paradoxe du mélange inextricable d'ordre et de désordre : comment l'histoire est-elle à la fois déterminée et aléatoire ? Quel est le rôle de l'événement, de l'accident, du hasard, de la décision, de l'erreur, de la folie ? L'immense difficulté, c'est d'articuler ces deux visions de l'histoire. Et, de toute façon, nous devons concevoir que l'histoire n'est pas seulement productrice, mais aussi destructrice ; nous devons concevoir les gaspillages, les dérives, les détournements, les déviations, les anéantissements, pas seulement de richesses, pas seulement de vies, mais de talents, de sagesse, de beauté, de bonté. Et nous devons concevoir aussi que des destructions ont pu répandre les germes des civilisations qu'elles anéantissaient. L'adage fameux que la Grèce vaincue a finalement vaincu son farouche vainqueur est vrai aussi. Les Romains ont ravagé la Grèce, saccagé Corinthe, brisé toute une culture. Ils n'ont emporté dans leurs fourgons que des dépouilles et des esclaves. Mais, quelques siècles plus tard, les germes de la culture hellène avaient proliféré dans tout l'Empire, qui, né romain, devint grec. Ainsi, de même que les autres problèmes, et je dirais plus encore, les problèmes de l'histoire humaine ne sauraient être tranchés à l'issue d'une dispute simplette entre procureurs de l'ordre et avocats du désordre.

Et l'individu humain, maintenant ? Vous croyez que vous pourrez le comprendre en éliminant tout hasard ? Chacun devrait penser à sa propre histoire et à sa pré-histoire. Quand je pense à la mienne, je vois que je suis le fruit d'une rencontre très improbable entre mes géniteurs. Je vois que je suis le produit d'un spermatozoïde rescapé sur 180 millions, qui, par je ne sais quelle fortune ou infortune, s'est introduit dans l'ovule de ma mère. J'ai appris que je fus victime de manœuvres abortives, lesquelles avaient réussi sur mon prédécesseur, mais nul ne saura pourquoi j'ai échappé au bidet. Je suis mort-né, ranimé seulement par les claques vigoureuses d'un docteur au moment où il allait abandonner ses efforts. La mort de ma mère, quand j'avais neuf ans, fut un événement aléatoire qui m'a profondément transformé et formé. Tout ce qui m'est arrivé m'est advenu par rencontres, non pas de pur hasard, mais où le hasard me faisait révéler ma propre tendance, mon propre destin. J'ai rencontré la tropicale dans le pays des neiges et le regard bleu Norvège dans l'Amérique latine. La guerre fit de moi un militant, puis mon désastre politique fit de moi un chercheur. Et chaque vie est tissée de cette façon, avec toujours un fil de hasard mêlé à un fil de nécessité. Alors, ce ne sont pas des formules mathématiques qui nous diront ce qu'est une vie humaine, ce ne sont pas des habitus sociologiques qui l'enfermeront dans leur déterminisme... Jusqu'à présent, c'est le roman qui, mieux que toute sociologie, nous montre ce mixte d'ordre et de désordre, de chance et de malchance, d'événements et de non-événements, d'accidents et d'inéluctable qui tisse nos vies. Et ne parlons pas des vies illustres ! Peut-on ne pas s'étonner de l'aventure de ce petit Bonaparte, né dans une île génoise que la France achète, qui songe d'abord à résister aux Français comme le font aujourd'hui les nationalistes corses ? Il faut qu'il fuie son île natale, que la Révolution en fasse un capitaine ; et puis, par une succession d'événements dont aucun n'était au préalable concevable, il devient général, premier consul, empereur de France, pour finalement mourir à Sainte-Hélène. Quel démon de Laplace aurait pu prévoir ce destin ?

Venons-en au plus important en ce qui concerne l'ordre et le désordre dans les affaires humaines. Ces notions ont chacune deux faces contraires. Ainsi le désordre : il a pour première face la délinquance, le crime, la lutte déréglée de tous contre tous ; sa seconde face, c'est la liberté. Mais la liberté ne s'identifie pas au désordre. La liberté a besoin d'ordre organisationnel, c'est-à-dire de règles du jeu social qui s'imposent à tous ; mais elle a besoin aussi d'une tolérance au désordre, de zones où s'arrêtent la loi du pouvoir et le pouvoir de la loi. L'ordre a deux visages ennemis : d'un côté, ce sont les régulations et protections qui permettent les libertés, de l'autre, ce sont les contraintes et impositions qui empêchent les libertés. Ainsi, on ne peut réduire le problème des libertés aux notions d'ordre et de désordre. Elles sont insuffisantes, et le problème du type d'ordre et du type de désordre doit être posé pour concevoir la liberté. Ainsi, on voit que la liberté a besoin à la fois d'ordre, de désordre, et surtout d'une organisation qui puisse développer un ordre de qualité supérieure (règles, régulations) et un désordre de qualité supérieure (libertés). Le paradoxe de la complexité sociale est de déterminer des contraintes qui puissent faire émerger les conditions de leur dépassement... Un de vos compatriotes, Peter Jeanmaire, a écrit très justement qu'il s'agirait de détruire des désordres au niveau inférieur pour libérer des degrés de liberté au niveau supérieur. Cela étant dit, il nous faut rompre avec la mythologie de l'ordre pour qui la liberté est désordre. Cette mythologie de l'ordre n'est pas seulement dans l'idée réactionnaire où toute nouveauté se présente comme déviance, danger, folie, désordre; elle est aussi dans l'idée utopique d'une société qui serait harmonie et supprimerait tout désordre, tout conflit et toute contradiction. La phrase de Montesquieu doit toujours résonner et raisonner dans notre esprit, qui nous rappelle que la grandeur et la décadence des Romains ont eu la même cause : les conflits sociaux. La liberté se nourrit de conflictualité dans une organisation qui permet que la conflictualité ne soit pas destructrice. Une société de pur désordre est aussi impossible qu'un univers de pur désordre. Une société d'ordre pur est non moins impossible. Le rêve dément de l'ordre social pur se traduit par le camp de concentration et se paie par le désordre infini de l'assassinat.

Je conclus. Notre univers, à mon sens, n'est pas produit par un arrière-monde platonicien des idées qui s'incarneraient dans notre monde phénoménal. Ce n'est pas non plus le produit d'un univers pythagoricien des nombres. Je dirais plutôt que notre univers est tellement riche qu'il a produit Platon et son arrière-monde idéal, Pythagore et ses nombres. Et il produit sans cesse des idées, des calculs, des anti-idées et des anti-calculs. Dans cet univers, oui, il y a de l'ordre, mais cet ordre se crée, se développe, se corrompt, se détruit. Il y a beaucoup de poussière cosmique (celle-ci est plus nombreuse que la matière organisée) et il y a beaucoup de poussière domestique dès que nous cessons de balayer, épousseter, nettoyer, c'est-à-dire que nous laissons les choses aller... Dans notre univers, les étoiles crachent le feu, pètent le feu et finalement explosent. Il y a un incessant bruit de fond, beaucoup de bruits divers dans le silence infini des espaces.

Comment a-t-on pu croire que l'univers était une machine triviale obéissant au déterminisme universel ? Comment peut-on croire encore que la société, l'être humain soient des machines déterministes triviales dont on connaît toujours les *output* quand on en connaît les *input* ? Comment a-t-on pris une pauvre rationalisation pour la rationalité même ? Ce que j'ai désigné comme le « pentagone de rationalité » est en fait une pseudo-rationalité. Rationalité et rationalisation ont la même source, la volonté de formuler des systèmes d'idées cohérents qui puissent s'appliquer à l'univers. Mais la rationalisation enferme l'univers dans un carcan abstrait qu'elle prend pour réalité concrète, alors que la vraie rationalité dialogue avec l'irrationalisable, l'incertitude, l'imprédictible, le désordre, au lieu de les annuler. La rationalité est une stratégie de connaissance et d'action. Je répète que dire stratégie, c'est dire dialogue, combat et coopération avec le désordre. Notre rapport avec le désordre est comme dans ce tableau de l'église Saint-Sulpice représentant le combat de Jacob avec l'Ange où l'on ne sait si l'on voit une lutte à mort ou une copulation pornographique.

La rationalité vit et se nourrit autant d'incertitudes que de certitudes. On a cru, après Newton, que la théorie scientifique apportait la certitude que cessait de fournir la religion. Les théories scientifiques se fondent certes sur des données vérifiées, devenant par là certaines, mais leur caractère proprement scientifique est d'être faillibles et non certaines comme théories. Whitehead, Popper, Kuhn ont, chacun à leur manière, montré que les théories scientifiques sont fragiles et mortelles. La réfutabilité permanente de la théorie scientifique est le trait décisif qui l'oppose aux dogmes idéologiques ou religieux qui sont, eux, irréfutables dans le système de pensée du croyant.

La science moderne a, de fait, ouvert le dialogue avec l'incertitude et l'incomplétude. En disant incomplétude, je pense aux grands théorèmes d'indécidabilité de ce siècle, depuis celui de Gödel, qui joignent l'incomplétude logique de nos pensées à l'incomplétude empirique de notre savoir. La leçon de l'effondrement des idées du Cercle de Vienne et du rêve axiomatique de Hilbert est justement le renoncement à l'espérance folle de trouver la certitude absolue dans la vérification empirique et la vérification logique.

Il y a aussi autre chose, qui a aveuglé les apôtres scientifiques de l'ordre. Ils ont cru que l'on pouvait balayer les hasards et désordres pourtant bien évidents dans l'expérience commune ordinaire, parce qu'ils ont cru que la « vraie » connaissance n'avait rien à voir avec le sens commun, et que le « bon sens » ne pouvait qu'être générateur d'illusions. Or le Wittgenstein de la dernière période a découvert les richesses du langage originaire, et les beaux travaux de Jean-Blaise Grize ont montré la complexité de la logique du sens commun.

Il nous faut repenser de façon complexe pour repenser le problème de l'ordre et du désordre, et repenser ce problème doit nous aider à repenser de façon complexe. Certes, les résistances demeurent énormes. Le « pentagone » de pseudo-rationalité résiste aujourd'hui à la problématique du désordre en y voyant barbarie et obscurantisme, alors qu'il porte en lui la barbarie brutale de la pensée mutilante. Il y eut déjà, à la Renaissance, la résistance obstinée de la rationalisation médiévale autour du système d'Aristote. La découverte empirique avait toujours tort si elle s'opposait à l'idée d'Aristote.

Une fois de plus, la rationalisation hautaine rejette la rationalité empirique, qui est de tirer les conséquences logiques des observations et expériences. Or, pourtant cette rationalité empirique est désormais bien établie dans les plus vastes secteurs de la physique et de la biologie, où la pensée traite ensemble hasard et nécessité, ordre et désordre.

Mais je vois qu'il y a difficulté très profonde parce qu'elle concerne les structures profondes du mode de pensée simplificateur dominant ; celui-ci nous enferme dans l'alternative apparemment logique qui nous somme de choisir entre la vérité de l'ordre et celle du désordre en refusant tout compromis, toute dialectique, toute dialogique. Or, je l'ai dit, il ne s'agit pas de faire un compromis entre ordre et désordre, en leur accordant à chacun, par exemple, 50 % du territoire de la connaissance, *il s'agit d'affronter l'inéluctable complexité du tétragramme dont j'ai parlé, et qui formule, non pas la clé de la connaissance, mais ses conditions et limites incompressibles.*

La nécessité de penser ensemble dans leur complémentarité, leur concurrence et leur antagonisme, les notions d'ordre, de désordre et d'organisation nous fait respecter la complexité physique, biologique, humaine. Penser, ce n'est pas servir les idées d'ordre ou de désordre, c'est s'en servir de façon organisatrice et parfois désorganisatrice pour concevoir notre réalité.

J'ai dit le mot complexité. La complexité n'est pas le maître mot qui va tout expliquer. C'est le mot éveilleur qui nous pousse à tout explorer. La pensée complexe est la pensée qui, armée des principes d'ordre, lois, algorithmes, certitudes, idées claires, patrouille dans le brouillard, l'incertain, le confus, l'indicible, l'indécidable. Un grand auteur a dit : « Il n'est pas impossible après tout que la science approche d'ores et déjà de ses ultimes possibilités de description finie. L'indescriptible, l'informalisable sont maintenant à nos portes et il faut relever le défi. » Ce grand auteur s'appelle René Thom.

L'aventure de la connaissance nous conduit effectivement à la limite du concevable, du dicible, à cette limite où l'ordre, le désordre, l'organisation perdent leurs distinctions. Nous ne pouvons plonger dans la nuit totale de l'inconcevable réservée aux seuls extatiques. Mais nous pouvons nous avancer dans un *no man's land,* beaucoup plus étendu qu'on ne pense, entre l'idée claire, la logique évidente, l'ordre mathématique et la nuit absolue.

Et je dirais pour terminer : le but de la connaissance n'est pas de découvrir le secret du monde dans une équation maîtresse d'ordre qui serait l'équivalent du maître mot des grands magiciens. Il est de dialoguer avec le mystère du monde.

4

Le retour de l'événement

Il n'y a pas de science du singulier, il n'y a pas de science de l'événement, c'est là un des points les plus assurés d'une vulgate théorique encore dominante.

I. LE RETOUR DE L'ÉVÉNEMENT

L'événement a été chassé dans la mesure où il a été identifié à la singularité, la contingence, l'accident, l'irréductibilité, le vécu (nous interrogerons plus loin le sens même de ce mot événement). Il a été chassé non seulement des sciences physico-chimiques, mais aussi de la sociologie, qui tend à s'ordonner autour de lois, modèles, structures, systèmes. Il tend même à être chassé de l'histoire qui est, de plus en plus, l'étude de processus obéissant à des logiques systématiques ou structurales et de moins en moins une cascade de séquences événementielles.

Mais selon un paradoxe que l'on retrouve souvent dans l'histoire des idées, c'est au moment où une thèse atteint les provinces les plus éloignées du point de départ, c'est à ce moment même que s'opère une révolution, au point de départ précisément, qui infirme radicalement la thèse.

C'est au moment où les sciences humaines se modèlent selon un schéma mécanistique, statistique et causaliste, issu de la physique, c'est à ce moment que la physique elle-même se transforme radicalement et pose le problème de l'histoire et de l'événement.

Physis et Cosmos

Alors que la notion de cosmos, c'est-à-dire d'un univers un et singulier, avait été écartée, parce que inutile, non seulement de la physique, mais de l'astronomie, on assiste dans ce domaine, depuis quelques années, à la réintroduction nécessaire et centrale du cosmos. Il ne s'agit même plus de se référer à la dispute doctrinale entre les tenants d'un univers sans commencement ni fin, obéissant à des principes dont on peut trouver la formule unitaire sans pourtant postuler pour autant l'unicité, et d'autre part les tenants d'un univers créé. En fait, depuis quelques années les phénomènes captés par l'astronomie d'observation, et, notamment, le décalage des raies spectrales des quasars vers le rouge par effet Doppler, ont renforcé de plus en plus, non seulement la thèse de l'expansion de l'univers, mais la thèse d'un événement originaire, vieux approximativement de six milliards d'années, d'où a procédé la dispersion explosive qu'on nomme univers, et à partir duquel se déroule en cascade une histoire évolutive. Il apparaît, dès lors, que non seulement la *physis* rentre dans le *cosmos*, mais que le cosmos est un phénomène, mieux, un processus singulier se déroulant dans le temps (créant le temps ?).

Disons autrement : le cosmos semble être à la fois univers et événement. Il est univers (physique) constitué par des traits constants réguliers, répétitifs, et il est événement par son caractère singulier et phénoménal ; dans ce dernier sens, l'univers est un événement qui évolue depuis plus de dix milliards d'années.

De par ce caractère, le *temps* apparaît, non seulement comme indissolublement lié à l'espace, comme l'avait démontré la théorie einsteinienne, mais comme lié indissolublement à l'avènement-événement du Monde.

De plus, l'origine de l'univers, à partir d'un état préalable (rayonnement ? unité originaire ?), ne peut être conçue, à nos yeux, autrement que comme l'événement à l'état pur parce que ni logiquement concevable ni statistiquement pensable.

Il est remarquable que le caractère événementiel du monde n'empêche nullement qu'il obéisse à des relations nécessaires, mais ces relations nécessaires n'excluent nullement accidents et événements, comme les explosions d'étoiles ou les tamponnements de galaxies.

Par ailleurs, l'idée que le cosmos soit un processus est d'importance capitale. Le cours cosmologique justifie le deuxième principe de la thermodynamique qui, dans le cadre de l'ancienne physique des phénomènes réversibles, semblait une anomalie.

Du reste, il apparaît bien que « la matière a une histoire [1] », c'est-à-dire que la matière, par quelques aspects, *est* aussi histoire. On peut faire l'hypothèse que les premières particules, en même temps que l'énergie se dissipait par rayonnement, se sont agrégées en noyaux, puis, « premiers pas vers la dualité et l'organisation », des atomes se sont formés, des propriétés individuelles sont apparues [2]. Il faut dire que c'est « l'échelle quantique d'énergie qui... propose et nous impose une hypothèse d'évolution [3] ». Cette hypothèse microphysique vient rejoindre l'hypothèse astromacrophysique.

Ainsi la nature singulière et évolutive du monde devient de plus en plus plausible.

La nature singulière et évolutive du monde est inséparable de sa nature accidentelle et événementielle. Le cosmos ne devient pas ce qu'il devrait être, à la manière hégélienne, par développement autogéniteur d'un principe obéissant à une logique dialectique interne (celle de l'antagonisme ou du négatif, encore que tout dans cette thèse ne saurait être rejeté). Mais il évolue en tant qu'il est :

a) Une succession d'événements, à commencer par son surgissement physico-spatio-temporel.

b) Une gerbe de processus buissonnants avec associations, combinaisons, entrechoquements et explosions.

1. Jean Ullmo, « Les Concepts physiques », *in* Piaget, *Logique et Connaissance*, La Pléiade, 1967.
2. *Ibid.*, p. 686.
3. *Ibid.*, p. 685.

c) Un devenir constitué par des métamorphoses, c'est-à-dire des transports au-delà du donné originel qui se modifie dans son déplacement à travers et par rencontres et ruptures (d'où la possibilité de développements).

Si l'on considère maintenant l'ordre microphysique, il apparaît aujourd'hui qu'on ne peut plus distinguer la notion d'élément, c'est-à-dire la particule-unité de base des phénomènes physiques, de la notion d'événement. L'élément de base, en effet, manifeste certains caractères événementiels : l'actualisation (sous certaines conditions d'observation ou d'opération), le caractère discontinu, l'indéterminabilité et l'improbabilité. Il y a donc, à un certain degré microphysique, analogie ou coïncidence entre élément et événement.

Ainsi, au niveau astronomique-cosmique, au niveau de l'histoire physique et au niveau de l'observation microphysique, on voit que les caractères propres et propices à l'événement : actualisation, improbabilité, discontinuité, accidentalité, s'imposent à la théorie scientifique.

Il est erroné, donc, d'opposer une évolution biologique à un statisme physique. En fait, il y a une histoire micro-macro-physico-cosmique où déjà apparaît le principe d'évolution à travers « une création successive d'ordre toujours accru, d'objets toujours plus complexes, et par là même improbables[4] ».

La Vie

L'évolution n'est donc pas une théorie, une idéologie, c'est un phénomène qu'il faut comprendre et non escamoter. Or, les problèmes cruciaux que pose l'évolution surgissent, de façon étonnante, avec les associations actives nucléo-protéinées nommées vie.

Il est possible qu'un principe d'hétérogénéisation soit en œuvre dans le cosmos, et que la vie sur terre soit une des manifestations chanceuses de ce principe, dans des conditions données. Il n'est nullement exclu, par ailleurs, que des organisations hétérogénéisantes d'un type inconnu, mais qui

4. *Ibid.*, p. 696.

ne seraient pas assimilables à ce que nous appelons vie, puissent exister sur d'autres planètes, ou même sur la terre. Mais ce que nous appelons vie, c'est-à-dire une organisation nucléoprotéinée disposant d'un pouvoir d'autoreproduction et se déterminant selon un double mouvement génératif et phénoménal, ceci semble avoir été un événement de la plus la haute improbabilité. Comme dit Jacques Monod (*Le Hasard et la Nécessité,* p. 160) : « La vie est apparue sur la terre : quelle était, avant *l'événement,* la probabilité qu'il en fût ainsi ? l'hypothèse n'est pas exclue... qu'un événement décisif ne se soit produit qu'une fois. Ce qui signifierait que sa probabilité, a priori, était presque nulle. » En effet, l'unicité du code génétique, l'identité à travers tous les êtres vivants des constituants protéiques et nucléiques, tout ceci semble nous indiquer que ces êtres vivants descendent d'un unique et hasardeux ancêtre. Et, dès que la vie est apparue, celle-ci s'est manifestée simultanément comme accident-événement d'une part, et comme système-structure d'autre part. Alors que l'on tend habituellement à dissocier ces deux concepts antagonistiques, événement et système, il nous faut au contraire essayer de concevoir comment ils sont indissolublement liés.

De toute façon, tout ce qui est biologique est événementialisé :

1° L'évolution à partir du premier unicellulaire, jusqu'à la gamme infinie des espèces végétales ou animales, est composée d'une multitude de chaînes événementielles improbables, à partir desquelles se sont constituées, dans les cas favorables, les organisations de plus en plus complexes et de mieux en mieux intégrées.

a) L'apparition d'un élément ou trait nouveau a toujours un caractère improbable, parce qu'il est déterminé par une mutation génétique. La mutation, c'est un accident qui apparaît au moment de la copie du message héréditaire, et qui le modifie, c'est-à-dire modifie le système vivant qu'il va déterminer. La mutation est provoquée soit par des radiations extérieures, soit par le caractère inévitablement aléatoire de l'indétermination quantique. Elle ne peut apparaître autrement que comme accident. Or, nous voyons ici que, dans certains cas, rarissimes, certes, la mutation, c'est-à-dire l'accident, est récupérée par le système, dans un sens améliorant ou progressif, et fait apparaître un nouvel organe ou une nouvelle propriété.

b) Il n'y a pas que sur le plan de la mutation que l'évolution dépend de l'événement. La « sélection naturelle » (ou du moins, les facteurs d'élimination et de survie des espèces) se manifeste avec un certain degré d'événementialité. Ce ne sont pas tellement des conditions statiques qui opèrent la sélection. Ce sont des conditions éventuellement dynamiques (les rencontres et interactions entre systèmes mobiles), et certaines aléatoires, comme le climat, dont un faible changement modifie faune et flore.

Le milieu n'est pas un cadre stable mais un lieu de surgissement d'événements. Lamarck remarquait déjà « le pouvoir qu'ont les circonstances de modifier toutes les options de la nature ». Le milieu, c'est le lieu des rencontres et interactions événementielles d'où vont découler disparition ou promotion des espèces.

c) L'évolution n'est ni statistiquement probable selon les causalités physiques ni auto-générative selon un principe interne. Au contraire, les processus physiques conduisent à l'entropie, et le principe interne livré à lui-même maintient purement et simplement l'invariance. Or, l'évolution dépend d'événements-accidents intérieurs-extérieurs et constitue à chaque étape un phénomène improbable. Elle élabore des différences, de l'individualisme, du nouveau. L'auto-génération de la vie (évolution des espèces) n'est rendue possible que par l'hétéro-stimulation de l'accident-événement.

d) Enfin, il faut constater que l'événement ne joue pas seulement sur le plan des espèces, mais aussi sur celui des individus : l'existence phénoménale est une succession d'événements : le *learning,* l'apprentissage sont les fruits non seulement d'une éducation parentale, mais aussi des rencontres entre l'individu et l'environnement.

2° Et ici, nous arrivons peut-être à la zone théorique qui sera, sans doute, défrichée dans les années à venir, où la vie apparaît, dans ses caractères à la fois organisationnels et événementiels. C'est dire que l'organisation biotique (la vie) est non seulement un système métabolique assurant, dans ses échanges avec l'environnement, le maintien de sa constance intérieure; non seulement un système cybernétique doué de *feed-back,* ou possibilité rétroactive d'autocorrection; la vie est aussi plus profondément un système événementialisé, c'est-à-dire apte à affronter l'événement (accident, aléa, hasard).

a) L'organisation biotique est apte à réagir à l'événement extérieur qui menace de l'altérer, apte à préserver, retrouver son homéostasie *(feed-back).* Elle est apte à modifier ses voies pour atteindre les fins inscrites dans son programme *(equifinality).* Elle est apte à s'automodifier en fonction des événements qui surgissent sur le plan phénoménal *(learning).* Elle est apte, sur le plan génotypique, à se restructurer en répondant aux accidents-événements qui altèrent le message génétique (mutations).

b) Ainsi, l'organisation biotique est commandée antagonistiquement par des structures de conservation (feed-back, homéostasie, invariance génétique) et par des aptitudes auto-modificatrices.

c) L'indétermination phénotypique, c'est-à-dire l'aptitude à répondre aux événements, s'accroît avec le développement du cerveau. Comme le dit J.-L. Changeux[5] : « Ce qui semble très caractéristique des vertébrés supérieurs, c'est la propriété d'échapper au déterminisme génétique absolu menant aux comportements stéréotypés, c'est la propriété de posséder à la naissance certaines structures cérébrales non déterminées qui, par la suite, sont spécifiées par une *rencontre* (je souligne) le plus souvent imposée, parfois fortuite, avec l'environnement physique social et culturel. »

d) Il faudrait considérer de plus près le problème des alternatives et des « choix », qui se posent au niveau des êtres vivants. Fuite/Agression, Régression/Progression sont, par exemple, deux réponses possibles à l'événement perturbateur. Dans la mesure où les deux réponses sont possibles dans le même système, on peut se demander si l'organisation biotique ne dispose pas d'un double dispositif antagoniste couplé, qui déclencherait la possibilité alternative chaque fois que l'inconnu, le hasard, l'événement se

5. « L'Inné et l'Acquis dans la structure du cerveau » in *La Recherche,* 3, juillet-août 1970, p. 271.

présenteraient. Et s'il y a effectivement cette aptitude du système à élaborer des alternatives, des choix, c'est-à-dire des incertitudes, alors on peut dire que la vie contient en elle, *organisationnellement, l'aléa* lui-même. On peut se demander si la seule façon qu'a un système vivant de pouvoir répondre à l'aléa n'est pas d'intégrer *l'aléa en lui.*

La « décision », le « choix » dans une situation où deux réponses possibles offrent chacune chance et risque, sont eux-mêmes des *éléments-événements aléatoires.*

De toute façon, la vie se présente à nous non seulement comme phénomène événementialisé, mais aussi comme système événementialisé où surgit l'aléa. La relation écologique entre l'organisation biotique, système ouvert, et le milieu qui englobe d'autres organisations biotiques, est une relation où événements et systèmes sont en interrelation permanente. La relation écologique est la relation fondamentale, où il y a connexion entre événement et système. J'ajouterai même, pour ma part, que l'historicité profonde de la vie, de la société, de l'homme, réside dans un lien indissoluble entre le système d'une part et l'aléa-événement d'autre part. Tout se passe comme si tout système biotique, né de la rencontre entre des systèmes physico-chimiques complexes, était constitué pour le hasard, pour l'aléa, pour jouer avec les événements. (D'où l'importance anthropobiotique du ludisme : on voit que le jeu est un apprentissage non seulement de telle ou telle technique, de telle ou telle aptitude, de tel ou tel savoir-faire. Le jeu est un apprentissage de la nature même de la vie qui est jeu avec le hasard, avec l'aléa.)

3° L'événement est-il absent du développement qui semble le mieux progammé, c'est-à-dire le développement embryogénétique ? On ne sait presque rien du processus même de multiplication-différenciation cellulaire qui part de l'œuf pour aboutir à une organisation complexe de parfois plusieurs milliards de cellules. Mais on peut se demander si un tel développement (autogénéré) n'est pas constitué par déclenchements, provocations, contrôles et régulations d'accidents-événements. Un développement c'est la rupture de l'homéostasie cellulaire, la rupture du système cybernétique, c'est l'organisation d'une multiplicité de catastrophes dont le système va tirer *parti* pour proliférer, différencier, constituer une unité supérieure. Ainsi, il y aurait un parallèle saisissant entre l'évolution biologique, qui profite des accidents catastrophiques que sont les mutations, pour créer (parfois) des systèmes plus complexes et plus riches, et le développement de tout être vivant, qui *reconstitue* d'une certaine façon l'évolution passée de l'espèce, c'est-à-dire les événements-catastrophes, mais cette fois, en les guidant. Ce qui a déclenché le progrès de l'être supérieur est cette fois déclenché par celui-ci, dans son processus de reproduction.

4° Ainsi la biologie moderne est ce qui nous introduit de tous côtés à la notion de système *aléatoire* ou *événementialisé.*

Avec l'apparition de l'homme, les séquences événementielles deviennent cascades.

Anthropologie

L'apparition de l'homme est elle-même un événement. Dire qu'une grande muraille structurelle sépare la Nature de la Culture, c'est dire implicitement qu'un grand Événement les sépare. Cet Événement sans doute se décompose en enchaînements d'événements, où a joué une dialectique génético-culturelle marquée entre autres par l'apparition de l'outil et celle du langage. Il est possible, voire plausible, que l'homme, plutôt que de surgir pluriellement en divers points du globe, soit né une seule fois, c'est-à-dire que l'origine de l'humanité, comme celle de la vie, soit un événement unique. Le cytogénéticien Jacques Ruffié a développé à ce sujet l'hypothèse d'une mutation chez un anthropoïde, dont le cariotype, à la suite de la fusion de 2 chromosomes acrocentriques, serait passé de 48 à 47 chromosomes, et d'où, par le jeu des unions incestueuses, seraient issus, parmi une descendance à 48 et 47 chromosomes, quelques rejetons à 46 chromosomes, lesquels, s'ils présentaient une aptitude nouvelle par rapport au type ancestral, auraient bénéficié d'une « pression de sélection ».

1. *L'histoire et les sociétés*

Avec l'homme, l'évolution va se transformer en histoire. Cela ne veut pas seulement dire que l'évolution va cesser d'être physique pour devenir psycho-socio-culturelle. C'est dire aussi que les *événements* vont se multiplier et que leur rôle va intervenir de façon nouvelle au sein des systèmes sociaux.

Les lois génétiques de Mendel, les déterminations sélectives de Darwin ont un caractère statistique : elles jouent non sur des individus, mais sur des populations. C'est, pour la sélection naturelle, l'aptitude d'une population à assurer un taux de reproduction supérieur à un taux de mortalité, dans des conditions écologiques données, qui décide de sa survie. Or, la sphère d'application de la statistique à l'histoire des relations entre groupes sociaux est dépourvue de bases quantitatives. Il n'y a de déterminations statistiques possibles que sur les populations d'*individus*, c'est-à-dire sur les phénomènes intra-sociétaux. Ceux-ci certes jouent leur rôle dans les rapports intersociétaux et sur l'histoire elle-même. Mais la vie et la mort des ethnies, nations, empires, échappent à la loi statistique. D'où le rôle crucial de l'événement dans l'histoire : alors que la survie d'une espèce ne dépend pas d'un ou de quelques combats douteux, le sort d'une société peut dépendre de quelques événements heureux ou malheureux, notamment des guerres, dont le déroulement et l'issue comportent toujours, sauf en cas d'inégalité écrasante dans le rapport des forces, quelque chose d'aléatoire.

2. *L'intégration des événements*

La seconde grande différence entre histoire des sociétés et évolution biologique tient à la nature même des systèmes sociaux qui, à la différence du système nucléo-protéiné, sont aptes à incorporer au sein de leur capital génératif ou informatif (la *Culture* dans le sens anthropo-sociologique du terme) des éléments acquis au cours de l'expérience phénoménale. C'est-à-dire que des *événements* de tous ordres, depuis l'invention technique, la découverte scientifique, la rencontre de deux civilisations, la décision d'un tyran peuvent jouer un rôle modificateur au sein du système social lui-même.

3. *L'histoire auto-hétérogénérée*

L'histoire, dès lors qu'elle s'impose comme une dimension constitutive permanente de l'humanité, s'impose du même coup comme science cardinale.

Elle est la science la plus apte à saisir la dialectique du système et de l'événement. Dans son premier temps, l'histoire fut avant tout une description des cascades événementielles, et essaya de tout interpréter en fonction de l'événement. Puis, au cours du dernier siècle, et surtout aujourd'hui, l'histoire « événementielle » fut progressivement refoulée et réfutée au profit d'une évolution systématique, qui s'efforce de déterminer les dynamismes auto-générateurs au sein des sociétés.

Une telle tendance, si elle est poussée à l'extrême, risque d'auto-détruire l'histoire elle-même en détruisant l'événement. Si l'événement n'est plus qu'un élément nécessaire au sein d'un processus autogénéré, l'histoire verse dans l'hégélianisme, c'est-à-dire la réduction de l'historique au logique, alors que le logique se dessine, s'ébauche, se fragmente, meurt, renaît *dans* l'historique. L'histoire compréhensive est celle pour qui le *bruit* et la *fureur* jouent un rôle *organisationnel* non pas parce que le bruit serait le masque d'une information cachée, mais parce qu'il contribue à constituer et modifier le discours historique.

Le grand problème anthropologico-historique est de concevoir l'histoire comme une combinaison entre processus auto-génératifs et processus hétéro-génératifs (où le bruit, l'événement, l'accident, contribuent de façon décisive à l'évolution).

Poser l'existence d'un processus auto-génératif, c'est supposer que les systèmes sociaux se développent d'eux-mêmes, non seulement selon des mécanismes de « croissance », mais aussi selon des antagonismes internes ou contradictoires, qui vont jouer un rôle moteur dans le développement, en provoquant des « catastrophes » plus ou moins contrôlées (conflits sociaux, lutte des classes, crises). Autrement dit, les systèmes sociaux, du moins les systèmes sociaux complexes, seraient *générateurs d'événements*. Ces processus autogénératifs seraient à mi-chemin entre le développement embryogénétique (où les catastrophes sont *provoquées* et *contrôlées*, c'est-à-dire *programmées*) et les développements accidentels livrés aux rencontres aléatoires entre systèmes et événements (mutations).

On peut, dans un certain cadre, isoler une relative autonomie des processus autogénératifs, ce qui rend vigueur, on le verra plus loin, à la conception de Karl Marx, qui reste le théoricien le plus riche de l'autogénérativité historique[6]. Mais, à l'échelle *planétaire* et anthropo-historique, il n'y a pas de processus autogénératif. A l'échelle contemporaine, il n'y a pas de développement autonome d'une Société, mais dialectique généralisée des processus autogénératifs et hétérogénératifs. Il nous faut trouver leur unité théorique dans une théorie systémo-événementielle qu'il appartient d'édifier trans-disciplinairement, au-delà de la sociologie et de l'histoire actuelles.

4. *La réaction anti-événementielle et la vérité structuraliste*

Mais en attendant, il y a une formidable pression de rejet contre l'événement. Victimes d'un point de vue mécanico-physique aujourd'hui dépassé dans la physique moderne, victimes d'un fonctionnalisme aujourd'hui dépassé dans la biologie moderne, les sciences humaines et surtout sociales s'efforcent d'expulser l'événement. L'ethnologie et la sociologie refoulent l'histoire chacune de leur côté, laquelle histoire s'efforce d'exorciser l'événement. On assiste aujourd'hui encore aux effets d'une tentative profonde et multiple pour refouler l'événement hors des sciences humaines, afin de gagner un brevet de scientificité. Or, la véritable science

6. Parce qu'il n'a pas vu que des mécanismes à la base des développements, mais aussi des antagonismes.

moderne ne pourra commencer qu'avec la reconnaissance de l'événement. Certes, nul ne nie la réalité de l'événement, mais celui-ci est renvoyé à la contingence individuelle et à la vie privée. Ce rejet de l'événement, en fait, tend à dissoudre non seulement la notion d'histoire (réduite au concept dispersif de diachronie), mais celle même d'évolution, et ceci, non seulement dans le structural, mais même dans le statistisme qui lui dispute l'empire des sciences humaines, et pour lequel il ne peut y avoir tout au plus que croissance. Dans les luttes hasardeuses que se livrent théories historico-évolutives et théories structuralo-systémiques, et qui aujourd'hui sont marquées par la victoire relative du structurel, ce dernier, dans son excès même, porte en lui, cachée, la clef de son dépassement.

En effet, l'intuition profonde du structuralisme est qu'il *n'y a pas de structures évolutives.* Les structures effectivement ne sont que conservatrices, protectrices d'invariances. En fait, ce sont les événements internes issus de « contradictions » au sein de systèmes complexes et très lâchement structurés et les événements externes issus des rencontres phénoménales qui font *évoluer les systèmes,* et finalement, dans la dialectique systémo-événementielle, provoquent la modification des structures.

5. *Entre le génétisme et le structuralisme*

Mais nous sommes encore loin de saisir cette dialectique qui situerait la théorie au-delà du génétisme et du structuralisme. Tandis que le structuralisme refoule l'événement hors de la science, l'historicisme génétique l'assimile comme élément et le désintègre. La théorie sociologique, quant à elle, n'arrive pas à dépasser les modèles mécanico-physiques ou para-biologiques (comme le fonctionnalisme). La domination de la statistique fait régner la probabilité, c'est-à-dire les régulations et les moyennes au sein des populations.

Bien que contrainte à affronter le changement, puisqu'elle veut appréhender la société moderne qui est en devenir rapide, la sociologie n'arrive pas à théoriser l'évolution. Pour cette sociologie, tout ce qui est improbable devient aberrant, tout ce qui est aberrant devient anomique, alors que l'évolution n'est qu'une succession d'aberrations qui actualisent les improbabilités. Elle se trouve ainsi retardataire par rapport à une science comme l'économie, qui a dû reconnaître le problème des crises, et reconnaît aujourd'hui l'existence de seuils événementiels au sein du développement (les « take off »). Bien plus, l'économie avancée doit concevoir de plus en plus que le développement n'est pas seulement un processus général, mais aussi un *phénomène singulier* dépendant d'un complexe de circonstances historiques situées et datées. « Les développements sont originaux, ou ils ne sont pas », dit Jacques Austruy (*Le Monde,* 8 mai 1970). Le sociologisme qui n'arrive pas à concevoir les structures demeure pourtant aveugle au développement. Or le développement, c'est quelque chose de bien plus, avons-nous dit, qu'un mécanisme autogénératif. Il faudrait en outre se demander si nos sociétés en pleine évolution, c'est-à-dire en changement permanent, ne sont pas en même temps, nécessairement, des sociétés en « crise », des sociétés « catastrophiques » qui utilisent, bien et (ou) mal, avec erreur et (ou) succès, avec régressions et (ou) progressions, les forces destructurantes en jeu, pour se restructurer sur un autre mode. Une société qui évolue est une société qui se détruit pour se récupérer, et c'est une société, donc, où se multiplient les événements. Aujourd'hui, la sociologie est la seule science qui dédaigne l'événement, alors que nos sociétés modernes sont soumises à une dialectique permanente et heurtée de l'événementiel et de l'organisationnel. La sociologie propose des modèles éconocratiques ou technologiques de la société moderne, alors que le XXe siècle a surexcité — non refoulé — les caractères shakespeariens d'une histoire faite de bruits et de fureur, avec deux guerres mondiales et une suite ininterrompue de crises et de chaos.

Marx et Freud

Si l'on considère les deux grandes doctrines transdisciplinaires en sciences humaines, celle de Marx et celle de Freud, on voit que non seulement l'évolution autogénératrice y joue un rôle capital, mais aussi que l'événement peut trouver sa place dans les deux systèmes. Si dans Marx la notion de lutte de classes s'accouple de façon indéracinable à la notion de développement des forces de production, cela signifie que l'évolution n'est pas due seulement à une logique économico-technique, se développant autogénérativement d'elle-même : elle comporte des relations actives, c'est-à-dire conflictuelles, entre sujets-acteurs historico-sociaux : les classes. Il apparaît que le développement historique est le produit d'antagonismes, de « contradictions » (et ce mot né d'une logique idéaliste exprime fort bien le caractère *hétérogène* des systèmes sociaux complexes), et c'est le choc contradictoire des antagonismes qui devient *générateur.* La notion même de lutte de classes, si on l'interroge un peu plus, révèle un aspect aléatoire, comme toute lutte, et renvoie à des événements, dont ces batailles décisives que sont les révolutions ou contre-révolutions. Les révolutions — « locomotives de l'histoire » — sont des événements clés, et dans ses œuvres historiques comme *Le 18-Brumaire,* Marx a étudié stratégiquement, c'est-à-dire sur le plan des décisions, la lutte de classes. C'est par ce biais-là que l'on peut faire le raccord, qui sinon serait complètement manquant, entre d'un côté une théorie fondée sur des déterminismes absolument rigoureux, et de l'autre côté une pratique qui demande des décisions extrêmement hardies. Comment concilier en effet la hardiesse des décisions de type léninien, c'est-à-dire les thèses d'avril en 1917, c'est-à-dire la décision de la révolution d'Octobre 17, avec la conception d'un mécanisme de forces économico-sociales ? Il semble que c'est en développant les virtualités événementielles et aléatoires incluses dans la notion de lutte des classes que l'on puisse faire ce raccord théorique.

En ce qui concerne Freud, on se rend compte que la recherche d'élucidation anthropologique tend, comme chez Rousseau, à chercher un événement originel d'où serait issue toute la systématique humaine et sociale. Dans *Totem et Tabou,* Freud envisage l'hypothèse du meurtre du père par le fils comme fondation de toute la société humaine par l'institution conjointe de la loi, de la prohibition de l'inceste et du culte. Très justement, Freud sent très bien qu'il y a dans toute l'évolution, peut-être depuis la création du monde, une relation entre un traumatisme et une remodification structurante générale d'un système. Si l'on considère maintenant le freudisme par l'autre bout, c'est-à-dire non plus à partir de la recherche d'une théorie des origines du lien social, mais du côté de la théorie des individus, c'est-à-dire des personnalités au sein d'un monde socialisé, on voit que la formation de la personnalité vient de la rencontre entre un développement autogénératif et l'environnement. Le rôle capital des traumatismes est mis en relief. Or les traumatismes sont précisément quelques-uns des chocs qui proviennent de la rencontre entre ce développement autogénéré et le monde extérieur, représenté par les principaux acteurs qui interviennent dans le processus génératif, c'est-à-dire le père, la mère, les frères, les sœurs et autres figures substitutives. Des événements décisifs marquent la constitution, la formation d'une personnalité. Une personnalité n'est pas seulement un développement autogénéré à partir, d'une part, d'une information génétique, d'autre part, d'une information socioculturelle. En outre, notons que la conjonction de thèmes conflictuels, les uns issus de l'information génétique (hérédité), les autres de l'information sociologique (culture), est par elle-même potentiellement génératrice de conflits. Et déjà ces conflits constituent des événements internes invisibles. Ainsi le développement est une chaîne dont les maillons sont associés par une dialectique entre événements internes (résultant des conflits intérieurs) et événements externes. C'est dans ces entre-chocs perturbants qu'apparaissent les traumatismes fixateurs qui vont jouer un rôle capital dans la constitution de la personnalité. C'est très fondamentalement que la thérapeutique freudienne demande non seulement d'élucider la cause originelle du mal dont souffre l'organisme entier, c'est-à-dire de retrouver le traumatisme oublié (occulté), mais elle demande aussi un nouvel événement à la fois traumatique et détraumatisant, qui soit à la fois la répétition et l'expulsion de *l'événement* qui a déréglé et altéré le complexe psychosomatique.

Ainsi, on peut avancer que la personnalité se forme et se modifie en fonction de trois séries de facteurs :

a) hérédité génétique ;

b) héritage culturel (en symbiose et antagonisme avec le précédent) ;

c) événements et aléas.

Il conviendrait d'examiner comment le couplage antagoniste ou hétérogène de l'hérédité génétique et de l'héritage culturel, source permanente d'événements internes, permet à l'événement-aléa de jouer un rôle dans la formation du système bioculturel que constitue un individu humain.

Ces quelques indications nous montrent que les théories de Marx et de Freud laissent une place, parfois vide, parfois occupée, à l'événement. Mais le marxisme et le freudisme contemporains ont, l'un et l'autre, dérivant en dogmatique et vulgatique, cherché à refouler le problème événementiel que contenaient fondamentalement les théories géniales de Marx et de Freud. Sous l'influence du déterminisme économistique, de la glaciation stalinistique et en dernier lieu du structuralisme althussérien, l'événementialité, voire même l'événementialisé, ont été éjectés des marxismes orthodoxes.

Quant à la psychanalyse, elle a renoncé à considérer le problème de l'origine anthropologique et une nouvelle vulgate tend à envisager le processus œdipien comme un mécanisme où l'événement devient élément. Ici encore, nous nous rendons compte de la dégradation des systèmes explicatifs par la réduction de l'événement à l'élément, alors que nous devons rester dans l'ambiguïté, c'est-à-dire dans la dualité, où le même trait phénoménal est à la fois élément constitutif et événement.

II. LA NOTION D'ÉVÉNEMENT

La notion d'événement a été utilisée, dans ce qui précède, pour désigner ce qui est improbable, accidentel, aléatoire, singulier, concret, historique... Autrement dit, cette notion apparemment simple, élémentaire, renvoie à d'autres notions, les contient, est en fait une notion complexe. Nous ne saurons ni ne voulons en proposer l'analyse. Nous nous bornons à indiquer quelques lignes de force.

La notion d'événement est relative

1. *a*) La notion *d'élément* relève d'une ontologie spatiale. La notion *d'événement* relève d'une ontologie temporelle. Or, tout élément peut être considéré comme événement dans la mesure où on le considère situé dans l'irréversibilité temporelle, comme une manifestation ou actualisation, c'est-à-dire en fonction de son apparition et de sa disparition, comme en fonction de sa singularité. Le temps marque d'un coefficient *d'événementialité* toute chose.

b) Autrement dit, il y a toujours ambivalence entre événement et élément. S'il n'y a pas de « pur » élément (c'est-à-dire si tout élément est lié au temps), il n'y a pas non plus de « pur » *événement* (il s'inscrit dans un système), et la notion d'événement est relative.

c) Autrement dit encore, la nature accidentelle, aléatoire, improbable, singulière, concrète, historique de l'événement dépend du *système* selon lequel on le considère. Le même phénomène est événement dans un système, élément dans un autre. Exemple : les morts du week-end automobile sont des éléments prévisibles d'avance, probables, d'un système statistico-démographique qui obéit à des lois strictes. Mais chacune de ces morts, pour les membres de leur famille, est un accident inattendu, une malchance, une catastrophe concrète.

2. Les événements de caractère modificateur sont ceux qui résultent de *rencontres, interactions* entre, d'une part un principe d'ordre ou un système organisé, d'autre part un autre principe d'ordre, un autre système organisé, ou une perturbation d'origine quelconque. Destructions, échanges, associations, symbioses, mutations, régressions, progressions, développements peuvent être la conséquence de tels *événements*.

Vers une science du devenir

a) Ce sont évidemment les constitutions d'unités ou organisations nouvelles, les associations, les mutations et surtout les régressions et les progressions qui constituent l'aspect le plus original du problème posé par l'événement. C'est la *tendance organisatrice d'un grand ensemble complexe à pouvoir éventuellement profiter de l'accident pour créer une unité supérieure (et de ne pouvoir le faire sans accident)* qui constitue le phénomène troublant, crucial, capital dont il faut tenter la théorie.

b) Une telle théorisation qui s'ébauche à partir des idées lancées par von Foerster[7], formulées par ailleurs par Bateson[8], reprises par Henri Atlan[9], permet de concevoir pour la première fois la possibilité d'une science du devenir. En effet, dans la mesure où les structures n'évoluent pas, où les systèmes ne se modifient que sous le stimulant de l'événement, où le changement est indissociable d'une relation système-événement, où donc il n'y a plus disjonction entre structures ou systèmes d'une part, et d'autre part, événements (c'est-à-dire « bruit », improbabilité, individualité, contingence), alors il est possible de théoriser l'histoire. Le *bruit et la fureur* shakespeariens sont très justement les *facteurs événementiels* sans lesquels il ne peut y avoir d'histoire, c'est-à-dire modification et évolution des systèmes, apparition de nouvelles formes, enrichissement de l'Information (culture).

c) Dans ce sens, les systèmes les plus complexes sont des *structures d'accueil* de plus en plus ouvertes à l'événement, et des structures de plus en plus *sensibles* à l'événement. La société humaine est l'organisation, jusqu'à ce jour, où la sensibilité à l'événement est la plus ouverte ; elle n'est plus seulement limitée à l'appareil phénoménal, mais concerne aussi le système informationnel-génératif, c'est-à-dire la culture. Alors que chez les vivants le système informationnel-génératif (A.D.N., information génétique) n'est sensible qu'à certains rarissimes événements transformateurs, la culture

7. Dans un texte fondamental « On self organizing-systems and their Environments », in Yovits, Cameron, *Self Organizing Systems*, Pergamon Press, New York, 1962.

8. « Tout ce qui n'est ni information, ni redondance, ni forme, ni contrainte, est bruit ; *la seule source possible de nouveaux patterns.* »

9. « Rôle positif du bruit en théorie de l'information appliquée à une définition de l'organisation biologique », *Ann. phys. biol. et med.*, 1970, I, p. 15-33.

des sociétés humaines modernes, sensible à tous événements en principe, est en *évolution permanente*.

d) Les systèmes les plus sensibles à l'événement sont peut-être des systèmes qui comportent en leur sein une bipolarité antagoniste, voire un double *circuit couplé* qui contient et sécrète en lui-même l'aléa, l'événement sous forme de possibilité *alternative*, choix entre deux ou plusieurs solutions possibles, qui elles-mêmes dépendent de l'intervention d'événements-facteurs aléatoires internes ou externes. Dans ce cas, la décision c'est l'événement qui vient de l'intérieur.

e) L'évolution (physique, biologique, humaine) peut être considérée non seulement comme le produit des dialectiques entre principes d'organisation et processus désordonnés, mais aussi comme le produit de la dialectique entre systèmes et événements qui, à partir du moment où se constituent les systèmes vivants, fait apparaître les possibilités de régressions et celles de développements.

f) Une science du devenir aurait à explorer la nécessaire relation entre les phénomènes autogénérés (qui se développent selon une logique interne, déclenchent les événements qui assurent le développement) et les phénomènes hétérogénérés qui ont besoin d'incitations événementielles-accidentelles pour se développer.

Alors que la dialectique de Hegel intègre l'hétérogénératif (ce qu'il appelle le négatif) dans l'autogénératif et considère *l'événement* comme un élément du nécessaire processus autogénératif, il ne nous faut concevoir la dialectique ni comme réduction de l'hétérogénéré (cet agressif nommé « négatif » par Hegel) dans l'autogénéré, ni comme la dissolution des systèmes autogénératifs dans le désordre des rencontres.

g) L'évolution n'est pas une théorie, c'est un phénomène de nature cosmique, physique, biologique, anthropologique. Elle n'est pas seulement progression (développement) mais aussi régression et destruction. Elle porte en elle la *catastrophe* comme force non seulement de destruction mais de création. La *théorie* de l'évolution, c'est-à-dire du devenir, n'en est qu'à ses premiers pas. La théorie de *l'évolution* est une théorie de l'improbabilité, dans la mesure où les *événements* y jouent un rôle indispensable en fait. « Tous les événements sont improbables » (J. Monod). L'évolution physique déjà était

« une création successive d'ordre toujours accru d'objets toujours plus complexes et par là même plus improbables » (Jean Ullmo). « Pour autant qu'un processus statistique ait une direction, c'est un mouvement vers la moyenne — et c'est exactement ce que n'est pas l'évolution » (J. Bronowski).

CONCLUSION

I. Le rejet de l'événement était peut-être nécessaire aux premiers développements de la rationalité scientifique. Mais il peut correspondre aussi à un souci de rationalisation quasi morbide, qui écarte l'aléa parce que l'aléa est le risque et l'inconnu.

II. Ce rationalisme morbide est, dans un sens, l'idéalisme même, c'est-à-dire une conception où les structures de l'esprit comprennent un monde transparent sans rencontrer de résidus irréductibles ou réfractaires. Et l'idéalisme historique de Hegel fait obéir le monde à un processus autogénéré qui coïncide totalement avec le développement de la dialectique spirituelle, c'est-à-dire que le Réel coïncide avec le rationnel.

Le matérialisme a eu le sens d'une opacité, d'une irréductibilité, d'une insaisissabilité qui résistent à l'esprit, le précèdent, le débordent, voire le meuvent. Mais cet aspect ontologique irréductible s'est trouvé fixé spatialement dans la notion de matière, alors que cette irréductibilité de l'actualisation physique est aussi l'événementiel. C'est bien cette irréductibilité qu'a rencontrée la micro-physique moderne, apparemment idéaliste parce qu'elle dissout la notion de matière, mais anti-idéaliste en fait dans la mesure où élément et événement deviennent deux notions ambiguës complémentaires. C'est le matérialisme qui a versé dans l'idéalisme quand il a voulu faire coïncider le réel avec la nécessité logique, retrouvant la Loi du Logos. Le matérialisme n'a pas vu que le réel était lié à l'événementiel, c'est-à-dire à l'aléa.

Ainsi, rationalisme idéaliste et marxisme scolastique sont

du même versant de la réalité, et occultent l'un et l'autre le versant événementiel.

Après avoir été mis en état d'illégalité scientifique et rationnelle, l'événement nous contraint à réviser son procès. Il a fallu l'expérience, c'est-à-dire l'expérimentation microphysique, les découvertes de la biologie moderne pour réhabiliter l'événement qui reste illégal seulement dans les sciences les moins avancées, les sciences sociales.

III. Il n'y a pas que la notion de système qui soit une plaque tournante cosmo-physico-bio-anthropologique. C'est aussi la notion d'événement. Elle touche à toutes les sciences, et c'est la question limite de toutes les sciences. C'est en même temps le problème philosophique même de l'improbabilité ou contingence de l'être.

IV. Système et événement ne devraient-ils pas enfin être conçus de façon couplée ? La théorie des systèmes disposant d'une information organisatrice-génératrice (auto-organisés, autoprogrammés, autogénérés, automodificateurs, etc.) a besoin d'intégrer l'événement accident-aléa dans sa théorie. Peut-on entrevoir déjà la possibilité d'une théorie des systèmes événementialisés anacatastrophisables ? Une telle théorie permettrait d'envisager enfin une science du devenir.

5

Le système, paradigme ou/et théorie

LA MAÎTRISE DU CONCEPT DE SYSTÈME

La première maîtrise qui importe est celle du concept de système.

Or, la théorie des systèmes a révélé la généralité du système; elle n'a pas dévoilé la « généricité » du système.

La généralité du système : tout ce qui était au siècle dernier matière est devenu système (l'atome, la molécule, l'astre), tout ce qui était substance vivante est devenu système vivant; tout ce qui est social a toujours été conçu comme système. Mais cette généralité ne suffit pas pour donner à la notion de système sa place épistémologique dans l'univers conceptuel.

La théorie des systèmes a apparemment tranché le problème : le système relève d'une théorie générale (la théorie des « systèmes généraux »), mais ne constitue pas un principe de niveau paradigmatique : le principe nouveau, lui, est le *holisme,* qui cherche l'explication au niveau de la totalité, et s'oppose au paradigme réductionniste, qui cherche l'explication au niveau des éléments de base. Or je voudrais montrer que le *holisme* relève du même principe simplificateur que le réductionnisme auquel il s'oppose (idée simplifiée du tout et réduction au tout). Comme je l'ai indiqué (Morin, 1977, p. 101), la théorie des systèmes a omis de creuser son propre fondement, d'élucider le concept du système. Aussi, le système comme paradigme demeure larvaire, atrophié, non dégagé ; la théorie des systèmes souffre donc d'une carence fondamentale : elle tend sans cesse à retomber dans les ornières réductrices, simplificatrices, mutilantes, manipulantes, dont elle était censée s'affranchir et nous affranchir.

Or, l'intelligence du système postule un nouveau principe de connaissance qui n'est pas le *holisme*. Ceci n'est possible qu'à condition de concevoir le système non seulement comme un terme général, mais comme un terme générique ou générateur, c'est-à-dire un paradigme (un paradigme étant ici défini comme l'ensemble des relations fondamentales d'association et/ou d'opposition entre un nombre restreint de notions maîtresses, relations qui vont commander/contrôler toutes pensées, tous discours, toutes théories).

La notion de système a toujours été une notion socle pour désigner tout ensemble de relations entre constituants formant un tout. La notion ne devient révolutionnaire que lorsqu'au lieu de compléter la définition des choses, des corps et des objets, elle se substitue à celle de chose ou d'objet, qui étaient constitués de forme et de substance, décomposables en éléments primaires, isolables nettement dans un espace neutre, soumis aux seules lois externes de la « nature ». Dès lors, le système rompt nécessairement avec l'ontologie classique de l'objet. (Nous découvrirons que l'objet de la science classique est une coupe, une apparence, une construction, simplifiée et unidimensionnelle, mutilant et abstrayant une réalité complexe qui prend racine à la fois dans l'organisation physique et dans l'organisation psycho-culturelle.) Nous savons l'universalité de la rupture que la notion du système apporte par rapport à la notion d'objet, mais ce qui reste à envisager, c'est la radicalité de cette rupture et la véritable nouveauté qu'elle pourrait apporter.

I. — LE PARADIGME SYSTÈME

A. — *Le tout n'est pas un fourre-tout*

Ma thèse : j'oppose à l'idée de théorie générale ou spécifique des systèmes l'idée d'un paradigme systémique qui devrait être présent dans toutes théories quels que soient leurs champs d'application sur les phénomènes.

Le *holisme* ne recouvre qu'une vision partielle, unidimensionnelle, simplifiante du tout. Il fait de l'idée de totalité une idée à laquelle se réduisent les autres idées systémiques, alors que ce devrait être une idée de confluence. Le *holisme* relève donc du paradigme de simplification (ou réduction du complexe à un maître concept, à une catégorie maîtresse).

Or, le paradigme nouveau qu'apporte l'idée du système, Pascal l'avait déjà exprimé : « *Je tiens pour impossible de connaître les parties sans le tout, non plus que de connaître le tout sans connaître particulièrement les parties.* » Une telle proposition, dans la logique de la simplification, conduit à cette impasse désignée par Bateson sous le nom de *double bind* : les deux injonctions (connaître les parties par le tout, connaître le tout par les parties) semblent devoir s'annuler en un cercle vicieux où l'on ne voit comment entrer ni comment sortir. Or, il faut tirer de la formule de Pascal un type supérieur d'intelligibilité fondée sur la circularité constructrice de l'explication du tout par les parties et des parties par le tout, c'est-à-dire où ces deux explications, sans pouvoir annuler tous leurs caractères concurrents et antagonistes, deviennent complémentaires *dans le mouvement même qui les associe.*

Tout → Parties

C'est ce circuit actif qui constitue la description et l'explication. Du même coup, le maintien d'une certaine opposition et d'un certain jeu entre les deux processus d'explication, qui, selon la logique simplificatrice, s'excluent, n'est pas vicieux, mais fécond. En même temps, la recherche de l'explication dans le mouvement rétroactif de l'un de ces processus à l'égard de l'autre (parties ⇄ tout, tout ⇄ parties) nous annonce une première introduction de la complexité au niveau paradigmatique (car, comme on le verra, la complexité ne doit pas être respectée, au niveau des phénomènes, pour être escamotée au niveau du principe d'explication, c'est au niveau du principe que la complexité doit être dévoilée).

Du même coup, nous devons poser le système non

seulement comme unité globale (ce qui est purement et simplement substituer une macro-unité simple à l'unité élémentaire simple du réductionnisme), mais comme *unitas multiplex*; là encore, des termes antagonistes sont nécessairement accouplés. Le tout est effectivement une macro-unité, mais les parties n'y sont pas fondues ou confondues ; elles ont une double identité, une identité propre qui leur demeure (donc non réductible au tout) et une identité commune, celle de leur citoyenneté systémique. Bien plus : les systèmes atomiques, biologiques, sociaux, nous indiquent qu'un système n'est pas seulement une constitution d'unité à partir de la diversité, c'est aussi une constitution de diversité (interne) à partir de l'unité (principe d'exclusion de Pauli qui crée une diversification électronique autour du noyau ; morphogenèses biologiques où à partir d'un œuf indifférencié se développe un organisme constitué de cellules et d'organes d'une extrême diversité ; sociétés qui non seulement donnent une culture/identité commune à des individus divers, mais qui permettent aussi par cette culture le développement des différences). Ici encore, il faut faire appel à une pensée qui opère la circulation

Un → Divers

entre deux principes d'explication qui s'excluent : en effet, la pensée unifiante devient de plus en plus homogénéisante et perd la diversité ; la pensée différenciante devient catalogale et perd l'unité. Ici encore, il ne s'agit pas de « doser » ou d'« équilibrer » ces deux processus d'explication, il faut les intégrer dans un circuit actif où l'on puisse concevoir que :

→ la diversité organise de l'unité qui organise de →

Il ne suffit pas de concevoir comme problème central celui du maintien des relations tout/parties, un/divers, il faut voir aussi le caractère complexe de ces relations, que je vais formuler ici lapidairement (pour plus de développements, cf. Morin, 1977, p. 105-128). Ainsi :

— *Le Tout est plus que la somme des parties* (principe bien dégagé et du reste intuitivement reconnu à tous niveaux macroscopiques), puisque à son niveau surgit non seulement une macro-unité, mais aussi des *émergences,* qui sont des qualités/propriétés nouvelles.

— *Le Tout est moins que la somme des parties* (puisque celles-ci, sous l'effet des contraintes résultant de l'organisation du tout, perdent ou voient inhiber certaines de leurs qualités ou propriétés).

— *Le Tout est plus que le tout,* puisque le tout en tant que tout rétroagit sur les parties qui à leur tour rétroagissent sur le tout (autrement dit, le tout est plus qu'une réalité globale, c'est un dynamisme organisationnel).

C'est dans ce cadre qu'il faut comprendre l'être, l'existence, la vie, comme des qualités émergentes globales ; ces notions clés ne sont pas des qualités primaires, de racine ou d'essence, mais des réalités *d'émergence.* L'être et l'existence sont en fait des émergences de tout processus se bouclant sur lui-même (Morin, 1977, notamment p. 210-216). La vie est un faisceau de qualités émergentes résultant du processus d'interactions et d'organisation entre les parties et le tout, lequel faisceau émergent rétroagit sur les parties, interactions, processus partiels et globaux qui l'ont produite. D'où ce principe explicatif complexe : il ne faut pas réduire le phénoménal au génératif, la « superstructure » à l' « infrastructure », mais l'explication doit chercher à comprendre le processus dont les produits ou effets finaux génèrent son propre recommencement : processus qui sera nommé ici récursif.

génératif → phénoménal (↺)   infrastructure → superstructure (↺)

— *Les parties sont à la fois moins et plus que les parties.* Les émergences les plus remarquables au sein d'un système très complexe, comme la société humaine, s'effectuent non seulement au niveau du tout (la société), mais aussi, voire surtout, des individus ; ainsi la conscience-de-soi n'émerge que chez les individus. Dans ce sens :

— *Les parties sont éventuellement plus que le tout.* « Le système de contrôle le plus profitable pour les parties ne doit pas exclure la banqueroute de l'ensemble » (Stafford Beer, 1960). Le « progrès » n'est pas nécessairement dans la constitution de totalités toujours plus amples, il peut être au contraire dans les libertés et les indépendances de petites unités. La richesse de l'univers est non dans sa totalité dispersive, mais dans les petites unités réflexives déviantes et périphériques qui s'y sont constituées. Cela, remarqué par Gottard Gunther (1962) et Spencer Brown (1962), fait écho à la parole de Pascal : « *Quand l'univers l'écraserait, l'homme serait encore plus noble que ce qui le tue, parce qu'il sait qu'il meurt, et l'avantage que l'univers a sur lui, l'univers n'en sait rien.* »

— *Le tout est moins que le tout.* Il y a, au sein du tout, zones d'ombre, ignorances mutuelles, voire scissions, failles, entre le réprimé et l'exprimé, l'immergé et l'émergent, le génératif, le phénoménal. Il y a des trous noirs au sein de toute totalité biologique et surtout anthropo-sociale. Ce n'est pas seulement l'individu parcellaire qui ignore et est inconscient de la totalité sociale, c'est aussi cette totalité sociale qui est ignorante/inconsciente des rêves, aspirations, pensées, amours, haines des individus, et les milliards de cellules constituant ces individus sont elles-mêmes ignorantes de ces rêves, aspirations, pensées, désirs, amours, haines... Si nous plaçons cette conception des trous noirs et des zones d'ombre, des scissions et ignorances mutuelles au sein même du paradigme systémique, alors celui-ci s'ouvre de lui-même sur les théories modernes de l'inconscient anthropologique (Freud) et de l'inconscient sociologique (Marx).

— *Le tout est insuffisant,* ce qui découle de tout ce qui précède.

— *Le tout est incertain.* Nous allons voir plus loin qu'on ne saurait de façon certaine isoler ou clore un système parmi les systèmes de systèmes de systèmes auxquels il est associé et dans lesquels il est imbriqué ou enchevêtré. Il est également incertain dans le sens où nous avons affaire, dans l'univers vivant, à des polytotalités, où chaque terme de cette polytotalité peut être conçu à la fois comme tout et comme partie. Ainsi, en ce qui concerne *homo,* quel est le système, la société, l'espèce, l'individu ?

— *Le tout est conflictuel.* J'ai tenté de montrer (Morin, 1977, p. 118-122, 217-224) que tout système comporte des forces antagonistes à sa perpétuation. Ces antagonismes sont, soit virtualisés ou neutralisés, soit constamment contrôlés/réprimés (par régulation, *feed-back* négatif), soit utilisés de façon constitutive : dans les étoiles, la conjonction de processus contraires, les uns tendant à l'implosion, les autres à l'explosion, constitue une régulation spontanée de caractère organisateur ; l'organisation vivante n'est intelligible qu'en fonction de la désorganisation permanente, laquelle dégrade molécules et cellules, lesquelles sont sans discontinuer reproduites. Au niveau des sociétés humaines, il faut comprendre *systémiquement* l'idée de Montesquieu selon laquelle les conflits sociaux ont été à l'origine non seulement de la décadence, mais aussi de la grandeur romaine, et bien sûr l'idée de Marx qui lie l'idée de société organisée en classes à l'idée d'antagonismes entre les classes.

Aussi, nous devons fonder l'idée de système sur un concept non totalitaire et non hiérarchique du tout, mais au contraire sur un concept complexe de l'unitas multiplex, ouvert sur des polytotalités. Ce préliminaire paradigmatique est en fait d'importance pratique et politique capitale. Le paradigme de simplification holistique conduit à un fonctionnalisme néo-totalitaire et s'intègre adéquatement à toutes les formes modernes de totalitarisme. Il conduit de toute façon à la manipulation des unités au nom du tout. Par contre, la logique du paradigme de complexité va non seulement dans le sens d'une connaissance plus « vraie », elle pousse à la recherche d'une pratique et d'une politique complexes ; je reviendrai un peu plus loin sur ce point.

B. Le macro-concept Système ▽ Organisation
Interactions

La problématique du système ne se résout pas dans la relation tout-parties, et le paradigme holiste oublie deux termes capitaux : interactions et organisation.

Les relations tout-parties doivent être nécessairement médiatisées par le terme d'interactions. Ce terme est d'autant plus important qu'en fait la plupart des systèmes sont constitués non de « parties » ou « constituants », mais d'*actions* entre unités complexes, elles-mêmes constituées d'*interactions*.

On a fait justement constater qu'un organisme n'est pas constitué par les cellules, mais par les actions qui s'établissent entre les cellules. Or, l'ensemble de ces interactions constitue l'organisation du système. L'organisation est le concept qui donne cohérence constructive, règle, régulation, structure, etc., aux interactions. En fait, avec le concept de système, nous avons affaire à un concept à trois faces :

— système (qui exprime l'unité complexe et le caractère phénoménal du tout, ainsi que le complexe des relations entre le tout et les parties),

— interaction (qui exprime l'ensemble des relations, actions et rétroactions qui s'effectuent et se tissent en un système),

— organisation (qui exprime le caractère constitutif de ces interactions — ce qui forme, maintient, protège, règle, régit, régénère —, et qui donne à l'idée de système sa colonne vertébrale).

Ces trois termes sont indissolubles ; ils se renvoient l'un à l'autre ; l'absence de l'un mutile gravement le concept : le système sans concept d'organisation est aussi mutilé que l'organisation sans concept de système. Il s'agit d'un macro-concept. Or, nous nous rendons compte que l'entendement simplifiant qui nous a formés n'a mis à nos dispositions que des concepts atomiques, et non moléculaires ; que des concepts chimiques isolés et statiques, et non des concepts organismiques qui se coproduisent les uns les autres dans la relation récursive de leur interdépendance.

L'idée d'organisation a émergé dans les sciences sous le nom de structure. Mais la structure est un concept atrophié, qui renvoie plus à l'idée d'ordre (règles d'invariance) qu'à celle d'organisation ; la vision « structuraliste » relève de la simplification (elle tend à réduire la phénoménalité du système à la structure qui la génère ; elle méconnaît le rôle rétroactif des émergences et du tout dans l'organisation même).

L'organisation, dans la plupart des systèmes physiques naturels, et dans tous les systèmes biologiques, est active : organis*action*. C'est-à-dire qu'elle comporte approvisionnement, stockage, répartition, contrôle de l'énergie, en même temps que, par son travail, elle comporte dépense et dispersion de l'énergie. L'*organisaction,* en quelque sorte, à la fois produit de l'entropie (c'est-à-dire la dégradation du système et sa propre dégradation), et produit de la néguentropie (la régénération du système et sa propre régénération). On voit qu'il s'agit là de concevoir de façon complexe la relation entre entropie/néguentropie (qui ne sont pas deux termes manichéennement opposés, mais sont noués l'un en l'autre, Morin, 1977, p. 291-296). Mais surtout il s'agit de concevoir l'organisation *a*) comme réorganisation permanente d'un système qui tend à se désorganiser, *b*) comme réorganisation permanente de soi, c'est-à-dire pas seulement organisation mais auto-ré-organisation ; chez les êtres vivants, une telle organisation est doublement polarisée, d'une part sur une générativité (l'organisation génétique comportant la prétendue programmation du « génotype »), d'autre part sur une phénoménalité (l'organisation des activités et comportements du « phénotype »). Autrement dit, il s'agit d'une organisation auto(géno-phéno)-ré-organisatrice. Ajoutons enfin qu'une telle organisation concerne l'échange avec l'environnement, lequel lui-même fournit de l'organisation (sous forme d'aliments végétaux ou animaux) et du potentiel d'organisation (sous forme d'informations) ; cet environnement constitue lui-même une macro-organisation sous forme d'écosystème (conjonction organisationnelle d'une biocénose au sein d'un biotope) ; l'organisation vivante, en même temps que l'organisation d'une fermeture (sauvegarde de l'intégrité et de l'autonomie), est l'organisation d'une ouverture (échanges avec l'environnement ou écosystème), donc une auto-éco-organisation. Ainsi, à partir de l'être vivant le moins complexe (l'unicellulaire) jusqu'à bien entendu l'organisation des sociétés humaines, toute organisation est au moins :

auto-(géno-phéno)-éco-ré-organisation.

On voit donc que le problème de l'organisation ne se réduit pas à quelques règles structurales. Dès le départ, le concept d'organisation, biologique et *a fortiori* sociologique, est un super-macroconcept, qui lui-même fait partie du macroconcept système-interactions-organisation.

L'organisation est un concept de caractère paradigmatique supérieur. Le paradigme de la science classique voyait l'explication dans la réduction à l'ordre (lois, invariances, moyennes, etc.). Ici, il ne s'agit pas de remplacer l'ordre par l'organisation, mais de les conjoindre, c'est-à-dire d'introduire le principe systémique/organisationnel comme principe explicatif non réductible. Une telle introduction introduit du même coup le désordre. L'organisation crée de l'ordre (en créant son propre déterminisme systémique), mais elle crée aussi du désordre : d'une part le déterminisme systémique peut être souple, comporter ses zones d'aléa, de jeu, de libertés, d'autre part le travail organisateur, on l'a dit, produit du désordre (accroissement d'entropie). Dans les organisations, la présence et la production permanente du désordre (dégradation, dégénérescence) sont inséparables de l'organisation elle-même. Le paradigme de l'organisation comporte donc sur ce plan également une réforme de pensée ; désormais, l'explication doit non plus expulser le désordre, non plus occulter l'organisation, mais toujours concevoir la complexité de la relation

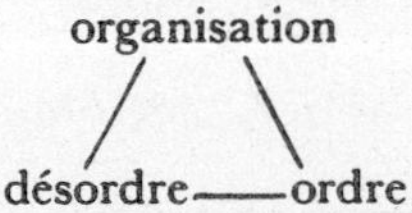

Le nouveau paradigme comporte donc des incertitudes, des antagonismes en rassemblant des termes qui s'impliquent mutuellement. Mais le nouvel esprit de la science, inauguré avec Bohr, consiste à faire progresser l'explication, non pas en éliminant l'incertitude et la contradiction, mais en *les reconnaissant,* c'est-à-dire faire progresser la connaissance en mettant en évidence la zone d'ombre que comporte tout savoir, c'est-à-dire en faisant *progresser* l'ignorance, je dis bien progresser, car l'ignorance reconnue, inscrite et pour ainsi dire approfondie, devient qualitativement autre que l'ignorance ignorante d'elle-même.

Enfin, il faut briser avec la conception mutilante qui ne peut constituer le concept de système ou d'organisation qu'en éliminant l'idée d'être ou d'existence. J'ai essayé de montrer que l'idée d'organisation-de-soi est productrice d'être et d'existence (Morin, 1977, p. 211-215). Cela est d'importance capitale et oppose deux types de pensées, l'une qui ne peut fonctionner qu'en occultant les êtres et existants concrets, se condamnant à ne voir que le squelette des êtres-existants, les condamnant par là même à toutes manipulations; l'autre qui ne pourra fonctionner qu'en révélant et donnant à voir la réalité des êtres existentiels, ce qui est évidemment d'importance capitale en ce qui concerne les êtres vivants, les êtres humains.

Ainsi, nous voyons qu'une nouvelle connaissance de l'organisation est de nature à créer une nouvelle organisation de la connaissance. A l'ancien paradigme réductionniste et atomistique ne connaissant que l'ordre comme principe d'explication, se substitue un nouveau paradigme, constitué par les interrelations nécessairement associatives entre les notions de :

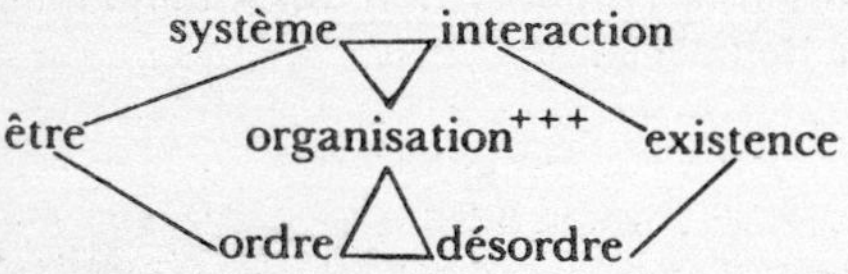

(+++ auto-(géno-phéno)-éco-ré-organisation)

A l'ancien maître mot solitaire se substitue un macro-concept, non seulement de caractère moléculaire, mais dont les relations entre les termes sont circulaires, c'est-à-dire un macroconcept de caractère récursif.

C. Le caractère psychophysique du paradigme systémique

Le paradigme de simplification nous enjoint de choisir entre deux ordres de réalité systémique :

— ou bien le système est une catégorie physique réelle qui s'impose naturellement à la perception de l'observateur, qui alors doit veiller à bien la « refléter » dans sa description;

— ou bien le système est une catégorie mentale ou modèle idéel, de caractère heuristique/pragmatique, qui s'applique aux phénomènes pour les contrôler, les maîtriser, les « modeler ». La conception complexe du système ne peut se laisser enfermer dans cette alternative. Le système est un concept à double entrée : physis ⇄ psyché ; c'est un concept physique par les pieds, psychique par la tête. Il est

PHYSIQUE	PSYCHIQUE
par ses conditions de formation et d'existence (interactions, conjoncture écologique, conditions et opérations énergétiques et thermodynamiques), même un système d'idées a une composante physique (phénomènes biochimico-physiques liés à l'activité cérébrale, nécessité d'un cerveau)	par ses conditions de distinction ou d'isolement par le choix du concept foyer (système, sous-système, supra-système, éco-système).

d'où

un principe d'art (de diagnostic)
un principe de réflexion critique (sur la relativité des notions et frontières de système)
un principe d'incertitude

Il résulte de l'indissociabilité du caractère psychique / physique du système, l'indissociabilité de la relation sujet observateur / objet observé, *d'où la nécessité d'inclure, non d'exclure l'observateur dans l'observation.*

D'où la nécessité d'élaborer un méta-système de compréhension où le système d'observation / perception / conception doit être lui-même observé, perçu, conçu dans l'observation / perception / conception du système observé. D'où des conséquences en chaîne qui amènent à complexifier notre mode même de perception / conception du monde phénoménal. D'où la nécessité de procéder à une réforme paradigmatique et épistémologique encore plus importante que celle qui nous était apparue jusqu'alors, puisque l'articulation entre la connaissance de l'organisation et l'organisation de la connaissance appelle une réorganisation de la connaissance, par l'introduction d'un second degré réflexif, c'est-à-dire d'une connaissance de la connaissance.

Du même coup, la dissociation radicale entre sciences de la physis et sciences de l'esprit, entre sciences de la nature et sciences de la culture, entre sciences biophysiques et sciences anthropo-sociales nous apparaît comme une mutilation préalable et un obstacle à toute connaissance sérieuse. Si l'ambition d'articuler ces sciences disjointes semble toujours grotesque, alors l'acceptation de cette disjonction devient encore plus grotesque.

Il nous faut donc, si nous sommes encore incapables d'effectuer l'articulation, au moins confronter :

l'observateur	le système observé
le sujet	l'objet
la culture (qui produit une science physique)	la physis (qui produit de l'organisation biologique laquelle produit de l'organisation anthropo-sociale, donc de la culture)

L'opération de *distinction*, qui est fondamentale dans tout acte cognitif, devient complexe : elle nous apparaît comme le résultat d'une transaction entre l'observateur et le monde observé, transaction où l'un des partenaires peut très bien duper l'autre. Cette opération qui s'inscrit dans une culture donnée (laquelle fournit les paradigmes qui permettent et enjoignent la distinction) présente donc de toute façon, parmi ses caractères, un caractère idéologique. Si l'on ne peut réduire la science à de l'idéologie (c'est-à-dire la voir seulement comme produit idéologique d'une société donnée), il faut toutefois noter que dans toute connaissance scientifique entre une composante idéologique. On ne peut faire l'économie de l'examen idéologique de la connaissance scientifique — donc de sa propre connaissance —, et cela est valable aussi pour ceux qui se croient possesseurs de la vraie science et dénoncent l'idéologie d'autrui.

D. Le paradigme de complexité

Le terme fondamental à éclairer, de ce qui précède, est celui de complexité. Ce qui est reconnu comme complexe est le plus souvent le compliqué, l'enchevêtré, l'embrouillé, et donc ce qui ne saurait être décrit, étant donné le nombre astronomique de mesures, opérations, computations, etc., nécessaires pour une telle description. Mais ceux qui reconnaissent cette complexité phénoménale s'accordent généralement pour penser qu'elle peut trouver son explication basique dans quelques principes simples permettant une combinatoire quasi infinie de quelques éléments eux-mêmes simples. Ainsi, la complexité extrême du discours peut s'expliquer à partir des principes structuraux permettant de combiner phonèmes et mots ; de même, on pense avoir trouvé la clé de l'organisation vivante en ayant mis en évidence une structure à double articulation permettant de combiner quatre « lettres » d'un alphabet chimique. Certes, de telles explications sont d'une très grande portée et permettent notamment de comprendre à la fois l'unité et la diversité (du langage humain, du langage de la vie). Mais elles n'épuisent nullement le problème de l'explication. La linguistique structurale n'explique pas le sens du discours. L'algorithme génétique n'explique ni l'existence phénoménale, ni ce faisceau de qualités émergentes que nous nommons vie. Du coup, la biologie moléculaire, expliquant les machineries chimiques de la vie, mais non la vie elle-même, a cru que la vie était une notion mythologique, de toute façon indigne de science, et a expulsé la vie hors de la biologie. Or, il faut à l'inverse s'interroger sur la carence de toute explication qui se fonde sur une simplification de principe. La complexité n'est pas à l'écume phénoménale du réel. Elle est à son principe même. Le fondement physique de ce que nous appelons réalité n'est pas simple, mais complexe : l'atome n'est pas simple, la particule dite élémentaire n'est pas une unité première simple, elle oscille entre l'être et le non-être, entre l'onde et le corpuscule, elle contient peut-être elle-même des composants de nature non isolables (les quarks). Au niveau macrocosmique, l'univers n'est plus la sphère ordonnée dont rêvait Laplace, il est à la fois dispersion et cristallisation, désintégration et organisation. L'incertitude, l'indétermination, l'aléa, les contradictions apparaissent, non comme des résidus à éliminer par l'explication, mais comme des ingrédients non éliminables de notre perception / conception du réel, et l'élaboration d'un principe de complexité nécessite que tous ces ingrédients, qui ruinaient le principe d'explication simplifiante, nourrissent désormais l'explication complexe.

La complexité est insimplifiable. C'est bien ce qui découle du paradigme-système. Il est complexe parce qu'il nous oblige à unir des notions qui s'excluent dans le cadre du principe de simplification / réduction :

UN — MULTIPLE   TOUT — PARTIES

Ordre / organisation — Désordre

Sujet — Objet
(observateur) (système observé)

Il est complexe parce qu'il établit implication mutuelle, donc conjonction nécessaire, entre des notions qui sont classiquement disjointes :

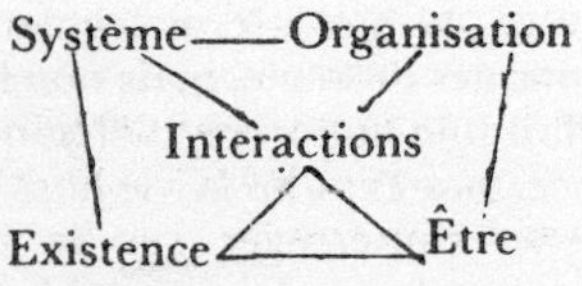

Il est complexe parce qu'il introduit une causalité complexe, notamment l'idée d'une éco-auto-causalité, l'autocausalité (qui a toujours besoin de la causalité extérieure) étant la causalité récursive, où le processus organisateur élabore les produits, actions et effets nécessaires à sa propre génération ou régénération.

II. — LES THÉORIES SYSTÉMISÉES

Le système est un concept générique mieux qu'un concept général. Il est générique d'un nouveau mode de pensée qui dès lors peut s'appliquer de façon générale. Mais pour s'appliquer de façon générale, il n'est pas besoin d'une théorie générale des systèmes. La dimension systémique organisationnelle doit plutôt être présente dans toutes théories portant sur l'univers physique, biologique, anthropo-sociologique, noologique. Ces théories, si elles étaient rameaux d'une théorie générale des systèmes, réduiraient les phénomènes divers appréhendés à la seule dimension systémique. Au contraire, il faut une différenciation entre théories portant sur des types de phénomènes ayant chacun sa physique, sa chimie, sa thermodynamique, sa nature, son organisation, son être, son existence propres.

Ajoutons que la *General System Theory,* appliquée aux systèmes vivants ou sociaux, et fondée seulement sur la notion de système ouvert, est tout à fait insuffisante. Ce qui semble donc nécessaire est de reconsidérer les théories physiques, biologiques, anthropo-sociologiques, d'en approfondir leur dimension systémique-organisationnelle, et de trouver leurs articulations *a)* dans les concepts organisationnels clés, *b)* dans une pensée capable d'opérer le bouclage dynamique en circuit entre termes à la fois complémentaires, concurrents et antagonistes.

Sinon, on retombe dans les vices mêmes de la réduction, de l'homogénéisation, de l'abstraction auxquels prétend remédier la théorie des systèmes.

CONCLUSIONS

1. Le système n'est pas un maître mot pour la totalité; c'est un mot racine pour la complexité.

2. Il faut hisser le concept de système du niveau théorique au niveau paradigmatique (je pourrais dire autant, voire

plus, du concept cybernétique de machine, tout ce qui a été dit dans ce texte sur l'idée de système valant a fortiori pour l'idée de machine).

3. Le problème n'est pas de faire une théorie générale couvrant l'atome, la molécule, l'étoile, la cellule, l'organisme, l'artefact, la société. Le problème est de considérer de façon plus riche, sous l'éclairage de la complexité systémique/organisationnelle, l'atome, l'étoile, la cellule, l'artefact, la société..., c'est-à-dire toutes réalités, y compris et surtout les nôtres.

4. Alors que, sous le règne du paradigme de simplification/disjonction, l'être, l'existence, la vie se dissolvent dans l'abstraction systémique, laquelle devient alors la continuatrice de toutes les abstractions occultant la richesse du réel et provoquant sa manipulation effrénée, par contre l'être, l'existence, la vie surgissent nécessairement sous l'effet du développement du concept complexe de système/organisation.

5. Autrement dit, l'idée systémique, si elle demeure « théorique », n'affecte en rien le paradigme de disjonction/simplification qu'elle croit surmonter en croyant surmonter l'atomisation réductionniste ; au contraire, son « holisme » devient réductionniste par réduction au tout. Ce n'est qu'au niveau paradigmatique, où s'épanouit véritablement sa complexité virtuelle, que la systémique pourrait s'ouvrir sur une nouvelle organisation (complexe) de la pensée et de l'action.

6. Une nouvelle rationalité se laisse entrevoir. L'ancienne rationalité ne cherchait qu'à pêcher l'ordre dans la nature. On pêchait non les poissons, mais les arêtes. La nouvelle rationalité, en permettant de concevoir l'organisation et l'existence, permettrait de percevoir les poissons et aussi la mer, c'est-à-dire aussi ce qui ne peut être pêché.

7. On organisait à partir d'ordres — en ordonnant. Il s'agit d'ordonner à partir de l'organisation, c'est-à-dire du jeu des interactions entre les parties engagées et le tout. Dans ce sens, organiser doit se substituer à ordonner. Plus l'organisation est complexe, plus elle comporte ces désordres qui se nomment *liberté*.

8. L'organisation n'est pas l'institution, mais une activité

régénératrice et génératrice permanente à tous les niveaux, et qui se fonde sur la computation, l'élaboration de stratégies, la communication, le dialogue.

9. Le paradigme systémique nous demande de maîtriser, non la nature, mais la maîtrise (Serres), ce qui nous ouvre des formes d'action comportant nécessairement la conscience de soi et le contrôle de soi.

10. Un tel principe débouche sur une pratique à la fois responsable, libérale, libertaire, communautaire (chacun de ces termes se trouvant transformé de par ses interactions avec les autres). Elle débouche aussi sur la redécouverte du problème de la sagesse et sur la nécessité de fonder *notre* sagesse. La recherche de cette sagesse est, dans ce sens, la recherche pour surmonter la cassure qui s'est opérée en Occident entre l'univers de la méditation et celui de la pratique sociale.

6

Peut-on concevoir une science de l'autonomie ?

Je vais partir du paradoxe que rencontre aussi bien le sociologue que l'acteur politique ou social. *Le paradoxe* est que si nous appliquons la vision scientifique « classique » sur la société, alors nous ne voyons que des déterminismes. Ce type de connaissance exclut toute idée d'autonomie chez les individus et chez les groupes, exclut l'individualité, exclut la finalité, exclut le sujet.

De ce fait, le sociologue ou le « politique » vit une situation schizophrénique. D'un côté son expérience subjective, comme celle de tout être humain, est celle — croit-il — de sa relative liberté, de sa responsabilité, de ses devoirs, de ses intentions ; il voit autour de lui non pas seulement des déterminismes, mais aussi des acteurs avec lesquels il est en relation de compétition, de conflit ou de coopération. Dès lors, il y a un divorce total entre cette vision subjective « vécue » et la vision dite scientifique. Et la solution, pour chacun, est une solution schizophrène, c'est-à-dire à deux étages de pensée qui ne communiquent jamais. Ainsi, par exemple, le technocrate voit dans la société des déterminismes, des mécanismes, des processus, mais, de temps en temps, le technocrate fait un saut philosophique, voit la société faite de concitoyens et de sujets qui ont des problèmes ou des besoins. Le marxiste, lui, vit aussi cette situation schizophrénique : d'un côté, il possède la science de l'Histoire soumise à des processus déterministes, mais d'un autre côté, comme par exemple l'a fait Lénine, il accorde à la décision, au choix stratégique un rôle capital, il exalte la volonté, la prise de conscience, il condamne et dénonce, c'est-à-dire se situe sur le terrain moral.

Pouvons-nous, devons-nous accepter de vivre encore de cette façon ? Mais *peut-on en sortir ?* Ce que je me propose de vous dire, c'est qu'effectivement il y a une voie pour en sortir.

Que se passe-t-il actuellement dans le domaine des sciences sociales ? Il se passe qu'il y a en réalité *deux sociologies dans une sociologie.* Il y a la sociologie qui se veut scientifique et la sociologie qui résiste à cette scientifisation. La sociologie qui se croit scientifique a adopté le modèle physique déterministe classique dont j'ai parlé au début de cet exposé. Elle se sert de notions mécaniques et énergétiques d'où, effectivement, elle élimine les idées d'acteurs, de sujets.

L'autre sociologie parle d'acteurs, de sujets, de prise de conscience, de problèmes éthiques, mais à ce moment-là elle est réputée absolument non scientifique. Elle est dénoncée par les « scientifiques » comme littéraire, essayiste, journalistique, termes chargés de malédiction pour les blouses blanches. Elle est effectivement sans fondement scientifique.

Par ailleurs, la sociologie qui se dit scientifique s'est fermée par rapport à la biologie. Elle s'est fermée non pas pour défendre la spécificité du phénomène humain mais pour fuir la complexité de la réalité bio-anthropo-sociale. De fait, cette fermeture est appauvrissante. Les phénomènes anthroposociaux sont réduits à des structures de pensée issues du modèle physique classique, plus simple que le modèle biologique contemporain. Du coup, la sociologie devient science privée de vie.

On a peur de la vie, on a peur du *Lebenswelt,* on a peur de la réalité humaine qui est bio-culturelle. On a même peur de la notion d'homme, que l'on veut exorciser, comme si elle était privée de tout contenu et de toute signification. Or, pour être capable de penser dans sa complexité la réalité anthropo-sociale, il nous faut un travail fondamental concernant nos principes de pensée.

Il nous faut une méthode qui sache distinguer, mais non disjoindre et dissocier, et qui sache faire communiquer ce qui est distingué. Il nous faut une méthode qui respecte le caractère multidimensionnel de la réalité anthroposociale, c'est-à-dire : qui n'escamote ni sa dimension biologique, ni la dimension du social, ni celle de l'individuel. C'est-à-dire qui puisse affronter le problème du sujet et celui de l'autonomie.

Ce que je vais essayer de développer devant vous, c'est qu'il est possible de considérer l'autonomie, l'individu, le sujet non comme des notions métaphysiques, mais comme des notions qui peuvent trouver leur enracinement et leurs conditions physiques, biologiques et sociologiques. En effet, ce sont les développements mêmes des sciences naturelles qui permettent aujourd'hui de donner un sens scientifique à l'idée d'autonomie et, par là, permettent une véritable révolution de pensée.

La première « révolution de pensée » se manifeste dans les premiers surgissements d'une *science* de l'organisation. Le mérite capital, à mes yeux, de la cybernétique fondée par Norbert Wiener et de la théorie des systèmes fondée par von Bertalanffy, est d'apporter l'un et l'autre des éléments premiers pour concevoir l'organisation. Bien entendu, l'idée de système n'est pas nouvelle. On savait depuis longtemps que les interactions entre le Soleil et ses planètes faisaient *système,* c'est-à-dire un ensemble organisé. L'idée d'organisation était dès le XVIIIe siècle au cœur de la problématique biologique, qui distinguait l'organique de l'inorganisé et, au XIXe siècle, considérait le corps en tant qu'organisme. Mais ce qui est nouveau, c'est la focalisation cybernétique et systémique sur le problème de l'organisation en tant qu'organisation. Ici, la cybernétique apporte un concept important : celui de *rétroaction.* Celui-ci effectue une révolution conceptuelle parce qu'il brise avec la causalité linéaire, en nous faisant concevoir le paradoxe d'un système causal dont l'effet retentit sur la cause et la modifie. Ainsi, nous voyons apparaître la *causalité en boucle.*

La causalité en boucle est celle, par exemple, du système de chauffage central où l'effet produit par la chaudière, c'est-à-dire l'accroissement de température dans la pièce, détermine, *via* le thermostat, l'arrêt du chauffage. Dans un tel système, la rétroaction régulatrice produit l'autonomie thermique de l'ensemble chauffé, par rapport aux variations externes de température.

Or ce phénomène d'autonomie thermique est produit, *via*

des processus beaucoup plus complexes, certes, mais de même nature rétroactive et régulatrice, dans les organismes vivants des animaux dits homéothermes. L'homéothermie est une propriété, parmi d'autres, d'*homéostasie*, c'est-à-dire de production et maintien d'une *constance* dans la composition et l'organisation des constituants physico-chimiques de nos organismes. Nous voyons donc que la causalité rétroactive permet de concevoir la constitution d'une causalité interne ou *endocausalité*, qui, d'une certaine manière, émancipe l'organisme par rapport aux causalités extérieures, bien qu'il en subisse les effets. Il en subit les effets, mais en réagissant à ces effets il les contrarie ou les annule. L'homéotherme, loin d'être atteint et dégradé par le froid extérieur, y répond par une production accrue de chaleur intérieure, et, paradoxalement, le froid (extérieur) provoque le chaud (intérieur).

Nous arrivons à cette idée capitale : un système qui se boucle en lui-même crée sa propre causalité, et par là sa propre autonomie. Comme l'avait dit de façon illuminante Claude Bernard au siècle dernier, « la constance du milieu intérieur est la condition de la vie autonome ».

La deuxième idée importante se dégage de l'idée de système. C'est l'idée bien connue qu'un tout organisé dispose de propriétés, y compris au niveau des parties, qui n'existent pas dans les parties isolées du tout. Ce sont des propriétés *émergentes*. Ce qui est intéressant, c'est qu'une fois produites ces propriétés rétroagissent sur les conditions de leur formation. Parmi ces propriétés, il y a la qualité d'autonomie. Ainsi prenons l'exemple de la première cellule vivante : celle-ci n'a pu naître qu'au hasard d'interactions entre acides nucléiques et acides aminés au sein d'une soupe primitive parmi des tourbillons et des éclairs. Sa naissance dépend donc de conditions extrêmement aléatoires. Mais dès qu'elle a existé en tant qu'être vivant, cette protocellule a disposé de qualités inconnues des macromolécules chimiques qui la constituent, notamment la capacité de métaboliser, d'échanger avec l'extérieur, et, plus fondamentalement, de la propriété d'autoproduction et d'autoreproduction.

Or, il est évident que dès que cette qualité d'autoreproduction existe, la création d'une nouvelle vie cesse de dépendre des conditions extérieures aléatoires qui sont celles de l'origine et les êtres vivants peuvent effectivement se multiplier dans des conditions qui dépendent non seulement du milieu extérieur, mais aussi de leur propre organisation. A partir d'une protocellule originaire, la vie a pu se répandre sur toute la terre peut-être en quelques dizaines d'années.

Donc, nous voyons que l'idée systémique d'*émergence* et l'idée cybernétique de *rétroaction* permettent de concevoir, en même temps que l'organisation, *l'autonomie d'une organisation.*

Une seconde idée importante qu'a bien dégagée la théorie des systèmes est l'idée « bertalanffyenne » de *système ouvert.* Qu'est-ce que c'est qu'un système ouvert ? C'est un système qui est ouvert énergétiquement et éventuellement informationnellement sur l'univers extérieur, c'est-à-dire qui peut se nourrir en matière/énergie, voire en information. Or, tout système qui travaille tend, en vertu du second principe de la thermodynamique, à dissiper son énergie, à dégrader ses constituants, à désintégrer son organisation, donc à se désintégrer lui-même. Il est donc nécessaire à son existence — et, quand il s'agit d'un être vivant, à sa vie — qu'il puisse se nourrir, c'est-à-dire se régénérer, en puisant à l'extérieur la matière-énergie dont il a besoin.

Ainsi, vivre est à la fois subir la dégradation ininterrompue de molécules de nos cellules, des cellules de nos organismes, et produire leur régénération/reproduction ininterrompue.

Ici apparaît dès lors le point le plus crucial de la nouvelle notion d'autonomie : *un système ouvert est un système qui peut nourrir son autonomie, mais à travers la dépendance à l'égard du milieu extérieur.* Ça veut dire que, contrairement à l'opposition simplifiante entre une autonomie sans dépendance et un déterminisme de dépendance sans autonomie, nous voyons que la notion d'autonomie ne peut être conçue qu'en relation avec l'idée de dépendance, et ce paradoxe fondamental est invisible à toutes les visions dissociatrices pour qui il y a antinomie absolue entre dépendance et indépendance. C'est cette pensée clé d'autonomie/dépendance que la réalité nous oblige à concevoir. Et du reste, plus un système développera sa complexité, plus il pourra développer son autonomie, plus il aura des dépendances multiples. Nous-mêmes, nous construisons notre autonomie psychologique, individuelle, personnelle, à travers les dépendances que nous avons subies, qui sont celles de la famille, la dure dépendance au sein de l'école, les dépendances au sein de l'université. Toute vie humaine autonome est un tissu de dépendances incroyables. Bien entendu, si ce dont nous dépendons nous manque, nous sommes perdus, nous sommes morts; cela veut dire aussi que le concept d'autonomie est un concept non substantiel, mais relatif et relationnel. Je ne dis pas que plus on est dépendant, plus on est autonome. Il n'y a pas réciprocité entre ces termes. Je dis qu'on ne peut pas concevoir d'autonomie sans dépendance.

La troisième notion clé qui me semble capitale pour fonder l'idée d'autonomie vivante est l'idée d'auto-organisation. Alors que la pensée de l'organisation est à ses débuts, on est aux balbutiements de la pensée de l'auto-organisation. Or ce qui est frappant, quand on considère les myriades d'étoiles qui peuplent le cosmos, c'est qu'elles ne sont le produit d'aucune organisation extérieure à elles-mêmes. Elles ne cessent de s'autoproduire, s'autoréguler à partir de leurs propres processus internes, et par là elles produisent leur propre autonomie. L'auto-organisation apparaît donc dans l'univers proprement physique. Mais plus frappante encore est cette auto-organisation physique que nous appelons vie, parce qu'elle dispose de qualités inconnues aux autres organisations physiques, c'est-à-dire des qualités informationnelles, computationnelles, communicationnelles, et la qualité d'autoreproduction. L'auto-organisation vivante est une organisation qui sans cesse s'autorépare, s'autoréorganise (en reproduisant les molécules qui se dégradent et les cellules qui dégénèrent). Cette organisation, a-t-on découvert, est « programmée » génétiquement. Mais nul *deus ex machina* ou *pro machina* n'a fabriqué de l'extérieur ce « programme », c'est-à-dire que ce programme s'est autoproduit avec l'autoproduction de la vie elle-même et s'est autodéveloppé avec les autodéveloppements de la vie.

L'idée d'autoproduction ou d'auto-organisation n'exclut pas la dépendance à l'égard du monde extérieur; au contraire, elle l'implique. L'auto-organisation est en fait une auto-éco-organisation.

Je ne prétends pas élucider ici ce terme; je veux seulement indiquer qu'il est incompréhensible si l'on ne fait pas appel à cette idée inconnue dans la vision simplifiante propre à la science classique, et qui est l'idée de *récursivité organisationnelle*. Un processus récursif est un processus dont les produits ou les effets sont nécessaires à sa propre régénération, c'est-à-dire à sa propre existence. L'image du tourbillon est éclairante. Un tourbillon est une organisation stationnaire, qui présente une forme constante. Et pourtant elle est constituée par un flux ininterrompu. La fin du tourbillon est en même temps son commencement, et le mouvement circulaire constitue à la fois l'être, le générateur et le régénérateur du tourbillon. De même, nous, êtres vivants, ce n'est qu'en apparence que nous semblons former des corps solides et stables. Notre corps soudain se fige, puis se désintègre si s'arrête le mouvement cyclique tourbillonnaire de notre circulation sanguine. Plus profondément encore, notre corps n'existe que dans un formidable *turnover* où ses milliards et milliards de molécules, ses milliards de cellules sont sans cesse renouvelées. Au niveau de l'existence de chaque cellule, il y a un processus récursif, où l'ADN spécifie les protéines, lesquelles sont nécessaires pour que l'A.D.N. puisse les spécifier. Au niveau de la relation individu / reproduction, l'individu est produit par un cycle de reproduction qui lui-même est produit par les individus qu'il produit.

L'idée de récursivité organisationnelle est nécessaire pour concevoir autoproduction et auto-organisation, et ces idées elles-mêmes permettent de comprendre l'émergence du *soi*, c'est-à-dire de l'être et l'existence individuelle, notions ignorées, invisibles à la vision scientifique classique, ce qui amène les Diafoirus à douter de l'être, de l'existence, de l'individualité, puisque leurs concepts les rendent invisibles. Du même coup, vous pouvez concevoir l'autonomie d'un être en même temps que sa dépendance existentielle à tout ce qui est nécessaire à son autonomie, comme à tout ce qui menace son autonomie dans son environnement aléatoire...

Venons-en à l'idée d'individualité. Selon l'axiome classique, « il n'est de science que du général ». Or, cet axiome est désormais caduc en physique et en biologie. En physique, les « lois générales » de l'univers sont désormais conçues comme résultantes des contraintes singulières propres à un univers singulier. En biologie, il semble plausible que la vie ait eu une naissance unique et singulière ; les espèces ne sont pas des cadres généraux où s'inscrivent les individus singuliers, mais des principes singularisants qui produisent de l'individualité singulière. Même chez les unicellulaires, les individus génétiquement semblables ne sont pas absolument identiques, et nous savons que la reproduction sexuelle est avant tout génératrice de diversités, c'est-à-dire d'individus différents les uns des autres.

Plus encore, le système immunologique propre aux animaux supérieurs nous montre que pour l'organisme de ces animaux, il y a un lien fondamental entre individualité, singularité, intégrité et autonomie ; en effet, le système immunologique est un système de défense qui opère la distinction moléculaire du soi et du non-soi, rejette ou détruit ce qui est reconnu non-soi, protège et défend ce qui est reconnu comme « soi ». Voilà donc que l'immunologie introduit dans la science de la vie la notion de soi, qui comporte en elle-même le principe de l'autoconnaissance de sa propre individualité et la valorisation de cette individualité par rapport à tout ce qui est non-soi. Il faut aller encore plus loin. Étant donné que tout être vivant, cellulaire ou polycellulaire, est un être *computant,* c'est-à-dire qui traite informationnellement ses propres données intérieures et les données / événements extérieurs, cet être qui compute pour soi compute *de facto à la première personne.* D'où l'idée que j'ai exprimée ailleurs (*La Méthode, 2, La Vie de la Vie*), de *computo,* qui caractérise l'individualité vivante. L'individualité n'est donc pas seulement différence et singularité, elle est aussi *subjectivité :* être sujet, c'est disposer, *via* le *computo,* de la qualité d'autoréférence, *et c'est se disposer soi-même au centre de son univers* (égocentrisme). L'individu-sujet, dans ce sens, est unique, même quand il est exactement semblable à son congénère, comme nous le montre le cas des jumeaux homozygotes. Si complices et identifiés l'un à l'autre que soient ces jumeaux, chacun occupe exclusivement le site de son « je ». La qualité de sujet est inséparable d'un principe d'exclusion qui exclut tout autre du site égocentrique / autoréférent qui constitue proprement la qualité du sujet et lui donne unicité. Ainsi situé dans le monde, l'individu-sujet est un acteur qui joue le jeu aléatoire de la vie. Ici, nous pouvons voir que la théorie des jeux, de von Neumann et Morgenstern, avait fourni le premier fondement formel d'une théorie scientifique des interactions compétitives entre individus-sujets. En fait, la réalité des individus-sujets vivants est beaucoup plus complexe que celle d'un simple joueur égocentrique. Le sujet vivant est à la fois égocentrique et génocentrique (c'est-à-dire voué aux siens, à la production de semence, à la protection et défense de la progéniture), et, là où il y a société, il est également sociocentrique. Égocentrisme, génocentrisme, sociocentrisme sont des notions à la fois complémentaires, concurrentes et antagonistes ; c'est dire que leur relation est complexe. C'est dire aussi, du même coup, que l'autonomie de l'individu-sujet vivant, tout en étant dépendante de l'environnement, est aussi dépendante de son ascendance génétique et de la société où elle s'inscrit.

L'autonomie vivante se développe de façon paradoxale. Au départ, les autotrophes, d'où vont se développer les végétaux, sont capables de transformer en énergie la lumière solaire, et ils sont autonomes par rapport aux hétérotrophes, qui ne peuvent capter utilement cette énergie. Or l'autonomie de mouvement animal va se développer à partir de cette carence et de ce manque. Les animaux devront manger de la vie, plantes ou autres animaux, et deviennent à la fois parasites, dépendants et souverains du monde végétal. Les prédateurs sont dépendants des proies qui leurs sont nécessaires. C'est à travers ce circuit de dépendances/autonomies que s'est développée la vie animale, c'est-à-dire aussi l'appareil neurocérébral des animaux, leur capacité à computer et connaître l'environnement, leur aptitude à élaborer des stratégies d'action. Le développement des vertébrés, des mammifères, des primates et le développement de l'hominisation sont inséparables du développement neurocérébral.

Dès lors, avec l'*homo sapiens,* la culture, le langage, nous pouvons concevoir la notion de liberté. La liberté n'est pas une qualité propre à l'homme. La liberté est une émergence, qui, dans certaines conditions externes et internes favorables, peut émerger chez l'homme.

Qu'est-ce que la liberté ? Une vision insuffisante la définit comme la reconnaissance de la nécessité. Une autre vision insuffisante la définit comme ce qui échappe à la nécessité, c'est-à-dire l'identifie à l'aléa. Pour qu'il y ait liberté, il faut qu'il y ait un univers où il y ait des déterminismes, des constances, des régularités, sur quoi l'action puisse s'appuyer, mais il faut qu'il y ait aussi des potentialités de jeu, des aléas, des incertitudes, pour que l'action puisse se déployer. La liberté suppose donc déterminismes *et* aléas. Mais ce sont les toutes premières conditions externes de la liberté. Pour qu'il y ait liberté, il faut qu'il y ait aussi ces conditions internes fondamentales : un appareil neuro-cérébral capable de se représenter une situation, d'élaborer des hypothèses, et capable d'élaborer des stratégies. Enfin, il faut qu'il y ait possibilité de choix, c'est-à-dire les conditions extérieures qui permettent le choix, et les conditions intérieures qui permettent de le concevoir.

Ici, nous retrouvons nos problèmes socio-politiques classiques des libertés et de la liberté. Nous sommes libres ou non libres en fonction des déterminations sociologiques, économiques, politiques que nous subissons.

Dès lors, on peut faire l'articulation avec le problème des libertés politiques. Il est certain que la pluralité politique, les droits de l'homme constituent en quelque sorte des conditions extérieures qui permettent dans certains domaines possibilité de choix et possibilité de prendre des décisions.

Tout ce qui restreint les libertés restreint effectivement chez les individus les possibilités de choix. Toute censure qui restreint l'information enlève les possibilités de connaissance qui permettent effectivement d'avoir les conditions optimales de décision.

Et voici la situation paradoxale de l'être humain, qui est et peut être le plus autonome et le plus asservi ; les asservissements qui lui sont imposés inhibent ou suppriment sa liberté. Mais son autonomie ne peut s'affirmer et faire émerger ses libertés que dans et par des dépendances. D'où ces propositions paradoxales : nous possédons les gènes qui nous possèdent : ils nous possèdent, ils sont antérieurs à notre existence, nous en subissons les déterminations, mais en même temps ils nous permettent d'exister, d'agir et, en tant que sujets autoréférents et égocentriques, nous nous les approprions sans toutefois cesser de dépendre d'eux. Nous subissons notre destin tout en forgeant notre expérience. Nous faisons l'histoire qui nous fait ; nous sommes joués et joueurs dans la société. Nous dépendons de la société, laquelle dépend de nous : la société nous semble un être transcendant extérieur et supérieur s'imposant à nous, mais elle n'existe que par nous et disparaît totalement dès que cessent les interactions entre individus ; en fait, nous nous coproduisons mutuellement : les individus font la société, qui, *via* la culture, fait les individus. L'autonomie de la société dépend des individus, dont l'autonomie dépend de la société.

QUELQUES IDÉES DE CONCLUSION

La première idée est que, très curieusement, l'enracinement dans la physique et dans la biologie nous permet de trouver un fondement à l'idée d'autonomie. Du même coup, nous pouvons alors concevoir que l'homme soit un être à la fois physique, biologique, culturel et psychique. Si nous ne faisons pas cet enracinement conceptuel, les idées d'autonomie humaine et de liberté restent totalement métaphysiques.

L'autonomie, l'individualité, le sujet, la liberté cessent donc d'être des notions substantielles, des principes ou des cadeaux métaphysiques. Seulement, pour le concevoir, il nous faut :

a) un principe de complexité physique qui conçoit les relations dialogiques d'ordre, de désordre et d'organisation ;

b) il nous faut un principe de complexité organisationnelle pour comprendre ce que c'est que l'émergence, ce que c'est que la rétroaction, ce que c'est que la récursion ;

c) il nous faut un principe de complexité logique qui conçoit le lien entre autonomie et dépendance. Dès lors, nous pouvons, nous avons les outils conceptuels pour poser en interaction et association et non plus en exclusion les notions de déterminisme et de liberté comme d'autonomie et de dépendance. Ainsi, la liberté est serve de ses conditions d'émergence, mais peut rétroagir sur ces conditions.

La deuxième idée est qu'un problème clé de méthode est lié à cette nouvelle vision ; une méthode simplificatrice ne peut concevoir que des causalités extérieures, elle est incapable de concevoir la causalité intérieure ; elle disjoint le physique et le biologique de l'anthropologique, réduit le complexe au simple ; elle ne peut concevoir ni l'organisation ni bien sûr l'auto-organisation.

Si vous êtes prisonniers de ce que j'appelle le paradigme de simplification (disjonction et réduction), il est impossible que vous voyiez l'autonomie. Mais une chose pour laquelle vos concepts sont aveugles n'est pas pour autant une chose qui n'existe pas.

Autrement dit, il serait tristement diafoiresque que parce que le scientifique ne voit pas l'autonomie, ne voit pas l'individu, ne voit pas la vie... il en conclue que l'autonomie, la vie, l'individu n'existent pas. Et pourtant ce diafoirisme est encore prépondérant dans nos universités.

La troisième idée, c'est que la sociologie « d'arrière-garde », c'est-à-dire essayiste, littéraire, philosophique, sauvegardait les concepts essentiels d'autonomie, d'acteur, de sujet et que désormais ces concepts essentiels trouvent des fondements scientifiques.

Voici mon dernier mot : le problème de la science et de l'action peut se trouver modifié par une vision qui rende un sens aux notions d'acteur, d'autonomie, de liberté, de sujet qui étaient pulvérisées ou écartées par la conception simplifiante de la science « classique ».

Une telle vision ne voyait que des quantités ou des objets manipulables là où sont les êtres et les individus. Elle nous condamnait donc à la schizophrénie permanente dont j'ai parlé au début de mon propos. De plus, elle tendait d'elle-même à la manipulation. La manipulation de l'homme sur l'homme, de l'homme par l'État n'est freinée actuellement que par les énormes retards de la connaissance sociologique ; mais le jour où celle-ci atteindrait le niveau de la biologie, elle permettrait toutes manipulations. Nous ne sommes protégés que par l'éthique, terme qui n'a aucun fondement scientifique dans la conception classique, parce que l'éthique suppose le sujet.

Par contre, avec les concepts de la *Scienza nuova* en gestation dans le domaine physique et biologique des problèmes de l'organisation, alors nous pouvons reconnaître dans la société, non seulement des processus, des régularités, des aléas, mais aussi des êtres, des existants, des individus. Alors, une telle science permettrait de reconnaître et d'aider les aspirations individuelles, collectives, ethniques à l'autonomie et à la liberté. Alors, la réponse que la science donne à la question sociale ne sera pas manipulation, mais contribution aux aspirations profondes de l'humanité.

7

La complexité biologique ou auto-organisation

Complexité et organisation de la diversité

Ne relèvent a priori de la complexité ni l'unité simple et irréductible, ni une population non organisée d'unités (comme les molécules d'un gaz), ni une diversité désorganisée (comme un tombereau d'ordures).

Si nous demeurons dans le champ de la « bande moyenne » physique [1] (c'est-à-dire en excluant le champ microphysique et le champ macrophysique, ce qui est du reste une simplification de méthode), la complexité commence dès qu'il y a système, c'est-à-dire interrelations entre éléments divers en une unité qui devient unité complexe (une et multiple).

La complexité systémique se manifeste notamment dans le fait que le tout possède des qualités et propriétés qu'on ne saurait trouver au niveau des parties prises isolément, et inversement dans le fait que les parties possèdent des qualités et propriétés qui disparaissent sous l'effet des contraintes organisationnelles du système. La complexité systémique s'accroît, d'une part avec l'accroissement du nombre et de la diversité des éléments, d'autre part avec le caractère de plus en plus souple, de plus en plus compliqué, de moins en moins déterministe (du moins pour un observateur) des interrelations (interactions, rétroactions, interférences, etc.).

1. Nous appelons « bande moyenne » cette zone phénoménale de la *physis* où jouent les lois de la physique classique.

Un nouvel ordre de complexité apparaît quand le système est « ouvert », c'est-à-dire quand son existence et le maintien de sa diversité sont inséparables d'interrelations avec l'environnement, interrelations à travers lesquelles le système puise à l'extérieur matière/énergie et, à un degré de complexité supérieur, puise de l'information. Ici apparaît une relation proprement complexe, ambiguë, entre le système ouvert et l'environnement, à l'égard duquel il est à la fois autonome et dépendant.

On accède à un autre ordre de complexité avec les systèmes cybernétiques, dont on ne peut comprendre l'organisation qu'en faisant appel aux notions d'information, de programme, de régulation, etc.

Le système vivant, lui, possède et combine à l'extrême la complexité systémique, la complexité de système « ouvert », la complexité cybernétique.

On pourrait supposer dès lors que la complexité du vivant est ainsi circonscrite, et qu'il suffirait de faire jouer la théorie des systèmes et la cybernétique. Ce que nous voulons montrer, c'est que la complexité propre du vivant, si elle contient ces ordres de complexité, est d'un autre ordre, d'une autre qualité et qu'elle relève d'un principe organisateur différent.

L'étrange usine automatique

Certes, on a souvent comparé la cellule, qui est l'unité de base du vivant, à une usine automatique extrêmement perfectionnée. Effectivement, la cellule effectue des opérations multiples de transformation en fonction de ce qui semble un programme détaillé (les instructions du « code génétique »). Mais cette comparaison, voire assimilation, élimine et ce qui fait le propre de l'usine, et ce qui fait le propre du vivant, et dans les deux cas la complexité vivante. En effet, dans le cas de l'usine, celle-ci ne trouve son intelligibilité que dans le cadre de la société qui l'a construite et où elle fonctionne, ce qui nous renvoie à la technologie, l'économie, la division du travail, les classes sociales de cette société ; de plus, si automatisée soit-elle, cette usine est contrôlée par des humains, qui eux-mêmes sont des acteurs sociaux. Autrement dit l'usine ne peut être comprise que si l'on introduit la complexité sociale d'une société industrielle, qui elle-même est le produit d'une très longue évolution, à l'origine de quoi on trouve... la cellule vivante originaire. Autrement dit, la complexité cybernétique de l'usine n'est qu'un aspect, et non le plus complexe, d'une complexité sociale vivante qui l'a produite et la commande en l'enveloppant. Par contre, la cellule, dans le cas de l'unicellulaire, si elle dépend évidemment d'un écosystème extérieur dont elle fait partie, et où elle alimente sa complexité, fonde sa complexité dans son propre système génératif, c'est-à-dire son auto-organisation. Bien qu'elle soit aussi et même plus perfectionnée qu'aucune usine automatique, elle fonctionne sans directeurs, ingénieurs, balayeurs, c'est-à-dire sans êtres vivants plus complexes qu'elle qui la produisent et la commandent. Elle n'est évidemment pas produite par un système économique et social antérieur et extérieur. Tout se passe comme si les molécules étaient à la fois les programmateurs, les ouvriers, les machines, les producteurs, les consommateurs. Le « programme » ne vient évidemment pas d'une réalité extérieure plus complexe ; il est à l'intérieur de la cellule, et il vient d'une autre cellule, par autoreproduction, et ainsi de suite. Donc la comparaison avec l'usine automatique, comme toute comparaison cybernétique, élimine le noyau même de la complexité biologique, qui est l'auto-organisation.

La vision strictement cybernétique élimine la complexité externe de l'automaton artificiel (l'usine automatique), et elle élimine la complexité interne, auto-organisatrice, de l'automaton naturel (le vivant). Il s'agit, par contre, de saisir la complexité interne propre à l'automaton naturel sans éliminer la complexité de sa relation avec l'extérieur (écosystème), que seule lui permet sa complexité interne[2], c'est-à-dire, encore une fois, son auto-organisation.

2. Plus l'être vivant sera évolué, plus il sera autonome, plus il puisera dans son écosystème vivant de l'énergie, de l'information, de l'organisation. Mais plus il dépendra, de par là même, de son écosystème. Le vivant est donc à la fois autonome et dépendant et, en devenant d'autant plus

L'automaton naturel : générativité et désordre

Ici, von Neumann nous introduit à ce qui fait la différence fondamentale entre l'automaton artificiel même le plus perfectionné (l'ordinateur, l'usine automatique) et l'automaton naturel le plus rudimentaire, l'unicellulaire, et nous introduit par là au cœur de la complexité biologique. Cette différence, elle se manifeste sous trois aspects interdépendants.

1. Une machine artificielle est composée d'éléments extrêmement fiables (*reliable*), c'est-à-dire de pièces calibrées, vérifiées, s'ajustant parfaitement les unes aux autres et constituées des matériaux les plus résistants et les moins déformables eu égard au travail qui doit être effectué. Toutefois la machine, dans son ensemble, est d'une fiabilité extrêmement réduite, c'est-à-dire s'arrête et se détraque dès que l'un seul de ses composants se dégrade. Elle est d'autant moins fiable que ses composants sont nombreux et interdépendants. Par contre, l'être vivant est constitué d'éléments très peu fiables ; les molécules d'une cellule, les cellules d'un organisme se dégradent sans cesse et ont une durée éphémère (ainsi 99 % des molécules d'un être humain se détruisent en l'espace d'une année). Toutefois l'ensemble est beaucoup plus fiable que ses constituants, et sa fiabilité ne diminue nullement avec l'accroissement du nombre et des interrelations entre ces constituants. L'ensemble est beaucoup plus fiable que celui de toute machine artificielle. L'ensemble peut fonctionner malgré la dégradation définitive de certains constituants, malgré des accidents locaux qui peuvent l'atteindre. L'équifinalité est même cette aptitude des êtres vivants qui leur permet de réaliser leurs fins (leur « programme ») par des moyens détournés, en dépit de carences,

---

autonome, devient d'autant plus dépendant. Il est donc auto-organisateur sans être autosuffisant. Cette ambiguïté, qui brise toute notion d'entité close concernant le vivant, « système ouvert », nous renvoie à un autre aspect de la complexité biologique, la complexité de la relation écosystémique.

d'accidents ou d'obstacles, alors que la machine, privée d'un de ses éléments ou d'un de ses aliments, se détériore, s'arrête, ou fournit des produits erronés.

D'où la question que posait von Neumann : Comment un automaton extrêmement fiable peut-il être constitué avec des éléments extrêmement peu fiables[3] ? Question que l'on peut pousser un peu plus loin : Est-ce que la faible fiabilité des composants est non pas l'obstacle, mais la condition de la haute fiabilité du vivant ?

2. Le problème de fiabilité peut être posé en termes plus généraux d'ordre et de désordre. Les usures, déformations, dégradations que subissent les constituants d'une machine perturbent et dégradent l'ordre de ladite machine et peuvent être considérées comme des éléments ou facteurs de désordre. Quand il s'agit d'une machine cybernétique dotée de programme ou traitant de l'information, ce désordre peut être considéré comme du « bruit ». On appelle bruit toute perturbation aléatoire qui intervient dans la communication de l'information et, par là, dégrade le message qui devient erroné. Le bruit est donc du désordre qui, désorganisant le message, devient source d'erreurs. Désordre, bruit, erreur sont ici des notions liées. Or la machine artificielle, non seulement subit très rapidement désordre, bruit, erreurs (du fait de sa faible fiabilité), mais encore elle ne peut les tolérer. Tout au plus peut-elle diagnostiquer l'erreur et s'arrêter aussitôt, afin de limiter le cours du désordre, qui s'accroît de façon fatale (en feed-back positif). Par contre, le fonctionnement du système vivant tolère toujours une part de désordre, de bruit, d'erreurs, jusqu'à certains seuils. La dégradation des molécules et des cellules au sein d'un organisme, qui est continue, nous l'avons vu, constitue dans ce sens un désordre permanent. De plus, il y a un certain degré

3. La question pour lui n'était pas seulement théorique ; il se demandait aussi : comment constituer, construire un tel automaton, c'est-à-dire un être artificiel qui aurait dès lors un avantage fondamental propre au vivant ? La création d'un être artificiel qui aurait les caractères du vivant n'est pas une éventualité à exclure ; ce qui sépare le vivant de la machine ce n'est pas le caractère artificiel de la machine, c'est la trop faible complexité de nos artifices technologiques.

d'autonomie des cellules dans un organisme ; alors que dans une machine l'intégration pièce à pièce des composants est extrêmement précise et rigoureuse, l'intégration des cellules entre elles, des organes entre eux est extrêmement lâche et comporte donc une marge d'incertitude et d'aléas. La présence d'agents infectieux, d'éléments nuisibles, de même que la prolifération incontrôlée de cellules, est, dans un organisme, bien sûr en deçà d'une certaine limite, un phénomène normal. En ce qui concerne le cancer, par exemple, « des cellules malignes prennent constamment naissance et sont, au fur et à mesure de leur apparition, éliminées par les défenses immunologiques » (Lwoff, 1972). De plus, quand on considère aussi bien les écosystèmes naturels que les sociétés supérieures (chez les fourmis comme chez les mammifères, et bien entendu chez les humains), on constate non seulement un très grand nombre de mouvements aléatoires dans les comportements individuels, mais des conflits incessants entre individus, des antagonismes de groupes ou classes. On se rend compte que dans l'ordre du vivant, les relations entre éléments ou sous-systèmes, entre individus ou groupes, ne relèvent pas d'un strict ajustement (*fitting*), d'une stricte complémentarité, mais aussi de concurrences, compétitions, antagonismes, conflits, ce qui évidemment est source de perturbations et de désordres. De telles relations sont jusqu'à présent impossibles dans une machine artificielle.

Or il s'agit bien d'un signe de complexité, car plus un système vivant est évolué, plus il est complexe, plus il comprend en lui du désordre, du bruit, de l'erreur. Les systèmes les plus complexes que nous connaissons, le cerveau et la société des hommes, sont ceux qui fonctionnent avec la plus grande part d'aléas, de désordres, de « bruit ». Une fois encore, la complexité se manifeste comme ambiguïté et paradoxe, ici dans la relation entre ordre et désordre. A nouveau, on ne peut s'empêcher d'aller plus loin encore dans le paradoxe et de se demander : Le vivant fonctionne-t-il, non seulement malgré le désordre, mais aussi avec du désordre ? On conçoit dès lors que la complexité du vivant est celle d'un principe organisateur qui développe ses qualités supérieures à celles de toutes machines en se fondant précisément sur le désordre (que celui-ci provienne des dégradations, des conflits, des antagonismes).

3. On peut désormais poser le problème en termes radicaux. Tout système physique organisé subit, sans rémission, l'effet du second principe de la thermodynamique, c'est-à-dire de l'accroissement d'entropie au sein du système, qui s'exprime par l'accroissement du désordre au détriment de l'ordre, de l'homogénéité au détriment de l'hétérogénéité (la diversité des éléments constitutifs), en bref de la désorganisation au détriment de l'organisation. Dans ce sens, une machine artificielle, si perfectionnée soit-elle, est toujours dégénérative, et étant donné qu'elle est dans l'ensemble très peu fiable, elle est rapidement dégénérative. Elle se dégrade à partir du moment où elle est constituée, qu'elle fonctionne ou qu'elle ne fonctionne pas. On ne peut lutter contre cette dégradation que de l'extérieur, c'est-à-dire en réparant ou en changeant les pièces usées. C'est-à-dire que le pouvoir régénérateur est à l'extérieur de la machine.

De plus, ce n'est pas seulement la machine qui est sujette à la dégradation, c'est aussi l'information (le programme) qui la contrôle et la commande : l'information, conformément au théorème de Shannon selon lequel la quantité d'information reçue par un récepteur ne peut être tout au plus qu'égale à la quantité d'information émise par un émetteur, est elle-même dégénérative, soumise aux « bruits » qui accumulent les erreurs et finalement dénaturent le message.

Par contre, la machine vivante est, ne serait-ce que temporairement, non dégénérative. On voit aussitôt pourquoi : c'est parce qu'elle est capable de renouveler ses constituants moléculaires et cellulaires qui se dégradent ; certaines espèces peuvent même régénérer des organes entiers. Bien entendu, l'individu vivant dégénère finalement : il vieillit et meurt ; l'entropie l'emporte, sous l'effet statistique de l'accumulation des « erreurs » qui s'effectuent sur la transmission du message génétique[4] (ce qui vérifie ici

4. Il y a certes des espèces où la mort est probablement « programmée » d'avance, c'est-à-dire prévue par l'auto-organisation. Mais ces espèces n'auraient pu échapper à la mort des individus par accumulation d'erreurs.

le théorème de Shannon sur la dégradation de l'information). Mais en contrepartie, le vivant dispose d'un pouvoir de « générativité », évidemment inconnu jusqu'à présent chez l'automaton artificiel. L'automaton naturel est un automaton autoreproducteur, c'est-à-dire capable de générer un nouvel automaton naturel. Il est capable de reproduire et de multiplier l'organisation complexe vivante. Et cette générativité se manifeste aussi sur le plan de l'ontogenèse des individus, qui, à partir d'un œuf, accomplissent un cycle génératif jusqu'à leur maturité. Tout cela ne contredit pas le second principe, mais il n'est pas prévu par lui. Comme il a souvent été dit, l'auto-organisation vivante fait office de démon de Maxwell, qui, doté de son pouvoir informateur, trie et sélectionne les molécules en mouvement de façon à rétablir l'hétérogénéité, tout en payant son tribut d'entropie (Brillouin).

Il faut aller plus loin encore et entendre générativité dans un sens plein, c'est-à-dire comportant la génération de l'information elle-même. L'évolution biologique peut être considérée comme le développement buissonnant arborescent, à partir d'un ancêtre unicellulaire unique, dans le règne végétal et le règne animal, de la complexité générative. De tels développements se sont effectués à travers des mutations ou réorganisations génétiques, qui enrichissent le patrimoine héréditaire dans le sens de la complexité. Ainsi, il y a un lien essentiel entre générativité et complexité biologique : la complexité biologique se traduit par de la générativité et la générativité se traduit par de la complexité. Von Neumann, encore lui, avait bien vu que le principe qualitativement nouveau qui se manifeste dans l'automaton naturel par rapport à l'automaton artificiel, comme par rapport à tout système strictement physico-chimique, se trouve dans la générativité.

« *Vivre de mort, mourir de vie* »

Ici nous arrivons au cœur du paradoxe. La fiabilité, la non-dégénérativité, la générativité des systèmes vivants dépendent d'une certaine façon de la non-fiabilité et de la dégénérativité de leurs composants. La réussite de la vie dépend de sa propre mortalité. Désordre, bruit, erreur sont mortels à différents égards, à différents degrés et à différents termes pour le vivant ; mais ils sont aussi partie intégrante de son auto-organisation non dégénérative et sont des éléments fécondants de ses développements génératifs.

La constante dégradation des composants moléculaires et cellulaires est l'infirmité qui permet la supériorité du vivant sur la machine. Elle est source du constant renouvellement de la vie. Elle ne signifie pas seulement que l'ordre vivant se nourrit de désordre. Elle signifie aussi que l'organisation du vivant est essentiellement un système de réorganisation permanente (Atlan).

Le nœud de la complexité biologique, c'est le nœud gordien entre destruction interne permanente et auto-poiesis, entre le vital et le mortel. Alors que la « solution » simple de la machine est de retarder le cours fatal de l'entropie par la haute fiabilité de ses constituants, la « solution » complexe du vivant est d'accentuer et d'amplifier le désordre, pour y puiser le renouvellement de son ordre. La générativité fonctionne avec le désordre, à la fois le tolérant, s'en servant, et le combattant, dans une relation à la fois antagoniste, concurrente et complémentaire.

La réorganisation permanente, l'auto-poiesis constituent des catégories applicables à tout l'ordre biologique et, a fortiori, à l'ordre sociologique humain. Une cellule est en état d'autoproduction permanente à travers la mort de ses molécules. Un organisme est en état d'autoproduction permanente à travers la mort de ses cellules (qui, etc.) ; une société est en état d'autoproduction permanente à travers la mort de ses individus (qui, etc.) ; elle se réorganise sans cesse à travers désordres, antagonismes, conflits qui à la fois minent son existence et entretiennent sa vitalité.

Donc, dans tous les cas, le processus de désorganisation/dégénérescence participe au processus de réorganisation/régénération. La désorganisation devient un des traits fondamentaux du fonctionnement, c'est-à-dire de l'organisation du système. Les éléments de désorganisation participent à l'organisation comme le jeu désorganisateur de l'adversaire, dans un match de football, est un constituant indispensable du jeu de l'équipe, lequel, intégrant l'application de règles impératives (comme le sont les instructions du code génétique) dans une stratégie souple suggérée par les aléas du combat, devient capable des constructions combinatoires les plus raffinées. Voilà bien l'assise du *order from noise principle* de von Foerster (von Foerster, 1960), qui de plus va s'appliquer à toute création, tout développement, toute évolution.

Le principe foersterien (*order from noise*) est différent du principe mécanique *order from order* qui est celui de la physique classique et impose l'invariance, et du principe *order from disorder* qui est celui de la statistique, où les mouvements désordonnés / aléatoires des unités obéissent sur le plan des grands nombres ou populations à des lois d'ordre, des tendances moyennes ou globales, mais sans nulle générativité. Il est complémentaire / antagoniste du principe *disorder from order* qui est celui du deuxième principe de la thermodynamique. Il suppose un principe de sélection / organisation, qui, dans le cas du vivant, a un caractère informationnel capable de développer « un procès qui absorbe les plus basses formes d'ordre et par là convertit un degré correspondant de désordre en un système d'ordre plus haut » (Gunther, p. 341). Il s'agit, dit Gunther, d'une « synthèse des idées *order from order* et *order from disorder*, c'est-à-dire *order from (order + disorder)* » (*ibid.*, p. 341). Gunther oublie, à notre sens, que pour que cette « synthèse » s'effectue, il faut la présence aussi du principe (qu'il a oublié) *disorder from order*.

Le principe *order from noise* peut être entendu en deux sens différents bien que complémentaires. Le premier est celui de la non-dégénérativité où l'auto-réorganisation et l'autopoiesis permanentes ont besoin de « bruit » pour maintenir l'ordre vivant. C'est ce que nous avons vu. Le second est celui de la générativité dans le sens créateur du terme, telle qu'elle se manifeste dans toute évolution, qu'elle soit biologique ou, sur le plan humain, sociologique. Prenons le cas de l'évolution biologique qui s'opère à travers des mutations. Qu'est-ce qu'une mutation ? Quelles que soient les prodigieuses obscurités qui l'enveloppent, il s'agit de toute façon d'un phénomène de désorganisation du « message héréditaire », sous l'effet de bruits qui perturbent la reproduction du message matriciel et qui suscitent des « erreurs » par rapport à ce message. Mais c'est à travers l'action de ces bruits, l'occurrence de ces erreurs que s'opère la réorganisation du message en un message, qui, dans le cas heureux, peut être plus riche, plus complexe que le message antérieur. La rencontre du bruit et d'un principe auto-organisateur est donc ce qui provoque la constitution d'un ordre supérieur plus complexe.

Ainsi, on voit que la notion d'autoréorganisation concerne aussi bien les phénomènes constants d'autoconservation non dégénérative, d'autoreproduction générative que les phénomènes de transformation, de développement, de complexification de la générativité.

On comprend dès lors ce terme de néguentropie justement appliqué au vivant. La néguentropie ne supprime en rien l'entropie. Au contraire, comme tout phénomène de consommation d'énergie, de combustion thermique, elle la provoque, l'accentue. Bien entendu, le vivant combat l'entropie en se ravitaillant à la fois en énergie et en information, à l'extérieur, dans l'environnement, et en vidangeant à l'extérieur, sous forme de déchets, les résidus dégradés qu'il ne saurait assimiler. Mais, en même temps, la vie se réorganise en subissant à l'intérieur le caractère désorganisateur/mortel de l'entropie. L'entropie participe à la néguentropie, laquelle dépend de l'entropie. Il ne s'agit donc pas là de l'opposition manichéenne, non complexe, de deux principes antagonistes, comme on le comprend trop souvent. Il s'agit au contraire d'une relation complexe à la fois complémentaire, concurrente et antagoniste. Cette vérité, ce secret de la complexité biologique, Héraclite l'avait formulée de la façon la plus dense qui se puisse concevoir : « Vivre de mort et mourir de vie. » Et Hegel avait quasi pressenti la néguentropie dans ce qu'il appelait la « force magique (*Zauberkraft*) qui retourne le négatif en être ».

Un principe de développement

Comme nous venons de le voir, l'auto-organisation, c'est-à-dire la complexité biologique, porte en elle une aptitude morphogénétique, c'est-à-dire une aptitude à créer des formes et structures nouvelles, qui elles-mêmes, quand elles apportent un accroissement de complexité, constituent des développements de l'auto-organisation.

Ces développements ne vont pas constituer seulement une complexification de l'organisation interne des systèmes vivants (comme la constitution d'organismes multicellulaires, eux-mêmes comportant des processus de fonctionnement de plus en plus complexes avec l'apparition des systèmes homéothermiques, des systèmes nerveux, etc.), ils vont aussi se manifester sur le plan des relations avec l'environnement (écosystème), et notamment sur le plan des comportements.

Plus les comportements seront complexes, plus ils manifesteront une souplesse adaptative à l'égard de l'environnement; les comportements seront aptes à se modifier en fonction des changements externes, et notamment des aléas, des perturbations et des événements, et ils seront aptes également à modifier l'environnement immédiat, à l'aménager, bref à adapter l'environnement au système vivant.

La souplesse adaptative du comportement va s'exprimer par le développement de stratégies heuristiques, inventives, variables, qui se substitueront aux comportements programmés de façon rigide.

Le développement des stratégies suppose, bien sûr, le développement interne des dispositifs auto-organisationnels compétents à organiser le comportement. Ces dispositifs traiteront de façon de plus en plus complexe, pour les actions et communications externes, l'aléa, le désordre, le bruit extérieurs. Autrement dit, l'auto-organisation devient de plus en plus apte, en se complexifiant, à organiser l'environnement et à introduire dans le comportement au sein de la nature la complexité même de son organisation interne. Il devient donc apte à traiter dans le sens de l'autonomie, non seulement les déterminismes de l'environnement, mais aussi ses aléas, désordres, hasards. Le domaine du comportement tend à devenir parfois presque aussi complexe, parfois plus, que celui de l'organisation interne.

Ainsi les possibilités morphogénétiques qui se manifestaient d'abord sur le plan strict de la mutation génétique se transfèrent sur le comportement, les actions, les œuvres et deviennent de la créativité. Le développement des compétences heuristiques devenues aptes à envisager plusieurs stratégies possibles, c'est-à-dire à créer des conditions de choix, va permettre l'émergence de libertés.

Liberté et créativité sont des notions qui jusqu'ici semblaient venir comme des additifs, descendus du ciel métaphysique, pour guider la machinalité de l'organisme. Or, nous l'avons vu, la créativité a des racines très anciennes, puisque l'origine de la vie et chaque mutation génétique heureuse sont des actes créateurs dans le sens morphogénétique du terme. La liberté a elle aussi des racines profondes. Ses premières racines sont sans doute au cœur de ce que nous appelons l'indétermination microphysique. Son fondement est sans doute dans la combinaison complexe qu'effectue l'auto-organisation, de l'incertitude microphysique, de la tendance entropique au désordre, et de l'ordre déterministique de la « bande moyenne » physique. Nous verrons plus loin qu'une telle organisation dispose d'un principe logique souple, permettant d'échapper au principe binaire du tout ou rien. L'important ici est de noter que la liberté est un développement de l'aptitude auto-organisationnelle à utiliser — de façon elle-même aléatoire et incertaine — l'incertitude et l'aléa dans le sens d'une autonomie. La liberté apparaît donc comme une émergence de la complexification et non comme son fondement. Elle émerge à partir du développement des dispositifs richement combinatoires, créateurs de stratégies, qui créent du même coup une richesse de potentialités internes et des possibilités de choix dans l'action. Elle porte donc à un niveau, non seulement plus haut, mais étendu au comportement, les possibilités incluses dans le principe *order from noise*.

Tous ces traits, adaptativité, créativité, liberté, vont s'entrefavoriser les uns les autres et prendront un caractère nouveau avec l'apparition de l'*homo sapiens* et le développement des sociétés humaines. La créativité pourra s'appliquer sur des objets techniques et artistiques ; les libertés pourront s'institutionnaliser et commencer à constituer l'un des éléments de l'auto-organisation des sociétés humaines. Ainsi tous ces traits d'humanité et de spiritualité peuvent être non certes réduits, mais originés aux caractères principiels de l'auto-organisation biologique. Car nous ne prétendons pas « expliquer » créativité et liberté humaines ici, nous voulons dégager les conditions de leur apparition. Cela est déjà un acquis : l'inventivité, la créativité, la liberté cessent d'être exclues du champ de la science ; elles cessent d'être attribuées à un *deus ex machina,* y compris le dieu Hasard. Certes, l'auto-organisation, la complexité ont et auront toujours affaire avec l'aléa. Celui-ci participe à toute création, mais le cœur mystérieux de la vie, de la création, de la liberté se trouve dans la rencontre entre le principe organisationnel et l'événement aléatoire, le désordre, le « bruit ».

Et toujours le développement aura un caractère aléatoire. C'est pourquoi les progrès de la complexité sont des phénomènes marginaux, statistiquement minoritaires, dans ce sens « improbables » ; les échecs sont beaucoup plus nombreux que les réussites, les progrès sont toujours incertains.

Complexité de la complexité

La notion de complexité peut être difficilement conceptualisée. D'une part, parce qu'elle émerge à peine, d'autre part, parce qu'elle ne peut être que complexe. Toutefois, nous pouvons déjà reconnaître la complexité biologique comme notion fondamentale d'ordre organisationnel et de caractère auto-organisationnel. Elle caractérise une organisation qui combine en elle, de façon originale, les principes d'incertitude de la microphysique, les principes déterministiques de la bande moyenne physique, et ses caractères néguentropiques sont inséparables de la production d'entropie. La théorie de la complexité biologique est donc inséparable d'une théorie de la *physis,* mais elle constitue un développement original qui appelle une théorie originale. Nous n'en sommes qu'aux préliminaires. (Nous avons écarté, du présent texte, l'examen, sous l'angle de la complexité, de ce que signifie le préfixe récursif auto de auto-organisation. Nous l'envisageons dans *La Méthode, 2 : La Vie de la Vie*, p. 101-300.)

Les voies multiples de la complexification

De la bactérie à l'organisme multicellulaire, des vers aux mammifères, des lémuriens à *homo sapiens*, il y a complexification, et nous pouvons considérer que tout accroissement des qualités auto-organisatrices est un accroissement de complexité. Toutefois, il serait grossier, et de toute façon non complexe, de vouloir classer les êtres vivants selon une échelle de complexité et, pis encore, d'aspirer à mesurer, même approximativement, des degrés de complexité. Et cela pour deux raisons principales. L'une est qu'il y a de multiples voies de complexification ; la seconde est que les systèmes vivants combinent, de façon variable, des sphères de haute complexité et des sphères de basse complexité ; il y a des traits de complexité qui se sont développés dans les sociétés de fourmis, d'abeilles, de termites, et non dans les sociétés humaines, et bien entendu il y a des traits de complexité qui n'apparaissent que dans les sociétés humaines.

Donc, il nous faut insister ici tout d'abord sur la diversification de la complexité.

Il y a plusieurs voies dans la complexification, aussi bien pour les organismes que pour les sociétés. Ainsi, par exemple, il y a la voie « centrique » où l'organisme développe un système central de commande/contrôle, comme le système nerveux central chez les vertébrés et surtout les mammifères (développement du cerveau), où la société développe une autorité centrale de commande/contrôle (chef, caste dirigeante, État). Il y a aussi la « voie acentrique » où l'auto-organisation de l'organisme s'effectue à travers les connexions d'un circuit ganglionnaire polycentrique, où l'auto-organisation de la société, comme chez les fourmis (Chauvin), s'effectue sans aucune autorité sociale de contrôle/commandement (la reine n'a qu'une fonction reproductrice et ne dispose d'aucun pouvoir), à travers les inter-communications entre les individus dotés d'un « programme » génétique du reste très peu détaillé [5].

En ce qui concerne le développement de la complexité des organismes multicellulaires, il semble admis que celui-ci ait dû nécessairement s'effectuer à travers une différenciation/spécialisation croissante des cellules puis des organes, et à travers le développement d'une organisation hiérarchique. Mais il faut tempérer fortement cette double assertion. En effet, le développement des spécialisations est accompagné d'un développement des polyvalences, polyfonctions et poly-aptitudes, dans des organes comme le foie, comme la bouche (qui nous sert à manger, à boire, à respirer, à parler, à embrasser) et surtout comme le cerveau lui-même dont les cellules sont faiblement différenciées et dont de vastes zones, dans le cortex supérieur de l'homme, sont non spécialisées. On peut même penser, comme on le verra, qu'aux stades de très haute complexité la spécialisation est de plus en plus corrigée et limitée par les polyvalences.

Quant à la hiérarchie, on identifie trop souvent sous ce terme deux types de phénomènes différents. Le premier est celui d'une architecture de niveaux systémiques, superposés les uns sur les autres, où les qualités globales émergentes à un premier niveau deviennent les éléments de base du second niveau, et ainsi de suite. Dans ce sens, la hiérarchie produit au maximum les émergences, c'est-à-dire les qualités et les propriétés du système. Le second type de phénomènes, qui répond au sens ordinaire du terme, correspond à une stratification rigide où chaque niveau supérieur contrôle strictement l'inférieur, dont il inhibe ou réprime les potentialités d'émergence avec, au sommet, une autorité suprême centralisatrice. A la limite, il y a opposition entre ces deux organisations, toutes deux dites hiérarchiques ; la première

5. La fourmilière, dont l'organisation a été remarquablement dégagée par Rémy Chauvin, nous montre l'exemple d'une très grande cohérence globale, cela en dépit — et à cause — d'un très grand désordre dans les comportements individuels des fourmis. Il est permis de penser que la très haute quantité de « bruit » dans un tel type de société n'est pas sans rapport avec l'extrême complexification de certaines fourmilières qui pratiquent l'élevage et l'agriculture, voire la drogue.

permet l'efflorescence de qualités à chaque niveau et est compatible avec un contrôle souple comme avec une auto-organisation acentrique ou polycentrique, mais la seconde constitue, à partir de certains seuils, une restriction de la complexité par rigidité des contraintes car le développement de la haute complexité requiert la régression des contraintes hiérarchiques.

La complexification a progressé de façon ambiguë et variable selon cette double voie. On peut considérer que la complexification des organismes et des sociétés de mammifères, jusqu'aux primates, s'est effectuée selon des combinaisons complexes, variables, multiples entre des tendances antagonistes : la tendance au développement d'un système centralisateur, au développement de la hiérarchie dans le sens contrôleur / répresseur, au développement de la différenciation / spécialisation ; la tendance contraire au développement, justement dans l'organe le plus complexe, le cerveau, d'un polycentrisme, d'une faible spécialisation, et à la prolifération du « bruit », c'est-à-dire des connexions au hasard entre neurones.

L'inégale complexité au sein d'un même système

Comme nous venons de l'indiquer, la complexité n'est pas uniformément répartie dans les organismes, elle varie selon le temps tout d'abord ; les moments de stricte machinalité sont moins complexes que les moments de transformation, décision, création. Elle varie selon la différenciation des organismes. Les éléments qui assurent le contrôle et la décision sont évidemment plus complexes que les autres.

Plus généralement, les systèmes vivants présentent une combinaison variable d'éléments et d'états, les uns plus complexes, mais plus fragiles, les autres moins complexes, plus résistants en un sens, mais moins souples et non inventifs. Ils présentent une double potentialité, à l'accroissement et à la diminution de complexité, qui se manifeste parfois alternativement, parfois simultanément en situation de crise. En effet, les systèmes en crise réagissent soit par une tendance à la régression vers les états et les solutions les moins complexes soit par une stimulation des stratégies heuristiques et par l'invention de solutions nouvelles.

Il y a certainement une limite à l'accroissement de la complexité au sein d'un système. A la limite, il y a trop de « désordre », de « bruits », et le système ne peut plus être intégré. Un système ne peut se passer de contraintes, qui tiennent aussi bien à la matière physico-chimique des éléments dont il est constitué qu'à l'organisation elle-même. Mais quelle est la limite à la complexité ? En termes inverses : Quelles sont les possibilités encore non exploitées de complexité ? C'est le problème que pose l'homme, aujourd'hui, sur cette planète.

8

Soi et *autos*

La vie se présente sous un double visage : d'une part, sous forme d'êtres vivants, apparaissant et disparaissant de façon discontinue, d'autre part sous forme d'un processus continu, celui de la reproduction où se propage dans le temps le même modèle *(pattern)*. La vie se présente, « macroscopiquement » à sa manière, de façon aussi paradoxale que se présente microscopiquement la réalité physique, qui tantôt semble de nature ondulatoire, tantôt de nature corpusculaire. Mais la biologie classique a tenté d'étouffer ce paradoxe. Dans un premier stade, bien que les individus soient seuls réels et que la notion d'espèce soit une notion idéelle, on a donné la réalité à l'espèce, dont les individus apparaissent comme des échantillons ou spécimens, et on a vu dans l'*organisme* l'objet concret qui permet d'étudier l'espèce à travers les individus. Toutefois la dualité n'a cessé de réapparaître avec la naissance et les développements de la génétique : d'une part le *germen*, d'autre part, le *soma ;* puis : d'une part le génotype, d'autre part le phénotype. Dans l'optique génétique, le phénotype n'est que l'expression, modifiée par les conditions environnementales, du génotype : le terme phénoménal (l'individu vivant, son comportement) est subordonné au terme génératif, qui apparaît comme un programme anonyme, produit, semble-t-il, par le plus anonyme des acteurs cosmiques : le hasard. Une telle vision simplifiante et réductrice tend donc à escamoter le problème troublant que pose l'autonomie de l'être vivant. Jamais on ne voit, dans cette perspective, apparaître le préfixe *auto*.

Le préfixe auto aurait pu apparaître dans le champ de l'étude des êtres vivants eux-mêmes. Mais ceux-ci étaient soit réduits à l'état d'organismes, c'est-à-dire d'organisation sans tête ni intelligence, fonctionnant comme par régulation automatique (homéostasie), soit considérés expérimentalement, isolés des conditions concrètes de leur vie communicationnelle et/ou sociale, et, pendant des décennies, perçus selon l'optique behavioriste, où la source des réponses de l'organisme n'est pas dans une autonomie de computation, mais dans le stimulus extérieur. Il a fallu attendre les développements de l'éthologie dans la deuxième moitié du XXe siècle pour concevoir que ces « organismes » sont des êtres vivants, communiquant entre eux, disposant d'aptitudes cognitives et d'intelligence. Mais on n'a pas pour autant considéré l'autonomie de ces êtres dans ses fondements organisationnels.

Concevoir la vie, dans son double visage, génératif (génétique, génotypique) et phénoménal (individuel, phénotypique), comme auto-organisation est une évidence qui a été occultée par tous les efforts théoriques pour construire une conception simplifiante de la vie, fidèle à la conception classique pour qui le déterminisme est toujours extérieur aux objets, donc aux êtres. Il a fallu l'avènement de la cybernétique pour qu'on puisse concevoir, avec l'idée de rétroaction, donc d'un effet rétroagissant sur sa cause et devenant causal, et avec l'idée de régulation, donc d'une cause interne de constance dans un système, l'idée d'une *endo-causalité* (Morin, 1977, p. 277 *sq.*) interagissant avec les causalités extérieures (exo-causalités) pour susciter et maintenir l'autonomie d'un système. Il a fallu les idées informationnelles de « programme » pour concevoir une endo-causalité déterminant des finalités propres à un système. Mais cela n'est nullement suffisant, puisque le modèle appliqué à l'organisation vivante demeura la machine artificielle (*artefact*) qui reçoit toujours son programme, ses matériaux, sa conception, sa fabrication de l'extérieur, c'est-à-dire de l'homme. Pourtant, c'est sur la lancée cybernétique, dans la théorie des *automata* que fait irruption, de façon centrale, le préfixe *auto.* C'est avec la réflexion de von Neumann (1956) sur la théorie des *self-reproducing automata* que fait irruption comme idée et problème théorique la *reproduction-de-soi*. Plus encore : Neumann, en réfléchissant sur la différence entre automates artificiels (*artefacts*) et automates naturels (êtres vivants), avait ouvert les voies à l'idée d'auto-organisation. Si les automates artificiels commencent à se dégrader dès qu'ils entrent en fonctionnement, bien que constitués de composants très fiables (*reliables*), alors que les êtres vivants, bien que constitués de composants très peu fiables, peuvent résister un temps à la dégradation, c'est que les premiers ne peuvent régénérer leurs constituants et ne peuvent se réorganiser d'eux-mêmes ; les êtres vivants, eux, sont capables de régénérer leurs composants, parce qu'ils se réorganisent en permanence : l'idée *d'auto-réorganisation permanente,* dégagée par Atlan (1972), ouvre en fait la porte centrale à l'idée d'auto-organisation et à l'idée d'auto-poiese.

C'est à partir de la fin des années cinquante que des chercheurs essaient de concevoir l'organisation vivante en termes de systèmes auto-organisateurs (von Foerster, 1967) d'auto-poiese (Maturana, Varela, 1972), mais dès lors se pose le problème : que signifie *auto ?* On se rend compte qu'il n'y a pas de concept pour signifier cette propriété mystérieuse qui fait qu'un être, un système, une machine vivante puisent en eux-mêmes la source de leur autonomie très particulière d'organisation et de comportement, tout en étant dépendants, pour effectuer ce travail, de nourritures énergétiques, organisationnelles, informationnelles extraites ou reçues de l'environnement. *Qu'est-ce donc qu'une autonomie vivante qui n'est autonomie que parce que, à un autre niveau, elle est éco-dépendance ?* Dans ce vide conceptuel, je propose le concept provisoire d'*autos* pour pouvoir envisager les problèmes que pose le préfixe *auto.*

Varela (1975, 1978) propose de reconnaître comme *self-reference* la qualité propre à l'auto-poiese, et propose de définir formellement comme re-entrée et donc récursivité la self-référence. Je crois qu'effectivement *self-reference,* re-entrée, récursivité sont des notions clés pour comprendre le phénomène vivant. Mais si nécessaires soient-elles, elles sont insuffisantes, parce que trop vastes : elles peuvent en effet rendre compte d'innombrables phénomènes physiques self-organisateurs, qui ne sont aucunement biologiques, comme l'organisation de l'atome, l'organisation des étoiles, voire même l'organisation des tourbillons.

Aussi, je propose de distinguer la notion de soi *(self)* de la notion d'*autos*. Un tourbillon est organisateur-de-soi *(self-organizing)* dans le mouvement même où il constitue sa forme circuitaire constante, laquelle est récursive dans le sens où les états finaux se confondent avec les états initiaux. Les étoiles comme notre soleil naissent de la rencontre de rétroactions implosives (gravitation) et de rétroactions explosives (chaleur), lesquelles constituent ensemble une boucle régulatrice organisationnelle de soi. Le phénomène du *self*, c'est-à-dire de l'être et de l'existence, est un phénomène physique fondamental, puisque c'est sur lui que se constitue notre monde organisé, fait d'atomes et d'étoiles. (On peut même considérer, comme le fait justement Bogdansky (1978), que les ondes sont des phénomènes self-régulateurs.) J'ai développé ailleurs la théorie physique de la production-de-soi (Morin, 1977, p. 182-234). Voilà pourquoi je considère l'*autos* comme un concept plus riche que le *soi* qu'il contient et englobe en même temps (en effet l'auto-organisation biologique contient en la contrôlant l'organisation-de-soi qui s'effectue thermodynamiquement dans et par la formation des « structures dissipatives » (Nicolis, Prigogine, 1976).

Une telle distinction entre *autos* et *soi* est conventionnelle quant au sens courant de ces termes : on pourrait appeler *autos* ce que j'appelle *soi* et inversement *soi* ce que j'appelle *autos*. Mais, si l'on admet que l'*autos* correspond au phénomène du *soi* au niveau de complexité biologique, alors l'*autos* porte en lui ce qui est commun à l'auto-organisation, l'autopoiese, l'auto-organisation, l'auto-régulation, l'auto-référence, et fonde l'autonomie propre au vivant.

1. — Auto (géno-phéno)-organisation

Tout d'abord, évitons toute définition de l'*autos* qui escamoterait l'un des deux visages de la vie, soit le visage génératif (qui se cristallise dans la notion d'espèce), soit le visage phénoménal (qui se cristallise dans la notion d'individu). En général, les théories généticistes tendent à subordonner le phénoménal au génératif, tandis que les théories de l'auto-organisation tendent à subordonner l'idée d'auto-reproduction à celle d'auto-production (Maturana et Varela 1974). Or, il nous faut une conception complexe, qui révèle l'unité de cette dualité et la dualité de cette unité.

Il faut parler d'unidualité au sein de l'auto-organisation. Cette double organisation est *une* dans son caractère récursif. Comme il a été souvent remarqué, « la cellule est à la fois le producteur et le produit qui incorpore le producteur » (Varela 1975), en d'autres termes l'auto-organisation est une organisation qui organise l'organisation nécessaire à sa propre organisation. On ne peut concevoir l'organisation générative (que la biologie réduit, réifie, unidimensionnalise dans l'idée des gènes porteurs du « programme » organisateur) et l'organisation phénoménale (que la même biologie considère comme métabolisme et homéostasie) comme deux organisations distinctes ni les réduire à une entité récursive indistincte. Il y a à la fois indistinction et distinction : la distinction, elle, apparaît dans la traduction nécessaire du langage à quatre signes du « code génétique » dans le langage à vingt « lettres » des acides aminés. Une hétérogénéité même apparaît entre le concept d'espèce et le concept d'individu qui semblent relever de deux univers différents, l'un continu, l'autre discontinu. L'indistinction, elle est dans le fait que tous ces termes sont solidaires dans des boucles récursives où la conjugaison du génératif et du phénoménal constitue l'auto-organisation elle-même. Aussi faut-il concevoir le génératif et le phénoménal comme deux polarisations. D'un côté, le pôle génératif, celui de la régénération et de la réorganisation permanentes, de la reproduction périodique ; de l'autre, le pôle phénoménal, celui de la praxis d'un être vivant, de l'organisation de ses échanges et de son comportement dans un environnement *hic et nunc.* A un pôle, la reproduction, c'est-à-dire la survie de « l'espèce » dans le temps, à l'autre le métabolisme, l'échange dans l'instant, le manger, l'action, c'est-à-dire le « vivre ». Les généticiens pensent que l'on vit pour survivre, c'est-à-dire se reproduire, et Jacob nous dit que « le rêve d'une bactérie est de faire une autre bactérie ». Le sens commun semble nous dire qu'on mange pour vivre et qu'on ne vit pas pour manger. Mais en fait, on survit aussi pour vivre, c'est-à-dire métaboliser, c'est-à-dire « jouir », et on vit aussi pour manger. Il n'y a pas une fin d'une part, un moyen de l'autre, mais le circuit vivant où tout est à la fois fin et moyen : vivre → survivre, manger → vivre

Toute théorie de l'*autos* doit donc comporter une théorie de l'auto (géno-phéno)-organisation. Tout développement de l'*autos* comporte le développement et la complexification de l'unidualité du *génos* et du *phénon*. Ainsi, dans le formidable développement de l'individualité phénoménale propre aux vertébrés, on voit se constituer deux appareils « épigénétiques », à la fois dissociés et communicants, l'un voué à la reproduction (appareil sexuel), l'autre voué à l'organisation de l'existence phénoménale (appareil neuro-cérébral).

2. — *L'auto-organisation communicationnelle/computationnelle*

Toute théorie de l'*autos* doit aussi nécessairement comporter l'idée d'organisation communicationnelle/informationnelle, et par là l'idée de computation. Cela semble bien évident puisque le propre de la « révolution biologique » ouverte par Watson et Crick est d'appliquer un schéma cybernétique/informationnel sur l'organisation de l'être cellulaire, et de concevoir celle-ci selon un modèle communicationnel (A.D.N.→A.R.N.→Protéines). Toutefois, il manque à la théorie cybernétique, donc à cette conception biologique, l'idée d'appareil. L'A.D.N. est conçu à la fois comme mémoire et programme pur d'une « machine » qui serait la cellule. Or, à regarder de près, la cellule procaryote est de façon quasi indistincte à la fois une machine et un appareil computant ; effectivement, la bactérie compute les données internes et externes, et prend des « décisions » en fonction du traitement des données qu'elle effectue. Ici encore apparaît la différence entre l'organisation-de-soi seulement physique (les étoiles, les tourbillons, les atomes) et l'auto-organisation qui, tout en demeurant physique, devient biologique. Les organisations-de-soi ne connaissent pas la dualité géno-phénoménale, et elles ne disposent pas d'une organisation communicationnelle / informationnelle douée d'un appareil computant. Elles se constituent et s'entretiennent « spontanément », alors que dans l'auto-organisation géno-phénoménale, la spontanéité « prigoginienne » est déclenchée, contrôlée, supervisée par l'organisation computationnelle / informationnelle / communicationnelle.

Ici, nous devons dégager fortement l'idée qu'aucun processus vivant, celui de l'organisation métabolique comme celui de l'organisation de la reproduction, n'est concevable sans l'action d'au moins un appareil computant (et dans le cas de l'ontogenèse d'un polycellulaire, sans les interactions entre les appareils computants des cellules qui se multiplient par mitose). Or, cette idée de computation est l'idée capitale qui va permettre de comprendre le caractère logiquement original de l'*autos.*

Pour concevoir ce caractère, il faut dépasser une double insuffisance, celle de la théorie biologique classique, celle de la théorie de la self-référence. La théorie biologique classique, dont le paradigme survit dans l'inconscient des biologistes, tend à minimiser l'individualité au profit non seulement de la généricité, mais de la généralité. L'axiome « il n'est de science que du général » tend à occulter le caractère surprenant de l'individualité vivante : l'existence d'êtres singuliers, chacun comportant sa différence empirique, chacun unique *pour lui,* chacun computant sa propre existence en fonction de lui et *pour-soi.*

3. — *Le pour-soi et l'autocentrisme*

Ici apparaît l'utilité de l'idée d'*auto-référence.* Les définitions de l'auto-référence jusqu'ici avancées (Varela, 1975) ont le grand mérite d'être des définitions formalisantes, mais ne peuvent suffire. Il faut concevoir l'auto-référence comme un aspect de la réalité multidimensionnelle à la fois logique, organisationnelle et existentielle de l'*autos.*

Pour comprendre l'auto-référence, il faut considérer l'organisation computationnelle de l'être vivant. Tout être vivant, même le moins complexe, est un individu doté d'un appareil de computation. Cet appareil est radicalement différent des « computers » artificiels qui sont construits par autrui, reçoivent leur programme d'autrui, et opèrent pour autrui. Par contre, il y a, dans l'être cellulaire, *computation de soi, par soi, pour soi.* Une telle computation n'est pas seulement auto-référente bien qu'elle soit fondamentalement « égocentrique ». De même qu'un système auto-organisateur est en même temps nécessairement un système auto-éco-organisateur puisqu'il a besoin de l'environnement pour sa propre auto-poiese, de même une computation auto-référente est nécessairement éco-référente, c'est-à-dire doit être capable de traiter, examiner, supputer en informations les données/événements qui lui parviennent de l'environnement. Mais ce qui est important, c'est qu'une telle computation traite ces données comme des « objets », précisément parce que l'être computant se constitue en *sujet,* dans le sens où il compute, décide, agit *de lui-même pour lui-même. L'important donc, c'est l'affirmation ontologique distincte, unique, privilégiée de soi et pour soi qui caractérise tout être vivant.*

Une telle affirmation ontologique comporte nécessairement la défense de l'*identité* (*autos* = le même), laquelle suppose nécessairement la distinction du soi et du non-soi, et par là même le rejet du non-soi à l'extérieur (immunologie). Comme le dit justement Varela, l'immunologie est une propriété du système total, et non une qualité propre à certains agents de défense. L'affirmation ontologique de-soi et pour-soi se manifeste par la computation « égoïste » qui détermine des actions finalisées par et pour soi ; il ne s'agit donc pas seulement d'un comportement (*behavior*) objectif, il s'agit aussi d'un *ethos,* c'est-à-dire d'un comportement effectué par un sujet pour lui-même. (C'est pourquoi il y a un progrès quand la science du comportement devient *éthologie.*)

Le pour-soi égoïste n'est pas nécessairement limité à l'individu. L'auto-référence comporte, de façon tantôt indistincte, tantôt complémentaire, tantôt concurrente et antagoniste, au sein de son principe d'identité, non seulement l'individu, mais le processus de reproduction dont il est porteur, et le cercle de l'*autos* peut s'étendre à la progéniture, à la famille et à la société.

Mais, même dans le cas où il agit pour « les siens », l'être vivant, de la bactérie à l'*homo sapiens,* obéit à une logique particulière qui fait que l'individu, si éphémère, singulier, marginal soit-il, se considère, *pour lui,* comme le centre du monde. Il se situe dans un site ontologique dont sont exclus tous autres, y compris son jumeau homozygote, son congénère, son semblable, selon un principe d'exclusion qui n'est pas sans évoquer le principe de Pauli. Cet égocentrisme, qui exclut de son site propre tout autre être, cette computation et cet *ethos pour soi,* il faut maintenant le reconnaître, fournissent la définition logique, organisationnelle et existentielle du concept de *sujet.* Le pour-soi, l'auto-référence, l'auto-égocentrisme sont autant de traits qui permettent de formuler et de reconnaître la notion de sujet. L'opposition du soi et du non-soi n'est pas seulement cognitive, elle est ontologique ; elle crée une dualité entre un royaume valorisé, centré et finalisé, qui est celui du soi-sujet, et un univers extérieur, utile ou dangereux, qui est celui des objets. La dualité sujet/objet naît dans cette dissociation même. Ainsi, l'effort théorique commencé avec l'idée d'auto-référence doit, s'il est conséquent, se poursuivre à travers l'idée d'auto-éco-référence pour aboutir au concept de sujet, qui lit en lui les notions de pour-soi, d'auto-centrisme, d'auto-logique, d'*ethos,* de computation égoïste.

Nous avions trop l'habitude de réduire la notion de sujet et de subjectivité à la contingence, l'affectivité, la sentimentalité. Or, il s'agit d'une catégorie logique et organisationnelle capitale qui caractérise l'individualité vivante et est inséparable de l'auto-géno-phéno-organisation.

La subjectivité individuelle, bien qu'elle se considère comme le centre de l'univers, est éphémère, périphérique, ponctuelle. Mais c'est dans ce « point » qu'interfèrent les processus organisateurs et qu'émergent les qualités mêmes de la vie. Dans ce sens, le point peut être plus riche que les ensembles qui interfèrent en lui, puisqu'il est le foyer des émergences. Les individus-sujets sont les êtres émergeant à la réalité phénoménale. Ce sont dans des individus-sujets, par des individus-sujets que s'opèrent tous les processus de reproduction. Donc, le concept de sujet n'est pas à considérer comme épiphénomène, mais à inscrire ontologiquement dans notre notion de « vie ».

Je vais même tenter de montrer que le concept de

reproduction et le concept de sujet ont quelque chose de fondamentalement commun. Considérons l'individu-sujet dans sa computation « égoïste »; il reconnaît le soi du non-soi, et il organise son soi, pas seulement dans le détail des processus de transformation et régénération moléculaires, mais aussi globalement, en tant que tout-un. Dans ce sens, nous pourrions dire que ce pouvoir d'auto-computation, dans le détail et dans la globalité, est du même coup un pouvoir d'auto-réflexion. Il ne peut s'agir évidemment de ce que nous nommons réflexion, conscience de la conscience qui suppose précisément la conscience. Le sujet computant reconnaît, connaît, compute, décide, mais n'est pas « conscient » de lui-même. Le sujet même humain est dans l'inconscient (Lacan, 1977). Alors comment parler d'auto réflexion, c'est-à-dire de capacité de se dédoubler à soi-même, de se considérer soi-même à la fois comme sujet/objet, comme dans la phrase banale qui reflète bien, sur le plan du langage humain, l'égo-structure (Piccaldo) « je suis moi », c'est-à-dire je suis ⇄ moi. Cette idée d'auto-réflexion resterait une supposition gratuite s'il n'y avait pas justement l'auto-reproduction. Qu'est-ce que l'auto-reproduction cellulaire ? C'est un processus par lequel, à partir d'une scission chromosomique, la cellule se divise en deux, chaque moitié reconstituant de soi sa moitié absente, processus qui aboutit à la constitution de deux êtres cellulaires. Cela signifie donc qu'il y a dans la structure même de l'être-sujet une dualité potentielle, qui la conduit à se diviser en deux et à se multiplier par deux. Cette capacité de dédoublement que nous ne connaissons, au niveau de notre appareil cérébral, que par la capacité de remémoration en représentation ou image, elle existe au niveau de la mémoire générative en capacité de dédoublement pratique, physique, organisationnel, biologique. Si l'*ego* peut créer un *ego-alter*, c'est-à-dire un autre lui-même, c'est qu'il peut se réfléchir en un *alter ego*, c'est-à-dire un lui-même autre (« Je est un autre », disait Rimbaud).

Considérons les deux *ego-alter* issus de la mitose. Ils sont identiques génétiquement et quasi identiques phénoménalement. Pourtant chacun exclut l'autre de son site subjectif et chacun va désormais computer et agir pour soi-même.

Toutefois, il y a une possibilité de communication, par identification entre ces deux congénères, d'où la possibilité d'inclusion dans des associations qui pourront prendre la forme d'organismes et, chez les individus polycellulaires, de société. Chaque être vivant est donc porteur *à la fois d'un principe d'exclusion d'autrui hors de son site subjectif, et d'un principe d'inclusion du congénère dans le circuit élargi de son* autos *subjectif.* La possibilité de communication entre congénères n'est pas seulement d'échanges de signaux selon un code commun, il est dans la possibilité de communication intersubjective, qui pourra prendre, avec les développements de l'organisation vivante, forme de communions et co-organisations. D'où la possibilité, à travers les interactions trans-subjectives (entre individus-sujets), de constitution de macro-individus-sujets de second ordre (les êtres polycellulaires), voire de troisième ordre (les sociétés). On voit donc que le concept de sujet, loin d'être épiphénoménal, peut être considéré comme la plaque tournante entre les processus génétiques de reproduction et les processus phénoménaux d'organisation communicationnelle entre cellules (organismes) et individus polycellulaires (sociétés).

Nous sommes donc entraînés à une révolution mentale inattendue. La méthode scientifique classique nous obligeait à chasser la notion de sujet, y compris de nous-mêmes, observateurs-concepteurs. Nous voici amenés à l'étendre et à la reconnaître à toute créature vivante. Ce n'est pas seulement le « code génétique », c'est la subjectivité qui est commune à toute créature, de la bactérie à l'éléphant.

Dès lors, nous voyons que l'auto-poiese et l'auto-organisation sont des notions clés, mais à condition d'être enveloppées et développées dans une théorie de l'*autos*. L'*autos* résume en lui les conditions d'existence et de reproduction de la vie et prend la forme du principe d'auto-géno-phéno-organisation (elle-même qui s'inclut dans un paradigme incompressible d'auto-géno-phéno-éco-ré-organisation). L'être vivant, lui, prend les caractères de l'individu-sujet. Les notions d'*autos* et de sujet, qui se renvoient récursivement l'une à l'autre, conduisent, si on les introduit au cœur de la théorie de la vie, à une mutation logique et ontologique. Il y a rupture décisive avec les conceptions qui cherchent l'explication dans un terme clé, un principe maître : l'A.D.N.-programme, ou le comportement.

9

Computo ergo sum (La notion de sujet)

L'idée de sujet vivant peut vous sembler très bizarre, si, pour vous, l'idée de sujet est liée à la conscience ou bien à l'affectivité, à la particularité et à la contingence. Or, la réflexion sur l'être vivant nous amène à définir le sujet de façon ontologico-logico-organisationnelle.

Le premier trait remarquable de l'individu, c'est son unicité. Les travaux de Dausset, qui vient de recevoir le prix Nobel, ont justement démontré cette fantastique singularité des individus au niveau immunologique. Mais, pour moi, le vrai critère de l'individualité, ce n'est pas seulement la singularité phénoménale, physico-chimique, c'est le caractère égo-centrique du sujet, c'est le fait qu'il est unique pour lui en computant *pour soi*. La moindre activité vivante suppose un *computo* par lequel l'individu traite tous les objets et données en référence égo-centrique à lui-même. Le sujet, c'est l'être computant qui se situe, pour lui, au centre de l'univers et occupe ce centre de façon exclusive : « *je, seul, peux dire je pour moi.* »

Cette notion de sujet n'est d'ailleurs pas seulement de compétence philosophique ou linguistique, mais aussi mathématique. Ainsi, Hilbert avait imaginé un opérateur Σ qui s'exprimait sous la forme : « *Celui qui seul et en même temps n'importe lequel* ». Mais c'est surtout la théorie des jeux de von Neumann qui m'a beaucoup éclairé, parce qu'elle implique le joueur-acteur égo-centrique. L'être vivant est bien sûr plus complexe qu'un être purement et simplement « égoïste », puisqu'il est *auto*-égo-centrique. Ce n'est pas seulement lui qui est au centre de l'univers, ce sont aussi les siens, parents, enfants, congénères, pour lesquels il peut éventuellement se sacrifier.

Cette structure égo-centrique autoréférente est la qualité fondamentale du sujet. L'affectivité ne vient que bien plus tard, avec le développement du système neuro-cérébral chez les oiseaux et les mammifères.

Mais quel rapport y a-t-il entre la subjectivité bactérienne et la nôtre ?

En un sens, aucun rapport, parce que *computo* n'est pas *cogito* : la bactérie est un sujet sans conscience. En un autre sens, il y a un rapport radical : à partir du moment où être sujet, c'est se mettre au centre de l'univers, le « je » devient tout pour soi, tout en étant presque rien dans l'univers. Là est le drame du sujet : il s'auto-transcende spontanément bien qu'il ne soit qu'un ciron microscopique, une miette périphérique, un moment éphémère de l'univers.

La bactérie ignore bien sûr tout cela, elle ne le compute pas. Nous, malgré la conscience que nous avons que notre égocentrisme est dérisoire et grotesque, nous ne pouvons pas exister autrement que comme sujets égocentriques. Tous nos mythes fantastiques qui nous assurent une vie au-delà de la mort viennent de notre résistance de sujets à notre destin d'objets.

On a longtemps cru que la notion de sujet était métaphysique, car elle semblait liée à l'idée de liberté, qu'exclut toute démarche scientifique, laquelle ne connaît que le déterminisme, et, au pis aller, reconnaît le hasard ou l'indétermination. Or, un des axes principaux de mon travail a été de tenter de montrer, non seulement qu'il faut associer et non disjoindre les idées de déterminisme et de hasard, mais aussi, comme je vous l'ai dit à propos de l'auto-éco-organisation, que l'on ne peut disjoindre l'idée d'autonomie de celle de dépendance : plus nous sommes autonomes, plus nous sommes dépendants d'un très grand nombre de conditions nécessaires à l'émergence de notre autonomie. En ce qui concerne l'être vivant, celui-ci subit une double détermination, génétique et écologique (à quoi s'ajoute, pour l'être humain, la détermination socio-culturelle). Mais, dans son *computo* et son comportement, l'être vivant s'approprie et identifie à soi la détermination génétique, laquelle ne cesse pas d'être détermination, tout en lui fournissant les aptitudes organisatrices qui lui permettent de ne pas subir passivement les déterminismes et hasards de l'environnement. En même temps, cet être vivant non seulement puise dans l'environnement les nourritures et informations qui lui permettent d'être autonome, mais il subit les événements de sa vie qui, tout en constituant son destin, constituent aussi son expérience personnelle. Il y a donc autonomie de l'individu-sujet dans et par un double asservissement.

Ici il faut comprendre que le *computo* comporte la possibilité de décision dans les situations ambiguës, incertaines, où un choix est possible. Ainsi la bactérie « décide » dans des situations ambiguës, comme l'ont montré les travaux d'Adler et Wung Wai Tso.

Mais, même alors, la décision et le choix émergent, via le *computo,* dans et par les dépendances de l'auto-(géno-phéno-égo)éco-ré-organisation. La liberté, elle, pourra trouver ses conditions d'émergence à partir du moment où se développe un appareil neuro-cérébral qui élabore des stratégies (de connaissance, d'action).

La stratégie s'est développée dans les espèces animales de façon extraordinaire à travers le jeu tragique entre proie et prédateur, chacun élaborant une stratégie de feinte, d'esquive, de ruse, l'un pour l'attaque, l'autre pour la défense ou la fuite. Le propre de la stratégie est de transformer une circonstance défavorable en circonstance favorable. Ainsi, en ce qui concerne l'action, Napoléon transforme le facteur défavorable qu'est le brouillard sur les marécages d'Austerlitz en facteur de victoire.

La grande stratégie consiste, non seulement à savoir utiliser le hasard, mais à utiliser l'énergie et l'intelligence de l'adversaire pour renverser son jeu à son propre profit. C'est ce que montre, sur le plan physique, le karaté, et sur le plan psychique, le jeu d'échecs.

Quant à nous, humains, dotés de conscience, de langage et de culture, nous sommes des individus-sujets computants/cogitants capables de décision, de choix, de stratégie, de liberté, d'invention, de création, mais sans cesser d'être des animaux, sans cesser d'être des êtres-machines.

Bien entendu, la bactérie, et, plus généralement, tous les êtres vivants, y compris humains, réagissent ou agissent souvent comme des machines déterministes triviales, c'est-à-dire dont vous connaissez les *output* lorsque vous connaissez les *input* (c'est pourquoi le behaviorisme, en tant que déterminisme environnemental, a pu mettre entre parenthèses non seulement ce qui se passait à l'intérieur de la machine mais aussi la machine elle-même). Mais, plus un être vivant est cérébralement évolué, mieux il est capable de computer une situation, mieux il est capable de concevoir des choix, mieux il est capable d'élaborer une stratégie, plus alors il cesse d'être une machine déterministe triviale. Du reste, les moments importants dans une vie sont ceux où vous n'agissez pas comme une machine triviale : au moment de dire « oui » à Monsieur le Maire, vous dites « non ». Au lieu de dire « oui » au maître, au chef, au tyran, vous dites « non ». Au moment de tuer votre ennemi, vous pardonnez.

L'idée de sujet s'origine donc dans l'être vivant le plus archaïque, mais ne s'y réduit pas. Elle se développe avec l'animalité, l'affectivité et, chez l'homme, apparaît cette nouveauté extraordinaire : le sujet conscient. Mais, même chez l'homme, il y a une réalité « sujet », inconsciente, organique qui se manifeste dans et par la distinction immunologique que fait notre organisme entre le soi et le non-soi.

La subjectivité n'est pas pour autant répandue dans la nature, et je ne suis pas d'accord avec les Gnoses de Princeton ou de Cordoue qui mettent de la conscience dans la particule. Le vieux spiritualisme qui se précipite dans la brèche ouverte par l'effondrement du matérialisme substantialiste n'en est que le symétrique simplificateur et euphorisant.

Pour qu'il y ait le moindre être-sujet, il faut un être-machine disposant d'un *computo,* c'est-à-dire une organisation extrêmement complexe. Le niveau organisateur de l'être cellulaire est incommensurable avec le niveau immédiatement inférieur de la macro-molécule.

Je n'exclus pas a priori l'existence d'autres formes de pensée dans l'univers qui nous seraient invisibles, mais elles ne peuvent pas se situer au niveau de la particule. Du reste, j'exclus aussi bien la conscience particulaire que la grande conscience macroscopique, c'est-à-dire Dieu. Le développement d'une complexité aussi fantastique que celle de l'esprit humain est très marginale dans la vie, laquelle est très marginale sur la Terre. L'organisation en étoiles et systèmes stellaires est elle-même minoritaire dans un univers où la plus grande partie de la matière-énergie est en désordre. Il serait étonnant que dans cet univers tragique, qui se désintègre en même temps qu'il se construit, il y ait un Tout omniscient et créateur, ou même que cet univers puisse être considéré comme une totalité organisée et surpensante. La plus grande partie de l'univers, si ce n'est sa quasi-totalité, est au contraire vouée au chaos, à la dispersion et à la désintégration. Les sujets sont donc complètement perdus dans l'univers.

J'écris que l'être-sujet est né dans un univers physique, lequel ignore la subjectivité qu'il a pondue, qu'il abrite et menace à la fois. L'individu vivant vit et meurt dans cet univers où seuls le reconnaissent comme sujet quelques congénères voisins et sympathiques. C'est donc bien dans la communication aimante que nous pouvons trouver sens à nos vies subjectives.

10

Les commandements de la complexité

La science « classique » se fondait sur l'idée que la complexité du monde des phénomènes pouvait et devait se résoudre à partir de principes simples et de lois générales. Ainsi la complexité était l'apparence du réel, la simplicité, sa nature même.

De fait, c'est un paradigme de simplification, caractérisé à la fois par un *principe de généralité,* un *principe de réduction* et un *principe de disjonction,* qui commandait l'intelligibilité propre à la connaissance scientifique classique. Ce principe s'est révélé d'une extraordinaire fécondité dans le progrès de la physique de la gravitation newtonienne à la relativité einsteinienne, et c'est le « réductionnisme » biologique qui a permis de concevoir la nature physico-chimique de toute organisation vivante.

Mais, aujourd'hui, les progrès mêmes de la physique nous font considérer les insurmontables complexités de la particule subatomique, de la réalité cosmique, et les progrès mêmes de la biologie nous ouvrent les problèmes inséparables d'autonomie et de dépendance qui concernent tout ce qui est vivant. Du coup, le développement des connaissances scientifiques met en crise la scientificité qui avait suscité ce développement.

Dès lors, nous pouvons nous demander si une réflexion sur les avancées des diverses sciences, naturelles et humaines, ne nous permettrait pas de dégager les conditions et caractères d'un « paradigme de complexité ».

C'est très lentement que nous avons pu effectuer une catégorisation (sans doute non définitive) des principes commandant/contrôlant l'intelligibilité scientifique classique, et, par opposition, un schéma des principes commandant/contrôlant l'intelligibilité complexe. J'appelle *paradigme de simplification* l'ensemble des principes d'intelligibilité propres à la scientificité classique, et qui, liés les uns aux autres, produisent une conception simplifiante de l'univers (physique, biologique, anthropo-social). J'appelle *paradigme de complexité* l'ensemble des principes d'intelligibilité qui, liés les uns aux autres, pourraient déterminer les conditions d'une vision complexe de l'univers (physique, biologique, anthropo-social).

A. *Paradigme de simplification (principes d'intelligibilité de la science classique)*

1. Principe d'universalité : « il n'est de science que du général ». Expulsion du local et du singulier comme contingents ou résiduels.
2. Élimination de l'irréversibilité temporelle, et, plus largement, de tout ce qui est événementiel et historique.
3. Principe réduisant la connaissance des ensembles ou systèmes à la connaissance des parties simples ou unités élémentaires qui les constituent.
4. Principe réduisant la connaissance des organisations aux principes d'ordre (lois, invariances, constances, etc.) inhérents à ces organisations.
5. Principe de causalité linéaire, supérieure et extérieure aux objets.
6. Souveraineté explicative absolue de l'ordre, c'est-à-dire déterminisme universel et impeccable : les aléas sont des apparences dues à notre ignorance. Ainsi, en fonction des principes 1, 3, 4, 5 et 6, l'intelligibilité d'un phénomène ou objet complexe se réduit à la connaissance des lois générales et nécessaires qui gouvernent les unités élémentaires dont il est constitué.
7. Principe d'isolement/disjonction de l'objet par rapport à son environnement.

8. Principe de disjonction absolue entre l'objet et le sujet qui le perçoit/conçoit. La vérification par observateurs/expérimentateurs divers suffit, non seulement pour atteindre à l'objectivité, mais pour exclure le sujet connaissant.

9. Ergo : élimination de toute problématique du sujet dans la connaissance scientifique.

10. Élimination de l'être et de l'existence via la quantification et la formalisation.

11. L'autonomie n'est pas concevable.

12. Principe de la fiabilité absolue de la logique pour établir la vérité intrinsèque des théories. Toute contradiction apparaît nécessairement comme erreur.

13. On pense en inscrivant des idées claires et distinctes dans un discours mono-logique.

B. *Pour un paradigme de complexité*

Il n'existe évidemment pas de « paradigme de complexité » sur le marché. Mais ce qui apparaît ici et là, dans les sciences, c'est une problématique de la complexité, fondée sur la conscience de la non-éliminabilité de ce qui était éliminé dans la conception classique de l'intelligibilité ; cette problématique doit animer une recherche de modes d'intelligibilité adéquats à cette conjoncture. Je formule l'hypothèse qu'un paradigme de complexité pourrait être constitué dans et par la conjonction des principes d'intelligibilité ci-dessous :

1. Validité mais insuffisance du principe d'universalité. Principe complémentaire et inséparable d'intelligibilité à partir du local et du singulier.

2. Principe de reconnaissance et d'intégration de l'irréversibilité du temps dans la physique (deuxième principe de la thermadynamique, thermodynamique des phénomènes irréversibles), dans la biologie (ontogénèse, phylogénèse, évolution) et dans toute problématique organisationnelle (« on ne peut comprendre un système complexe qu'en se référant à son histoire et à son parcours » — Prigogine). Nécessité inéluctable de faire intervenir l'histoire et l'événement dans toutes descriptions et explications.

3. Reconnaissance de l'impossibilité d'isoler des unités élémentaires simples à la base de l'univers physique. Principe liant la nécessité de lier la connaissance des éléments ou parties à celle des ensembles ou systèmes qu'elles constituent. « Je tiens impossible de connaître les parties sans connaître le tout, non plus que de connaître le tout sans connaître particulièrement les parties » (Pascal).

4. Principe de l'incontournabilité de la problématique de l'organisation, et, en ce qui concerne certains êtres physiques (astres), les êtres biologiques et les entités anthropo-sociales, de l'auto-organisation.

5. Principe de causalité complexe, comportant causalité mutuelle interrelationnée (Maruyama), inter-rétroactions, retards, brouillages, synergies, détournements, réorientations. Principe de l'endo-exocausalité en ce qui concerne les phénomènes d'auto-organisation.

6. Principe de considération des phénomènes selon une dialogique ordre → désordre → interactions → organisation. Intégration, donc, non seulement de la problématique de l'organisation, mais aussi des événements aléatoires dans la recherche de l'intelligibilité.

7. Principe de distinction mais non de disjonction entre l'objet ou l'être et son environnement. La connaissance de toute organisation physique appelle la connaissance de ses interactions avec son environnement. La connaissance de toute organisation biologique appelle la connaissance de ses interactions avec son éco-système.

8. Principe de relation entre l'observateur/concepteur et l'objet observé/conçu. Principe d'introduction du dispositif d'observation ou d'expérimentation — appareil, découpage, grille — (Mugur-Tachter) et, par là, de l'observateur/concepteur dans toute observation ou expérimentation physique. Nécessité d'introduire le sujet humain — situé et daté culturellement, sociologiquement, historiquement — dans toute étude anthropologique ou sociologique.

9. Possibilité et nécessité d'une théorie scientifique du sujet.

10. Possibilité, à partir d'une théorie de l'auto-production et de l'auto-organisation, d'introduire et de reconnaître

physiquement et biologiquement (à plus forte raison anthropologiquement) les catégories d'être et d'existence.

11. Possibilité, à partir d'une théorie de l'auto-production et de l'auto-organisation, de reconnaître scientifiquement la notion d'autonomie.

12. Problématique des limitations de la logique. Reconnaissance des limites de la démonstration logique au sein des systèmes formels complexes (Gödel, Tarski). Considération éventuelle des contradictions ou apories imposées par l'observation/expérimentation comme indices d'un domaine inconnu ou profond[1] de la réalité (Withehead, Bohr, Lupasco, Gunther). Principe discursif complexe, comportant l'association de notions à la fois complémentaires, concurrentes et antagonistes.

13. Il faut penser de façon dialogique et par macro-concepts[2], liant de façon complémentaire des notions éventuellement antagonistes.

Ainsi, je m'efforce de dégager un paradigme de complexité comportant ces douze « commandements ». Certes, une description purement locale ou une étude strictement analytique peuvent ignorer ces douze commandements. Mais la réintégration de l'objet isolé et de l'étude analytique dans leur contexte les appelle nécessairement. Le paradigme de complexité ne « produit » ni ne « détermine » l'intelligibilité. Il peut seulement inciter la stratégie/intelligence du sujet chercheur à considérer la complexité du problème étudié. Il incite à distinguer et faire communiquer au lieu d'isoler et de disjoindre, à reconnaître les traits singuliers, originaux, historiques du phénomène au lieu de le relier purement et simplement à des déterminations ou lois généra-

1. « Une vérité superficielle est un énoncé dont l'opposé est faux ; une vérité profonde est un énoncé dont l'opposé est aussi une vérité profonde », N. Bohr.

2. Pour la définition du « macro-concept », cf. *La Méthode 1*, p. 378 et *2*, p. 371-73.

les, à concevoir l'unité/multiplicité de toute entité au lieu de l'hétérogénéiser en catégories séparées ou de l'homogénéiser en une totalité indistincte. Il incite à rendre compte des caractères multidimensionnels de toute réalité étudiée.

11

Théorie et méthode

Une théorie n'est pas la connaissance, elle permet la connaissance. Une théorie n'est pas une arrivée. C'est la possibilité d'un départ. Une théorie n'est pas une solution, c'est la possibilité de traiter un problème. Autrement dit, une théorie n'accomplit son rôle cognitif, ne prend vie qu'avec le plein emploi de l'activité mentale du sujet. C'est cette intervention du sujet qui donne au terme de *méthode* son rôle indispensable.

Le mot méthode doit être conçu en fidélité avec son sens originaire et non dans son sens dérivé, dégradé, au sein de la science classique ; en effet, dans la perspective classique, la méthode n'est qu'un corpus de recettes, d'applications quasi-mécaniques, qui vise à exclure tout sujet de son exercice. La méthode se dégrade en technique puisque la théorie est devenue un programme. Au contraire, dans la perspective complexe, la théorie est engramme, et la méthode, pour être mise en œuvre, nécessite stratégie, initiative, invention, art. Une relation récursive s'établit entre méthode et théorie. La méthode, générée par la théorie, la régénère. La méthode est la praxis phénoménale, subjective, concrète, qui a besoin de la générativité paradigmatique/théorique, mais qui à son tour régénère cette générativité. Ainsi la théorie n'est pas la fin de la connaissance, mais un moyen-fin inscrit dans une récursion permanente.

Toute théorie dotée de quelque complexité ne peut conserver sa complexité qu'au prix d'une recréation intellectuelle permanente. Elle risque sans cesse de se dégrader, c'est-à-dire de se simplifier. Toute théorie livrée à ses pesanteurs tend à s'aplatir, s'unidimensionnaliser, se réifier, se psittaciser.

La simplification aujourd'hui prend trois visages : nous avons pu le voir aussi bien pour la cybernétique et la théorie des systèmes que pour le marxisme et le freudisme. Cela peut être appliqué à toute théorie.

— La dégradation techniciste. On garde de la théorie ce qui est opérationnel, manipulateur, ce qui peut être appliqué ; la théorie cesse d'être *logos* et devient *techné.*

— La dégradation doctrinaire. La théorie devient doctrine, c'est-à-dire qu'elle devient de moins en moins capable de s'ouvrir à la contestation de l'expérience, à l'épreuve du monde extérieur, et il lui reste alors à étouffer et faire taire dans le monde ce qui la contredit.

— La pop-dégradation. On élimine les obscurités, les difficultés, on ramène la théorie à une ou deux formules chocs ; ainsi la théorie se vulgarise et se diffuse, au prix de cette simplification de consommation.

Ces trois dégradations simplificatrices peuvent de plus se combiner. Ainsi la cybernétique a subi une techno et une pop-déformation, tandis qu'elle devenait en même temps, pour quelques-uns, un dogme nouveau ; il en est de même pour la théorie de l'information. Le marxisme, lui, a subi surtout la dégradation pop (vulgate idéologique) et doc (doctrine ésotérique porteuse de la toute-vérité). Dans la déformation doctrinaire, on annule la résistance du réel à l'idée. Dans la déformation pop et technique, on annule la résistance de l'idée, c'est-à-dire la difficulté proprement théorique, et, dans la simplification technicienne, on ne conserve que le pragmatisable. Or, ce risque d'aplatissement, de dégradation, de simplification qui concerne tout ce qui dans une théorie est complexe est d'autant plus capital pour une théorie, comme celle que j'ai proposée, qui *se fonde uniquement sur la complexité.* Si, au stade actuel, elle risque assez peu la techno-dégradation, elle risque plutôt une mixture de pop-doc-dégradation. *Le danger essentiel est que le mot même de complexité devienne à la fois l'instrument et le masque de la simplification.* Que la visée générale, si difficile, de ce travail permette d'escamoter les difficultés particulières ; que la volonté de dépassement des clôtures disciplinaires (et dépassement signifie aussi intégration) justifie la paresse et la facilité de l'antiscientisme bébête, de la pocket-cosmologie. Que l'idée transdisciplinaire fasse perdre toute discipline intérieure. Que la dialectisation de la logique permette le déferlement de l'incohérence prétentieuse, comme cela est arrivé à la dialectique, qui a beaucoup plus recouvert l'éthylisme et la prestidigitation intellectuelle qu'élaboré une pensée véritablement complexe.

La pire simplification est celle qui manipule les termes complexes comme des termes simples, les décharge de toutes les tensions antagonistes / contradictoires, en vide les entrailles de tout leur clair-obscur. La pire simplification serait de répéter à tout bout de champ « tout est complexe, tout est hypercomplexe », c'est-à-dire d'expulser précisément cette résistance du réel, cette difficulté de concept et de logique que la mission de la complexité *est de révéler et de maintenir.*

Ici la théorie n'est rien sans la méthode, la théorie se confond quasi avec la méthode ou plutôt théorie et méthode sont les deux composants indispensables de la connaissance complexe. La méthode, c'est l'activité pensante du sujet.

Ainsi la méthode devient centrale et vitale :

— quand il y a nécessairement, activement, reconnaissance et présence d'un sujet cherchant, connaissant, pensant ;

— quand l'expérience n'est pas une source claire, non équivoque de la connaissance ;

— quand on sait que la connaissance n'est pas l'accumulation des données ou informations, mais leur organisation ;

— quand la logique perd sa valeur parfaite et absolue ;

— quand la société et la culture nous permettent de douter de la science au lieu de fonder le tabou de la croyance ;

— quand on sait que la théorie est toujours ouverte et inachevée ;

— quand on sait que la théorie nécessite la critique de la théorie et la théorie de la critique ;

— quand il y a incertitude et tension dans la connaissance ;

— quand la connaissance révèle et fait renaître ignorances et interrogations.

La méthode, ou plein emploi des qualités du sujet, c'est la part inéluctable d'art et de stratégie dans toute paradigmatologie, toute théorie de la complexité. L'idée de stratégie est liée à celle d'aléa : aléa dans l'objet (complexe) mais aussi dans le sujet (puisqu'il doit prendre des décisions aléatoires, et utiliser les aléas pour progresser). L'idée de stratégie est indissociable de celle d'art. C'est dans la paradigmatologie classique qu'art et science s'excluaient l'un l'autre. Aujourd'hui, ici, au terme de ce travail, il n'est plus besoin de grande démonstration pour savoir que l'art est indispensable à la découverte scientifique, et que l'art sera de plus en plus indispensable à la science, puisque le sujet, ses qualités, ses stratégies y auront un rôle d'autant plus reconnu et d'autant plus grand.

Les arriérés croient encore que la science n'est pas assez techno-bureaucratisée, que la cité scientifique n'est pas encore assez analogue à une entreprise industrielle; à vrai dire, la part techno-bureaucratique devra refluer et régresser; ce qui doit se développer, c'est le néo-artisanat scientifique, c'est le *pilotage* des machines, non la machinisation du pilote, c'est une interréaction de plus en plus étroite entre la pensée et l'ordinateur, non la programmation.

Art, néo-artisanat, stratégie, pilotage, toutes ces notions recouvrant chacune un aspect de la polyscopique *méthode;* ajoutons la réflexivité, qui ouvre la frontière avec la philosophie : la réflexion n'est ni philosophique ni non philosophique, elle est l'aptitude la plus riche de la pensée, le moment où elle est capable de s'auto-considérer, de se méta-systémer. La pensée, c'est ce qui est capable de transformer les conditions de la pensée, c'est-à-dire de surmonter une insurmontable alternative, non pas en l'esquivant, mais en la situant dans un contexte plus riche où elle fait place à une nouvelle alternative, c'est l'aptitude d'envelopper et d'articuler l'anti dans le meta. C'est de ne pas se laisser dissocier par la contradiction et l'antagonisme, dissociation qui évidemment supprime la contradiction, mais au contraire de l'intégrer dans un ensemble où elle continue à fermenter, où, sans perdre sa potentialité destructive, elle acquiert aussi une possibilité constructive.

La méthode, répétons-le, est l'activité réorganisatrice nécessaire à la théorie : celle-ci, comme tout système, tend naturellement à se dégrader, à subir le principe d'entropie croissante, et comme tout système vivant, elle doit se régénérer à deux sources de néguentropie : ici, la source paradigmatique / théorique ; la source des phénomènes examinés. Dans toute pensée, dans toute recherche, il y a toujours le danger de simplification, d'aplatissement, de rigidité, de mollesse, de fermeture, de sclérose, de non-rétroaction ; il y a toujours la nécessité, réciproquement, de stratégie, réflexion, art.

La méthode est activité pensante et consciente.

La méthode, disait Descartes, est l'art de guider sa raison dans les sciences. Ajoutons : elle est l'art de guider sa science dans la raison. Une *scienza nuova,* qui n'est plus liée à un ethos de manipulation et d'arraisonnement, implique une méthode autre : de *pilotage,* d'articulation. La façon de penser complexe se prolonge en façon d'agir complexe. La science classique posait une barrière absolue entre fait et valeur : mais elle unifiait fait et valeur sous le signe de la simplification. La valeur humaniste de l'homme souverain propriétaire de la planète correspondait à la science offrant le mode de manipulation de toutes choses au souverain. Or, il y a une induction de la pensée complexe, comme nous l'avons vu, à un nouvel ethos. La pensée complexe conduit à une autre façon d'agir, une autre façon d'être. Bien sûr, il n'y a pas de déduction logique de la connaissance à l'éthique, de l'éthique à la politique, mais il y a communication, et communication plus riche, parce que consciente, dans le royaume de la complexité, qu'il y en avait dans le royaume de la simplicité.

Dans l'ancien paradigme, rationalisme clos et humanisme clos flanquaient idéologiquement le développement de la science, alimentant mythologiquement l'éthique et la politique, tandis que pratiquement c'était la manipulation et la technologisation qui alimentaient l'éthique, la politique et transformaient les sociétés. Le sujet, dans ce cadre, était soit manipulé comme chose, puisque invisible et inconnu, soit maître absolu dont tout caprice était permis, puisqu'il devenait soit occulté dans la vision objectiviste, soit exalté dans l'humanisme. Certes, il y avait une complexité clandestine et secrète, au sein de la simplification scientifique (dont l'élan de découverte en découverte a progressivement reconnu la complexité du réel), au sein de la raison (polarisée entre rationalité critique et rationalité dogmatique, entre raison et rationalisation), au sein de l'humanisme (substituant au dieu déchu l'homme dieu, mais reconnaissant en chaque homme une subjectivité à respecter, « la dignité de la personne humaine », tout en ne pouvant respecter cette « dignité » qu'à condition qu'elle en soit jugée digne, c'est-à-dire qu'il s'agisse d'un sujet raisonnable).

Dans le sens de la complexité, tout se passe différemment. Il est reconnu qu'il n'est pas de science pure, qu'il y a en suspension, même dans la science qui se croit la plus pure, de la culture, de l'histoire, de la politique, de l'éthique, bien qu'on ne puisse réduire la science à ces autres notions. Mais surtout la possibilité d'une théorie du sujet au cœur même de la science, la possibilité d'une critique du sujet dans et par l'épistémologie complexe, tout cela peut éclairer l'éthique, sans évidemment la déclencher et la commander ; de même, corrélativement comme on l'a vu, une théorie de la complexité anthropo-sociologique entraîne nécessairement à modifier en le complexifiant le visage de l'humanisme, et permet également de rouvrir le problème politique.

Références

« Pour la science », articles parus dans *Le Monde*, 5, 6, 7 et 8 janvier 1982.

« La connaissance de la connaissance scientifique », in *Sens et Place des connaissances dans la société*, Éd. du C.N.R.S. (Action locale Bellevue), 1986.

« L'idée de progrès de la connaissance », exposé au Forum européen d'Alpbach, « Les effets du progrès », septembre 1980.

« Épistémologie de la technologie », exposé au colloque international « Technologie et culture post-industrielle », organisé par le Centre d'études du XXe siècle et l'université de Nice, Nice le 12 mai 1978, publié in *Medianalyses*, Cahiers de recherches communicationnelles, I, 1981.

« La responsabilité du chercheur face à la société et à l'homme », conférence de clôture de la 159e assemblée annuelle de la Société helvétique des sciences naturelles. Publiée dans *Sonderdruck aus dem Jahrbuch der Schweizerischen Naturforschende Gasellschafts*, Wissenschaftlicher Teil, 1979.

« Thèses sur la science et l'éthique », communication présentée au Colloque international de bioéthique, « Scienza e Etica nelle centralita dell'uomo », Istituto scientifico H. Sal-Raffaele, Milan, avril 1988.

« L'ancienne et la nouvelle transdisciplinarité », exposé à l'A.X. (Amicale des anciens élèves de l'École polytechnique), publié dans φ + X, *La Rencontre de l'ingénieur et du philosophe*, Les Éd. d'Organisation, Paris, 1980.

« L'erreur de sous-estimer l'erreur », exposé au Colloque interdisciplinaire sur l'erreur, université de Lyon, Patch Club, 5 décembre 1981, publié in *Prospective et Santé*, n° 21, printemps 1982.

« Pour une raison ouverte », exposé à l'Académie des sciences morales et politiques, 21 mai 1979. Publié in *Revue des travaux de l'Académie des sciences morales et politiques*, 1er semestre 1979, *Théorie et Méthode*, Art-press.

« Le défi de la complexité ». Le début du texte est extrait de « Sur la définition de la complexité », in *Science et Pratique de la complexité*, université des Nations unies, Paris, La Documentation française, 1986. La suite du texte est extraite du « Défi de la complexité », in *Lettre internationale*, n° 14, 1987.

« Ordre — Désordre — Complexité », exposé au symposium international « Disorder and order », Stanford University, 14-16 août 1981.

« L'inséparabilité de l'ordre et du désordre », in *Ordre et Désordre*, textes des conférences et des entretiens organisés par les XXIXe Rencontres internationales de Genève, 1983, Neuchâtel, Éd. de la Baconnière, 1984.

« Le retour de l'événement », in *Communications*, n° 18, *L'Événement*, 1972.

« Le système, paradigme ou théorie ? », conférence inaugurale, congrès de l'A.F.C.E.T., Versailles, 21 novembre 1977.

« Peut-on concevoir une science de l'autonomie ? », in *Cahiers internationaux de sociologie*, LXXI, 1981.

« Soi et *autos* », in *Autopoiesis*, « A theory of living organization », Éd. Milan Zeleny, North Holland, 1981.

« *Computo ergo sum* : la notion de sujet », in *Dialectiques*, n° 31, hiver 1981.

Table

IMPRIMERIE BUSSIÈRE À SAINT AMAND (CHER).
DÉPÔT LÉGAL MAI 1990. N° 12088 (494).

Du même auteur

LA MÉTHODE

La Nature de la Nature (t. 1), *1977, Seuil*
(Nouvelle édition coll. « Points », 1981)

La Vie de la Vie (t. 2), *1980, Seuil*
(Nouvelle édition coll. « Points », 1985)

La Connaissance de la Connaissance (t. 3), *1986, Seuil*

COMPLEXUS

Science avec Conscience, *1982, Fayard*
Sociologie, *1984, Fayard*

ANTHROPOLOGIE FONDAMENTALE

L'Homme et la Mort, *1951, Seuil*
(Nouvelle édition coll. « Points », 1977)

Le Cinéma ou l'Homme imaginaire, *1956*
Minuit (Nouvelle édition, 1978)

Le Paradigme perdu : la nature humaine, *1973*
Seuil (Nouvelle édition coll. « Points », 1979)

L'Unité de l'homme, *1974*
(en collaboration avec Massimo Piattelli-Palmarini)
Seuil (Nouvelle édition coll. « Points », 3 vol., 1978)

NOTRE SOCIÉTÉ, NOTRE TEMPS

L'An zéro de l'Allemagne, *1946, La Cité universelle*

Les Stars, *1957, Seuil*
(Nouvelle édition coll. « Points », 1972)

L'Esprit du temps (t. 1), *1962,* (t. 2), *1976, Grasset*
(Nouvelle édition coll. « Biblio-Essais », 1983)

Commune en France : la métamorphose de Plodemet, *1967, Fayard*
(Nouvelle édition coll. « Biblio-Essais », 1984)

Mai 68 : la brèche, *1968, Fayard*
(en collaboration avec Claude Lefort et Cornelius Castoriadis)

La Rumeur d'Orléans, *1969, Seuil*
(édition complétée avec la Rumeur d'Amiens, *1973)*
(Nouvelle édition coll. « Points », 1982)

Pour sortir du XXe siècle, *1981, Nathan*
1984, Seuil, coll. « Points »

De la nature de l'URSS, *1983, Fayard*

Le Rose et le Noir, *1984, Galilée*

Penser l'Europe, *1987, Gallimard*

POLITIQUE

Autocritique, *1959, Seuil*
(Nouvelle édition coll. « Points Politique », 1975)

Introduction à une politique de l'homme, *1965*
Seuil (Nouvelle édition coll. « Points Politique », 1969)

DE BOUCHE À BOUCHE

Le Vif du sujet, *1969, Seuil*
(Nouvelle édition coll. « Points », 1982)

Journal de Californie, *1970, Seuil*
(Nouvelle édition coll. « Points », 1983)

Journal d'un livre, *1981, Inter-Éditions*

Vidal et les siens, *1989, Seuil*